# SAP Java 开发技术详解
## ——Web Dynpro 基础应用

孙东文 郭 娟 郭 欢 张 岩 编著

机械工业出版社

本书主要介绍了 SAP 异于 ABAP 传统编程的 SAP Java 的 Web 编程技术。围绕常用的 Web Dynpro for Java 技术，以 SAP Java 的技术架构、开发环境、基础编程和相关应用为主线，讲解 Web Dynpro for Java 这门技术中各元素之间的关联及制约关系，包括如何设置 Web Dynpro for Java 的运行环境，如何创建及编辑 Web Dynpro for Java 的基本元素，如何应用相关技术等。

技术架构部分由浅入深，详述了 Web Dynpro for Java 的相关概念，Web Dynpro 组件中视图、窗体、Web Dynpro 控制器相关组件的作用和关系。开发环境部分详细地介绍了操作系统和服务器的相关配置，并详述如何检查配置结果和配置效果。基础编程部分系统、全面地介绍了各 Web Dynpro 元素的原理及实现步骤，举例详述如何创建各 Web Dynpro 元素，并详述不同 Web Dynpro 元素的编辑实现及应用效果。基础应用部分介绍了 Web Dynpro 组件之间进行数据交换的几种方式，对 Web Dynpro 组件、Web Dynpro 组件接口及无接口的组件的使用办法、实现方式进行了详细阐述，并举例说明每种方式的编辑实现及应用效果。

本书提供了大量配置细节及实例源代码，深入剖析 Web Dynpro 架构关键技术，技术架构部分为 SAP Java 开发人员深入 SAP 系统的必备指南。适用于 Java 开发人员转型为 SAP 以及 EP 和 CRM 平台下 Web Dynpro 和 Web UI 程序的开发人员。

为了更好地帮助读者学习，本书对 WDJ 所涉及的 Basis 相关技术做了较多的阐述。更多相关 Basis 技术知识还需参阅相关资料。

**图书在版编目（CIP）数据**

SAP Java 开发技术详解：Web Dynpro 基础应用 / 孙东文等编著. —北京：机械工业出版社，2019.3

ISBN 978-7-111-62777-7

Ⅰ. ①S… Ⅱ. ①孙… Ⅲ. ①JAVA 语言—程序设计　Ⅳ. ①TP312.8

中国版本图书馆 CIP 数据核字（2019）第 096030 号

机械工业出版社（北京市百万庄大街 22 号　邮政编码 100037）
策划编辑：车　忱　　责任编辑：车　忱　李晓波
责任校对：张艳霞　　责任印制：郜　敏

北京圣夫亚美印刷有限公司印刷

2019 年 7 月第 1 版·第 1 次印刷
184mm×260mm·22.5 印张·557 千字
0001—1000 册
标准书号：ISBN 978-7-111-62777-7
定价：119.00 元

电话服务　　　　　　　　　　　　网络服务

客服电话：010-88361066　　　　机 工 官 网：www.cmpbook.com
　　　　　010-88379833　　　　机 工 官 博：weibo.com/cmp1952
　　　　　010-68326294　　　　金 书 网：www.golden-book.com
**封底无防伪标均为盗版**　　　机工教育服务网：www.cmpedu.com

# 前　言

随着 SAP 软件在国内企业的广泛应用，SAP 实施及运维的 IT 服务行业异军突起，SAP 相关技术也得到了广泛应用，其中不乏 SAP Web 开发的高端技术。本书就是在这种情况下诞生的。

作者根据 SAP 官方教材、SAP 项目开发经验和 SAP 技术的升级，对 SAP Java 开发技术做了分类，将 Web Dynpro 这一单独的 SAP Web 编程技术纳入本书。

以往 Java 的书籍仅对 Web 编程简单做一下概念上的剖析，而对 SAP Java 的原理、架构及实现的介绍少之又少。本书特点在于对其技术原理阐述、实施前提、实施步骤、实施结果作了详尽的说明。更有作为 SAP Web Dynpro Java（SAP WDJ）开发约定俗成的命名规则，SAP WDJ 的一般开发步骤及 SAP WDJ 开发常用的 UI 组件说明，以帮助那些做技术提升的 SAP 开发人员。

学习 SAP Web 开发技术，需要开发者自身水平的提高（例如：从面向过程的编程到面向对象编程的转变；从面向对象的语言开发到基于 MVC 的理论的 Web 开发之间的转变及 MVC 理论下的数据关系映射的了解），也需要熟悉 SAP 相关操作（例如窗体和视图的创建和调试），更需要 SAP 开发者对各种技术实施后最终体现结果的认同（例如如何应用创建的导航链接；Web 开发技术实施应用以后有什么样的效果，是否和需求吻合）。

本书中很多技术名词在以往的文献中鲜有记录，有的术语也是首次翻译成汉语，为了便于读者理解，易于应用，很多术语在第一次出现时冠以汉语+英文；有的为体现其本意如 Context 直接用的是英文，而没有用通常的中文译词"上下文"。

参与本书编写的有孙东文、郭娟、郭欢、张岩，由于作者水平有限，书中不免有疏漏和不足，敬请读者斧正。

编　者

# 目　　录

# 第1章　Web Dynpro for Java 的由来

Web Dynpro 是 SAP 传统 Dynpro 编程方法在互联网时代的扩展。SAP 为 Web Dynpro 提供两种开发语言：ABAP 和 Java。于是就有了 Web Dynpro for ABAP 和 Web Dynpro for Java。

从技术角度来讲，Web Dynpro for ABAP/Java 是 SAP 开发基于 Web 界面的一次革命。它完全不同于以前的开发模式，是 SAP 在 ERP 应用中以 Web 界面开发的一次飞跃。它适用于通过声明方式生成标准用户界面（User Interface，用户界面，简称 UI），以及缩短实现 Web 应用程序所需的时间。

Web Dynpro 基于 MVC 规范，使用了声明性的编程技术。当在网页上指定了要显示什么样的 UI 元素，在处理中设定好这些 UI 元素怎样取得数据，在应用中声明可能的浏览路径后，所有 UI 元素所需要的代码会自动生成，使程序员从重复的编码中解脱出来。可以指定客户端包括哪些 UI 元素，以及这些元素将从哪里获取数据。还可以通过声明的方式定义应用程序中可能的导航路径，然后，用于创建 UI 的所有代码将在标准运行时框架内自动生成，减少程序员在编写 HTML 代码时的重复编码工作量，并使其能够与 JavaScript 进行交互。

它与 SAP 以往的设计模式完全不同，代表了开发基于 Web 的 ERP 应用所取得的重大突破。基于 MVC 设计模式的 Web Dynpro for Java 是基于表单的 UI 开发的重大突破，具有革命性的意义。

> 注：SAP Java 开发的内容比较多，除了常见的 J2EE 相关的开发之外，还包括 SAP 特有的 Portal 开发、Web Mobile 开发等，本书围绕 Web Dynrpo for Java 这门技术对 SAP Java 进行相应的阐述。

## 1.1　Java

Java 是一种可以编写跨平台应用软件的面向对象程序设计语言，是由 Sun Microsystems 公司于 1995 年 5 月推出的 Java 程序设计语言和 Java 平台（即 JavaSE、JavaEE、JavaME）的总称。Java 技术具有卓越的通用性、高效性、平台移植性和安全性，广泛应用于个人计算机、数据中心、游戏控制台、超级计算机、移动电话和互联网等，同时拥有全球最大的开发者专业社群。在全球云计算和移动互联网的产业环境下，Java 更具备了显著优势和广阔前景。

2007 年开始，SAP 的应用服务器平台已经转向了基于 J2EE 的 NetWeaver 的 SOA 平台，Java 也随即成为 SAP 中 EP（Enterprise Portal）及 KM（Knowledge Management）的开发语言，SAP Java 技术也因相关应用的普及而受到关注。

## 1.2　NetWeaver

NetWeaver 是 SAP 所有应用的技术集成平台的名字。SAP 的所有产品，包括 ECC（ERP Core Component，企业资源计划核心组件）、CRM（Customer Relationship Management，客户关系管理系统）、SRM（Supplier Relationship Management，供应商关系管理系统），以及所有的解决方案，包括 mySAP ERP、mySAP Business Suite 等，都基于这一平台。

SAP NetWeaver 是一种可随时用于业务运作、面向服务的平台，用于 SAP 的所有解决方案。SAP NetWeaver 平台内嵌了商务智能（BI）以及无线射频识别（Radio Frequency Identification，RFID）功能，能够有效地进行主数据管理。同时，不同业务角色的用户可以通过企业门户（Enterprise Portal，EP）上网访问企业内的各种信息。SAP NetWeaver 是近年来具有革命意义的基础应用和集成平台产品，它建立了新的面向服务的 SAP 企业服务信息系统基础架构（Enterprise Service Architecture，ESA），提供了一种完全开放而且灵活的基础设施，加强了对各层面的 IT 标准和行业标准的支持，使各公司能够通过现有的 IT 投资获取附加值，从而降低了企业的 IT 总体拥有成本。它是个应用平台，而且 DB（Database）具有 OS 无关性，通过与 .NET 和 J2EE 的互动增加了灵活性；同时它又实现了人员集成（多渠道访问、企业门户、协作等）、信息集成（商业智能、知识管理、主数据管理等）和流程集成（集成代理和商业流程管理等）。

Web Dynpro 就是基于这一平台，在 SAP 的各种解决方案中应运而生的。

## 1.3　Web Dynpro

SAP Java 技术就是 SAP NetWeaver 平台下的 Java 开发。SAP Java 开发遵循 Java 的标准，可以在 SAP NetWeaver 平台上开发，部署企业级 Java 应用——J2EE。

Web Dynpro for Java 是在 SAP NetWeaver 平台下 Java 开发中使用最多的技术。

Web Dynpro 开发 UI 是基于 MVC 的 SAP 标准用户界面技术。Web Dynpro for Java 应用程序使用模型驱动的方法，使用可视化工具最大限度地减少手工编码。Web Dynpro 运行于 SAP NetWeaver 平台，是 SAP 用来开发大型企业应用的技术成果，简化了 SAP 传统技术的开发程序，从而降低了总成本，提高了生产效率。Web Dynpro 目前在市场上已被越来越多的企业所采用。

Dynpro 通俗地讲就是屏幕主界面。一般的系统窗体包括标题栏、菜单栏、工具栏、状态栏和主界面。Dynpro 特指 SAP GUI 主界面区域的内容，是 ABAP 程序的一种。

Dynpro 是由 UI 元素和其背后的商业逻辑组成的动态程序。Dynpro 的主要组成部分包括：

1）属性。例如当前的屏幕编号，以及下一个屏幕的编号等。

2）UI 元素的位置。例如文本标签、文本输入框、按钮等界面元素的位置安排。

3）UI 元素的属性。

4）程序逻辑。这些程序将调用后台的 ABAP 代码模块。

而 Web Dynpro 采用了一种高级的 MVC/Data Binding 架构模式，并且提供非常友好的编程界面。Web 界面可以使用拖拉的形式进行开发。由于 Web Dynpro 运行于 SAP NetWeaver 平台，该平台在传统 Dynpro 开发上的优势也被发挥得淋漓尽致。使用 Web Dynpro 可以非常迅速地开发出企业级的应用程序，开发者只需要关注其业务流程，而版本管理、质量控制、发布、性能等内容由 NetWeaver 平台帮助完成。

Web Dynpro 支持结构化开发。Web Dynpro Component 通过模块化，被组合起来形成复杂的 Web 应用。

Web Dynpro 是以声明的方式进行开发的，ABAP 开发平台提供了一些工具并以其独特的方式来抽象地表示相应的应用。所有需要的代码会自动创建并符合 Web Dynpro 框架的标准。

Web Dynpro 框架允许程序员将自己的源代码放在自动生成的代码的指定位置。所有的 Web Dynpro 应用都基于相同的逻辑单元，然后通过加入自己的编码，程序员就可以扩展这个框架来满足自己的业务需求。不是在设计的时候就要决定所有的实施细节，可以在运行的时候动态决定界面的显示。这样就使程序的应用变得非常灵活而不需要写 HTML 或 JavaScript 代码。

Web Dynpro 可以访问不同的数据源。

所有可重用的部件都可以被调用（如 Function 或 Method），甚至通过 Open SQL/SQLJ（SQLJ 是一个与 Java 编程语言紧密集成的嵌入式 SQL 的版本）直接从数据库中取得数据。然而这样会导致程序逻辑和业务逻辑混淆，所以应当避免。

通过创建 Web Service Client Object 可以访问 Web Service。

SAP Java Connector（JCo）可以调用 Java Engine 上的 Enterprise JavaBeans。Model Object 在 Web Dynpro for ABAP 中还不被支持。最好的方式是通过封装业务逻辑的可重用的实体来创建包含源代码的类。也可以开发无窗体的 Web Dynpro Component，其目的只是为了重用。这些 Component 可以以 Component Usage 的方式被访问。

> 注：通过路径 Window->perspective 更改开发环境的外观，适合于不同的开发项目类型；通过路径 Window->Show View 显示相关开发工具视图。

## 1.3.1　Web Dynpro 的双重目的

Web Dynpro 的主要目的是在结构化设计的方式下使开发人员以最少的代码能够开发功能强大的 Web 应用，让开发人员能够在结构化设计流程中使用声明式工具，从而减少工作量。Web Dynpro 理念的一个指导原则是：手写代码行数越少，程序功能越强。Web Dynpro 以两种方式实现这一目标：

1）Web Dynpro 使用声明式的、语言中立的元模块来定义 UI。开发环境根据这一抽象定义生成所需的源代码。手写代码仍然有一席之地，但是只限于操作业务数据，而不用于 UI。

2）Web Dynpro 提供诸多技术功能，例如支持国际化、无闪烁交互，以及明确分离业务逻辑和 UI 等。该分离可通过对模型视图控制器（MVC）设计范例的实施加以修改来实现。

Web Dynpro 的另一个目的便是尽量减少手工敲入代码。Web Dynpro 通过下面两种方式来实现这一目标：

1）尽可能避免对 UI 层进行编码，为了开发 UI，Web Dynpro 提供了一个公共的元数据模型，这样就直接导致几乎无须为 UI 编写程序代码。

2）允许业务应用程序以独立于后台业务平台的前端表示层的形式存在，由于已经消除了编写 UI 代码的重复劳动，开发者可以将精力集中于应用程序的业务数据流。Web Dynpro 应用程序可以在各种设备、各类网络上运行——这是协作应用的重要功能。

由于 Java 技术的广泛性和跨平台性，使得 Web Dynpro for Java 技术的应用更加广泛，SAP 的 Web Dynpro for Java 开发的应用程序通过企业门户（EP）可以独立在浏览器中被访问。这样，企业特别是国内的大型企业，业务流程复杂多变，通过使用 Web Dynpro for Java 技术开发符合自己特定业务流程的应用，并且不需要安装 SAP 客户端就可以轻松访问，大大地提高企业的工作效率，也降低企业的运行成本。

## 1.3.2　Web Dynpro 与其他 Web 开发工具的区别

从开发者的角度来看，在其他开发工具中（如 JSP），是以 Web 页作为开发单位，而且用户的应用程序由一套已经被链接的页面组成，这些页面共同提供所需要的业务功能。

然而，在 Web Dynpro 中，是以组件 Component 为开发单位的，这里的 Component 是指一套相关的 Java 程序，这些程序一起形成可重用的业务功能。一个 Component 可以没有或者具有多个视图，从这一点上，Web Dynpro Component 可以认为是相关 Web 页的聚合。Web Dynpro 框架允许程序员将定制源代码置于已生成的代码内的预定义位置。所有 Web Dynpro 应用程序都使用相同的基础单元构建，然而，使用定制代码可以扩展标准框架以提供自己所需的业务功能。并非所有实施决策都要在设计时制定，可以先实施 Web Dynpro 应用程序，用户界面的外观可以在运行的时候决定。这样，不必直接编写任何 HTML 或 JavaScript 代码，即可编写高度灵活的应用程序。

## 1.3.3　Web Dynpro 应用程序的开发周期

SAP 为开发的所有过程和生命周期提供了一个集成和强健的框架，一个开发周期通常包括：分析阶段，设计阶段（包括架构设计，详细设计）和实施阶段。

**1．分析阶段**

在分析阶段，应确定并描述应用程序的业务需求。在这一阶段，仅需考虑是何种业务流程，而不要考虑如何设计此流程。

此阶段的成果为分析模型，使用非技术人员就可以理解的语言完整、准确、统一地描述业务需求。

由于分析模型不考虑业务流程是怎样的，所以此阶段进行的描述与任何特定技术（比如 Web Dynpro）无关。

**2．设计阶段**

（1）架构设计阶段要解决的问题

1）为 Web Dynpro 开发组件（DCs）建模。

● 需要哪些开发组件来交付所需功能？

● 是否需要开发新的组件？是否可以重用现有开发组件？

- 要使用开发组件的哪些层次结构排列？
- 各开发组件之间存在哪些相关性？
- 哪些公共部分已发布？

2）为 Web Dynpro 项目建模。

- Web Dynpro 项目由哪些已经使用的 Web Dynpro 组件组成？
- 哪些 Web Dynpro 组件包含其他 Web Dynpro 组件的接口视图？
- Web Dynpro 项目中使用哪些模型？
- 哪些 Web Dynpro 组件使用哪一模型？
- Web Dynpro 项目中定义哪些 Web Dynpro 组件接口？
- 哪些 Web Dynpro 组件使用哪些 Web Dynpro 组件接口？
- 各个 Web Dynpro 组件之间存在哪些调用方法？各个 Web Dynpro 组件之间使用哪些结果？
- Web Dynpro 组件之间存在哪些 Context 映射？

（2）详细设计阶段要解决的问题

1）为 Web Dynpro 开发组件（DCs）建模。

- Web Dynpro 组件由哪些视图组成？
- Web Dynpro 组件中使用哪些自定义控制器？
- Web Dynpro 组件内需要定义哪些方法和事件？
- 在 Web Dynpro 组件内的哪些控制器中定义 Context 元素？
- 在 Web Dynpro 组件内的哪些组件接口中定义 Context 元素？
- 绑定或者映射哪些 Context 元素？

2）为 Web Dynpro 窗体建模。

- 应如何安排视图？
- 各视图之间存在哪些导航路径？

3）为 Web Dynpro 视图建模。

- 视图中包含哪些用户界面元素？
- 应如何安排视图的用户界面元素？
- 用户界面元素与哪些 Context 绑定？
- 用户界面元素绑定到哪些 Action 中？

一旦解决好上述问题，就可以使用 SAP NetWeaver Developer Studio 中的图形窗体和组件建模工具开始构建应用程序了。

### 3. 实施阶段

（1）用户界面（UI）元素（Element）：UI 元素应使用标准命名规约

应该在创建 UI 之前创建 Context 元素，可以使用 Web Dynpro 向导生成 UI 元素，从而简化 UI 的开发；应用容器元素属性以控制 UI 子元素的布局，从而避免不必要的改动与维护；所有按钮和主要的交互元素都应包含图像，以提高直观性。

用于弹出消息的视图应该是通用的。这些视图中的所有 UI 元素都应绑定到 Context 节点以便重用。

（2）数据：Context 节点和属性应使用标准命名规约

应通过在 Context 内存中保存较大的数据集来避免多次访问数据库或其他外部对象以提高效率；通过使用 Context 内存而不是通过 ABAP 内表缓存来存储数据；通过供应函数填充内存数据，而不是在初始化方法中嵌入抽取数据的代码。

在组件控制器中创建标准 Context 节点并映射到视图。通常要创建 2 个 Context 节点，一个 Context 节点用来保存与视图属性相关的数据，另一个用于保存用户选择的信息。

简单的数据类型可以存储在 Web Dynpro 属性中，而不是存储在 Context 中，这减少了访问数据所需的代码量。

（3）方法（Methods）和动作（Actions）：应使用标准命名规约

Web Dynpro 应用程序与其他外部对象进行数据的交互应封装在类的对象中，例如数据库访问、程序执行等；使用事件触发其他 Web Dynpro 视图中的私有方法，而不是在组件控制器中创建共有方法。

更新或选择 Context 元素的公共调用可以封装在一个方法中，从而减少所需的代码量；导航应在视图的 WDDOBEFOREACTION 方法中执行验证。如果验证失败，则应调用取消导航。

UI 元素的输入验证应链接到 UI 元素，以突出显示错误的用户输入。使用文本符号而不是用消息类来保存提供语言翻译的文本。

**注**：可使用 SAP NetWeaver Developer Studio 导入、生成、部署和运行 Web Dynpro Application。关于 Web Dynpro for Java 的命名规范，可参阅附录 C。

# 第2章 SAP Web 应用服务器

## 2.1 概览

SAP Web 应用服务器的基本功能是用于基于 SAP 标准解决方案编程语言（通常是 ABAP）的 Web 开发，但新版本也允许使用 Java 语言进行开发。有了 Web 应用服务器，在 Web 环境下基于 SAP 解决方案基础设施的程序发布和 ABAP 应用就有了可能。新版的 WAS（Web Application System）也支持像 Java 这样的开放标准。6.20 以上的版本里可以单独创建 ABAP 程序、Java 程序或者两者的混合，7.0 以后统称为 NetWeaver。

## 2.2 架构

SAP Web 应用服务器不是 Web Dynpro 项目简单的开发环境。它提供了复杂的系统和友好的用户交互方式。

程序员依靠通用的工具和特性，如网页设计，高度可扩展的基础架构，在开放、集成、安全和独立的平台上对项目进行实现。

### 2.2.1 SAP Web 应用服务器

SAP Web 应用服务器的架构可以分为 5 层，如图 2-1 所示。

（1）表示层

在表示层，用户接口可以使用 JSP，BSP 或者 Web Dynpro 技术来开发。下面的业务层通过 Java 或 ABAP 程序来提供业务内容。

（2）业务层

业务层包括一个通过 J2EE 认证的运行时环境，该环境接受从 ICM 传来的请求然后动态产生一个应答。业务逻辑可以用 ABAP 或者基于 J2EE 标准的 Java 来实现。开发人员实现了业务逻辑后可以用 J2EE 环境的 EJB 来持续改进这些业务逻辑。开发人员还可以访问运行在 ABAP 环境里的应用的业务对象以便从它们的业务逻辑和持续改进中获益。

（3）集成层

本地的集成引擎是 SAP Web 应用服务器的一个完整组成部分，可以实现和 SAP XI（Exchange Infrastructure，交换架构，是一款 SAP 的中间件产品，简称 XI，在 2005 年 10 月更名为 PI）的即时连接。本地的集成引擎提供信息服务，可以实现连接到 SAP XI 上各组件之间的信息交换。

（4）链接层

因特网通信管理器（Internet Communication Manager，ICM）把用户接口的请求发送到表示层并提供一个单一的框架来处理使用不同通信协议的各种链接。现在，可用的模块有 HTTP、HTTPS、SMTP、SOAP 和 FastCGI。

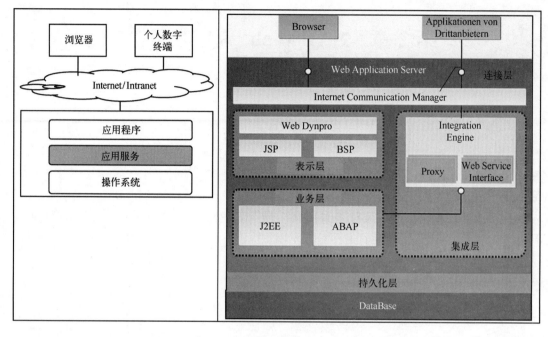

图　2-1

（5）持久化层

持久化层支持数据库无关操作和弹性事务处理。业务逻辑的开发可以完全不考虑底层数据库和操作系统，对开放标准的支持也使数据库无关成为可能。数据库接口保证从 ABAP 环境里通过 Open SQL 进行的数据访问都是经过优化的。SAP 还推出了 Open SQL 对 Java 的支持，为应用开发人员提供了多种标准 API，如 SQLJ。其他技术，比如 JDO 和 CMP EJB，或者直接使用 JDBC API 访问都是支持的。

### 2.2.2　SAP Web 应用服务

SAP Web 应用服务有以下特性：

1）支持新的应用开发、集成、电子商务和 B2B 集成。

2）具有可靠性、可扩展性、可用性、安全性和应用适应性。

## 2.3　SAP Web 应用服务器的演变

### 2.3.1　系统演变

（1）1972 年～1989 年

R/2 时代，实时数据处理（Real Time Data Processing），平台为 IBM 大型机，基于字符的用户界面，应用层以模块构成，开发语言为 ABAP，运行时环境是 Basis/ABAP。

（2）1990 年～1998 年

R/3 时代，平台为三层客户/服务器系统，图形用户界面（GUI），应用层以模块构成，开发语言为 ABAP，运行时环境是 Basis/ABAP，对外接口为 ALE/RFC 与 IDoc。

（3）1999 年～2002 年

mySAP.com 时代，平台为多层客户/服务器系统，图形用户界面及浏览器，应用层以模块及组件构成，开发语言为 ABAP/4，运行时环境是 Basis/ABAP，对外接口为 RFC/BAPI。

（4）2003 年～现在

mySAP Business Suite/SAP NetWeaver 时代，平台为多层客户/服务器系统，用户界面是企业门户、图形用户界面及 Web 浏览器，应用层以组件构成，开发语言为对象化的 ABAP 及 Java，运行时环境是 WebAS/ABAP/J2EE，对外接口为 Web Services。

如果说 1999 年 mySAP.com 的技术革新，是为了应对网络商务时代的来临，那么 2003 年开始全面推出的 SAP NetWeaver 以及它所支持的企业服务架构（ESA），是 SAP 领导业界完成对面向服务架构（SOA）和 Web 服务的转变，同时也为了完成从 ERP 至 ERP II 的转型。Gartner 对 ERP II 的定义是传统 ERP 的组件化与公开化。将新的 mySAP 商务套件 + SAP NetWeaver 结构与原先的 R/3 + Basis 结构并列，方便分析比较，如图 2-2 所示。

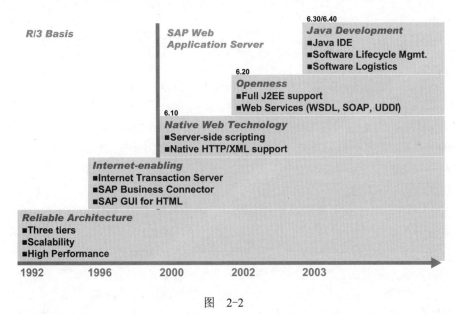

图 2-2

## 2.3.2 组件演变

SAP NetWeaver 不仅仅是 Basis 的简单延伸，其最底层的应用平台（Web AS）实现了对传统 Basis 功能的延展并加强，SAP NetWeaver 的其余三层集成结构：人员集成、信息集成和流程集成，大大丰富了 Basis 的功能。

从技术的角度简单介绍 SAP NetWeaver 一些组件的演变历程。

（1）SAP R/3 Open SQL 成为 SAP NetWeaver Open SQL

SAP R/3 Open SQL 和 SAP NetWeaver Open SQL 具有类似的功能，Open SQL 好像一个

数据和数据类型的字典，提供一个数据读写的抽象模块。因为使用 Open SQL，开发者可以写一个应用程序，在不同的数据库上运行。SAP NetWeaver Open SQL 同时支持 ABAP 和 Java 两种程序语言，如图 2-3 所示。

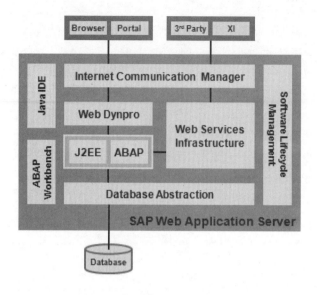

图 2-3

（2）ABAP 和 SAP Basis 演化为 SAP Web 应用服务器和 Java

ABAP/4 是由 SAP 发明的第四代程序语言，开发者可使用它编写商业应用程序。最初，SAP 公司用汇编语言来编写应用程序和用宏汇编编写抽象化模块。ABAP 是基于 Cobol 的编程思想创建的，随着不断地发展更多地利用了类似 Java 语言面向对象的特征。ABAP 语言是面向商务应用的友好开发环境，它包括很多标准的商务功能，如货币转换、日历、国际化特征等。ABAP 很容易将用户对话附加到一个应用逻辑模块。Basis 是一个操作系统的抽象化模块，它非常类似 Java 虚拟机的早期版本，但它的设计是运行 ABAP 而不是 Java。所有的应用程序需要在操作系统上完成的工作，像创建流程、收发邮件、打开文件等，SAP Basis 都能够提供。SAP Basis 作为一个可运行于不同操作系统的抽象模块，被标准化为一个应用服务器。SAP 新的应用服务器——SAP Web 应用服务器，是一个基于 J2EE 标准和 ABAP 的服务器。这个服务器应用自己的虚拟机和一系列开放标准提供操作系统功能，如网络浏览、过程控制等。SAP Web 应用服务器是 NetWeaver 最底层架构，专门负责与操作系统和数据库通信。SAP Web 应用服务器与 Basis 有一个包装及行销上的差别：Basis 是与 R/3 包装在一起，但 SAP Web 应用服务器可以单独销售，因为它本身是一个符合 J2EE 标准的应用服务器，含有基于 Eclipse IDE 标准的 NetWeaver Developer Studio，可与 IBM WebSphere，BEA WebLogic，Jboss，Apache Tomcat 等应用服务器产品分庭抗礼。它是很多基于 J2EE 标准的应用服务器中的一个，SAP Web 应用服务器与其他应用服务器最大的差别是它同时支持 Java 和 ABAP。

（3）远端功能调用演化为 Web 服务

远端功能调用（RFC），是指一个企业应用允许另外的应用调用其功能，开发者可以利用远端功能调用创建一个抽象化模块并提供给另外的用户。商业应用程序界面（BAPI），是 SAP 开发和提供的保持尽可能稳定的远端功能调用功能集。

SAP NetWeaver 所倡导和支持的 Web 服务是基于一个独立组织控制的开放标准，现已成为应用系统间互相发布或调用应用功能的标准方式。以前，当远端功能调用被其他平台调用时，用户必须参照 mySAP 商务套件解决方案中的商务对象仓库来确定每个远端功能调用能提供什么。而 Web 服务是自身描述的，因此非常容易理解。通过读取 Web 服务描述语言（WSDL）定义的文件（这个文件定义了读取、调用、使用 Web 服务的 XML 格式），用户可以方便地得到全部有关所调用的 Web 服务的详细信息。

（4）Dynpro 和 SAP GUI 演化为 SAP Web Dynpro 和 SAP 企业门户

Dynpro 是一个字符型终端，开发人员可以使用它创建对话屏幕的所有元件，包括用户页面布局、标签、文本框等。这个对话屏幕不需要任何修改就可以工作在不同类型终端上。SAP GUI 是为支持 UNIX 的 X-Window 和 Microsoft Windows 操作系统上的客户端处理所创建的。通过 SAP GUI，用户可以登录到 SAP 应用系统，如 SAP R/3，然后下载相应的用户界面定义，在客户端运行。当一个用户调用一个应用的某些功能时，这一请求将被 SAP GUI 传送到 Basis 来分派执行相应的任务，响应结果将传回到 SAP GUI。非常有效的是，SAP GUI 只负责传送信息的更改部分，而非整个屏幕。

这个用户界面提取层也因标准化而改变，Dynpro 及其传输协议 DIAG 的功能将越来越多地由 HTML 和 HTTP 来行使。在 SAP NetWeaver 中 SAP GUI 的工作将被网络浏览器取代。SAP 企业门户提供服务器端运行环境并提供应用的用户界面架构。SAP 企业门户的 iViews 是一些小 Java 程序，它们汇集来自应用系统或其他数据源的信息，并展示给用户，同时控制用户响应。另外，门户的客户端有事件响应功能，允许在企业门户的用户页面中不同部分之间传递信息以保持信息更新。

（5）ALE 和 IDocs 演变为 SAP 交换架构和 SAP 主数据管理

应用连接和嵌入（ALE）是一个实现不同 R/3 系统间通信的系统。在较早的时候，大多数客户只有一个 R/3 系统，但随着 R/3 功能的不断增加以及它在规模越来越大的企业中的应用，安装若干个 R/3 系统越来越普遍。ALE 实现 R/3 系统间特定主数据的传递，ALE 是基于远端功能调用上解决应用对应用数据传递问题的解决方案。IDocs 是一个信息交换的格式。ALE 就是以 IDocs 的格式从一个 R/3 系统传递信息到另一个 R/3 系统。IDocs 也被用来在不同的远端功能调用间传递信息。

在 SAP NetWeaver 中，这些传递和接收信息的功能发展为一个功能强大的应用架构。企业应用集成（EAI）是这类产品的通称。SAP 的 EAI 产品称为 SAP 交换架构，它是一个具有高可靠性的交换系统，能够实现不同信息源间信息的格式映射、信息路由、星形信息发布等一系列工作。XML 逐步取代了 IDocs。SAP 主数据管理则是特别设计为保持不同系统中相应信息的一致性，它的设计理念与 ALE 吻合。

报表编写器（Report Writer）和 ABAP 查询器（ABAP Query）是帮助实现报表和查询功能的工具。报表编写器是 R/3 自带的一种可自由设计报表格式和输出方式的报表工具。ABAP 查询器是一个通过使用 Open SQL 层从各种 SAP 系统的表或者视图内取出数据，产生带有分析指标和其他参数的数据列表，用来进行分析查询的查询界面工具。

信息整合和分析的需求，已经扩展到应用数据仓库和进行复杂分析的在线分析处理工具的领域。SAP 商业智能包含一个功能完备的数据仓库，实现从不同类型的数据源采集、清理、整合数据，并应用在线分析工具快速分析数据。SAP 商务智能具有先进的报表创建功能和开放式的信息中心（Open Hub）架构。

（6）ABAP 工作台演化为 SAP NetWeaver 开发者工作室

ABAP 工作台在 SAP NetWeaver 中被转变为 SAP 开发者工作室，提供一套完整的集成开发环境，同时支持 Java 和 ABAP 程序语言。SAP 开发者工作室还从 ABAP 工作台中引入很多用于构建和开发大型和复杂应用程序的先进功能和理念。

（7）ABAP 生命周期管理演化为 SAP 解决方案管理器

SAP 有一套完善的工具帮助管理整个产品周期从开发、安装、配置、升级到客户端实用操作。这些功能的 ABAP 版本现在被应用到 SAP 解决方案管理器中，成为一个在 SAP NetWeaver 中负责管理安装、补丁、升级、监控等功能的关键组件。

### 2.3.3　集成环境

SAP NetWeaver 从三个层面的企业应用集成及一些应用实例进一步证明 SAP NetWeaver 能与 mySAP ERP 无缝地协同工作，如图 2-4 所示。

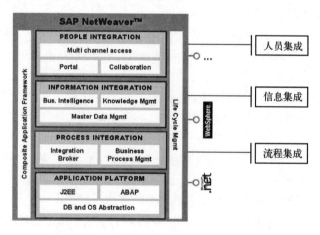

图　2-4

（1）流程集成（Process Integration）

1）简化 ERP 系统集成，提供灵活开放的流程整合及重组，适应企业业务革新的需求；

2）强化与业务合作伙伴系统的协同合作；

3）降低接口编写和维护的费用；

4）预配置的接口和多种系统适配器保证多方位系统集成；

5）预设置的业务场景保证最大、最快的投资回报。

SAP 交换架构是 SAP Web 应用服务器上的第一层。SAP 在这一层采用了面向服务的架构（Service-Oriented Architecture），基于 Web 服务并对外开放 SAP 商务对象的 API。Web 服务的好处是自始至终的应用开放的标准：XML，SOAP，HTTP。SAP 交换架构也提供开发工具（SAP 交换架构集成构建器），让用户建立 ABAP 和 Java 的跨界代理对象，调用外界的 Web 服务。SAP 交换架构包含的集成代理（Integration Broker），也为 SAP 以往的功能（如

RFC，BAPI，IDoc）提供适配器。SAP 交换架构另一大功能就是商务流程管理（Business Process Management，BPM）。SAP 交换架构让客户先专心设计企业流程，然后才考虑用什么产品或版本。执行的任务由 SAP 交换架构的集成代理自动进行。SAP 交换架构是一个以流程为主、从上到下、依客户需求量身定做的整合平台。

（2）信息集成（Information Integration）

1）增强的分析报表功能强化了企业管理决策；

2）全面管理共享结构化和非结构化的信息；

3）信息高度一致，主数据统一整合，告别信息冗余，迎接信息高效；

4）预配置的分析信息立方体、报表、KPI 和预设置的信息集成适配器保证企业级信息整合。

SAP 交换架构负责流程整合。流程所传达的信息如需整合，NetWeaver 亦提供一些现成的服务，让客户的整合程序调用。例如，SAP 商务智能可以将不同分公司资料通过 SAP 交换架构的 Web 服务，传送到总公司的组合应用程序。另一个例子就是 SAP 主数据管理，一家跨国的制造商在中国有一套库存系统，在美国有一套生产计划系统，在法国有一套 SRM 系统，在日本有一套销售系统。每一套系统都需要产品主数据资料（Master Data），但数据域位不一致。以往处理的方式是在某一套系统输入主数据资料，然后以不同的接口程序批次性地输出至其他每一套系统的数据库。但是有了 SAP 主数据管理后，产品主数据资料可以只存在于一个数据库，有需要时再通过主数据服务器及时把每一套系统所需要的字段以 Web 服务的方式输出。同样的，SAP 知识管理不仅让企业文化内容通过 XML 的规格而更一致化，又可让使用者以 Web 服务的方式获取文件内容。

（3）人员集成（People Integration）

1）提供直接、简易的 Web 入口允许来自企业内部、业务伙伴、客户的不同用户在同一平台获取所需的信息和服务；

2）有效、迅速的移动企业应用；

3）更紧密的企业内外部业务合作；

4）预设置的业务包和业务角色、情景保证 SAP 的最佳业务实践第一时间为用户所用，保证最快的投资回报。

人员集成是 SAP NetWeaver 最高的一层，其核心为 SAP 企业门户。这个应用组件让不同的用户只需获取自己职务角色需要的流程和信息，而这些用户又可通过组合应用程序内用户界面的组件（Web Dynpro）、跨组件的工作流、组件内的工作流（WebFlow）以及企业门户提供的临时性工作流，达成协作设计或协作项目控制管理。企业门户又可配合不同的技术，包括新兴的移动架构，在不同的设备（个人计算机，PDA，手机）呈现不同的应用。

注：服务器的安装参见附录 A。

## 2.4　SAP Web 服务器架构和管理工具

技术系统架构（Technical System Landscape）和 SAP 系统的安装选项决定了 SAP Web 应用服务，而使用 SAP Web 应用服务管理工具可以管理相关服务的配置。

### 2.4.1 技术系统架构

1）SAP NetWeaver 开发工作环境由 SAP Web 应用服务器 J2EE 系统和 SAP NetWeaver Developer Studio 组成，如图 2-5 所示。

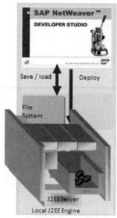
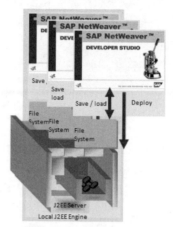

安装选项：
单一开发工作室

安装选项：
多元开发工作室
例如，3个开发工作室和一个普通SAP
J2EE Web系统的安装

图 2-5

2）每个部分的 SAP NetWeaver 开发工作环境可以单独安装。这允许以下安装选项。

● 一个 SAP NetWeaver 开发工作室和 SAP Web 应用服务器 J2EE 系统的组合安装，该选项为每个开发人员提供了一个完整的开发和测试环境。

● 为每个开发人员独立安装 SAP NetWeaver 开发工作室，安装一个独立的中央测试 SAP Web 应用服务器 J2EE 系统。这个选项提供了一个单一的开发环境和多个开发人员共同的测试环境。这可以用于一个大的开发组，工作在单独的开发项目上。

在这个架构中包括几个基本的名称，如：系统（System）、实例（Instance）、中央实例（Central Instance）、分发器（Dispatcher）、服务器（Server）、中央服务（Central Services）和软件发布管理器（SDM）。

> 注：在单实例系统的中央实例中至少需要一个服务器进程（Server Process），在中央服务中至少有一个队列（Process）服务器和消息（Message）服务器，相关概念属于 Basis 范畴，本书不做深入阐述。不过，有关开发相关的配置，本书会着重阐述。

### 2.4.2 SAP Web 应用服务器管理工具

SAP 为 SAP Web 应用服务器提供了四种管理工具，便于用户在不同场合，根据不同需求进行管理，如图 2-6 所示。

管理工具包括 SAP 管理控制台（SAP Management Console）、远程管理（Telnet）、可视化管理器（Visual Administrator）、配置工具（Config Tool）。

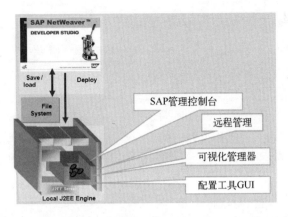

图　2-6

### 1. SAP 管理控制台

SAP 管理控制台提供基本信息的监测系统；并提供开始、停止和重新启动 SAP 系统的功能；并且提供配置 SAP DB 的功能。

SAP 管理控制台提供了两个窗格窗体信息。左边的窗格是"范围"窗格。它可以在一个树结构中显示可用的信息，可以进行扩展和压缩。右边的窗格是"结果"窗格。它显示了在"范围"窗格中选定的任何项目的详细信息，如图 2-7 所示。

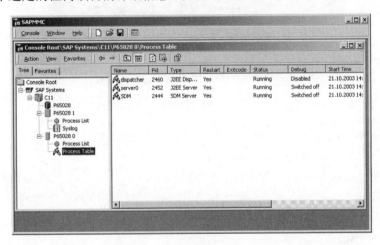

图　2-7

在安装的主机桌面上双击 SAP 管理控制台图标，出现 SAP 管理控制台的画面。

在左窗格中可以打开 SAP 系统树（SAP Systems -> <SAPSID>），< SAPSID >节点（图中 C11 节点）称为系统节点。

要启动和停止整个系统，在系统节点上右击鼠标，在弹出的菜单上选择启动或停止即可，用同样的步骤，可以启动和停止实例节点。

> 注：如果通过选择上述方法启动系统，数据库也启动了。但是，此方法停止系统的过程，不会反映到数据库，因此需要通过蓝色图标停止数据库，如果需要的话可以选择停止离线或在线的数据库。该工具在指定主机上启动和停止完整 Java 集群或者实例，是基于 J2EE

引擎来工作的,它既可以管理本地也可以管理远程。

### 2. 远程管理

此功能提供了一个 Telnet 分布式的客户端,可扩展的 Telnet 服务使用 Telnet 协议支持远程管理。

在 SAP 的 J2EE 引擎中使用 Telnet 服务提供远程管理功能。默认情况下,Telnet 脚本 shell 在调度程序中打开。一旦链接可以访问,在不同 J2EE 引擎集群元素中就能使用脚本命令。可使用 LSC 命令显示所有服务器组件的组件名称、主机、端口和类型。图 2-8 显示的第一个组件是当前使用的组件。

telnet <hostname> 50008

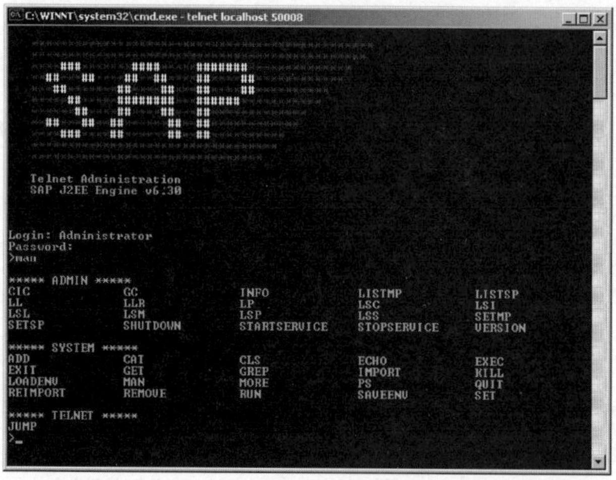

图　2-8

要从一个组件传递到另一个组件,使用 JUMP 命令并指定目标元素的标识。例如,执行跳转 4001,可以使用标识 4001 进行集群元素的远程管理。

要得到一个可用命令的命令概述,可使用 MAN <命令>显示命令的简短说明。

这些命令被分成若干组,可以被激活和停用,可以使用 ADD 命令得到组的概要;要激活一组命令,输入命令 ADD <组>。

### 3. 可视化管理器

SAP J2EE 引擎可视化管理器是一个图形用户界面,用于管理整个集群,包括所有集群元素及所有运行在集群上的模块。在此单一的图形用户界面上,提供了每个集群元素的远程监控和管理的管理控制器、服务、库和接口,如图 2-9 所示。

可视化管理工具功能如下。

1)获取服务、管理控制器、界面或库的一般信息(例如,名字、组等)。

2)通过可视化管理工具登录 SAP J2EE 引擎。

3)管理和变更每个服务或管理控制器特定的或一般的属性。

4)运行管理与控制。

5)在所有集群元素上部署应用。

6)日志查看。

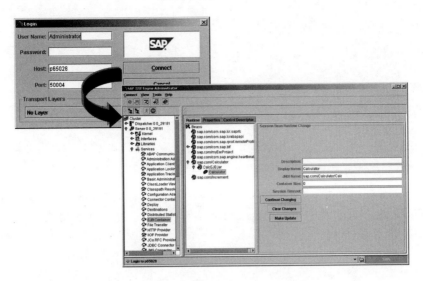

图 2-9

可视化管理器的启动脚本可以在路径 /usr/sap/<SID>/JC<Instance Number>/admin 下找到。要启动可视化管理器，在 Windows 操作系统中运行 go.bat，在 UNIX 系统中运行 go.sh。

登录到 SAP J2EE 引擎分为两个步骤：

第一步，必须配置可视化管理工具连接 SAP J2EE 引擎的连接属性列表，或输入选择预先配置的连接。

第二步，必须指定用户和连接的属性（如密码等信息）。

**4．配置工具**

SAP J2EE 引擎 GUI 工具能够配置 J2EE 引擎集群要素的属性，添加新的元素，将系统相关配置导出至数据库。

安装 J2EE 引擎后，配置工具目录被自动创建，该目录内有 Config Tool 脚本文件。双击这个文件开始配置工具，如图 2-10 所示。

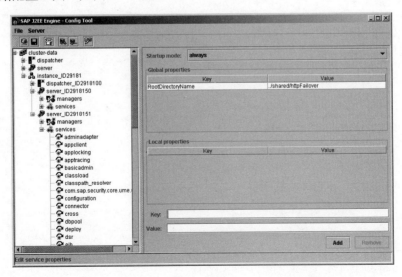

图 2-10

登录到配置工具，可进行如下配置。

1）配置工具实用程序。

2）配置服务器。

3）配置集群元素属性。

4）修改管理器或服务的属性。

5）创建新的元素。

6）应用更改并导出到一个 XML 文件。

7）管理安全存储数据。

启动配置工具的脚本可以在路径/usr/sap/<SID>/JC<Instance Number>/ j2ee/configtool 下找到，在 Windows 操作系统中是 configtool.bat，在 UNIX 系统中是 configtool.sh，使用该脚本可以启动配置可视化工具。

# 第3章 SAP Java 开发环境

SAP NetWeaver 开发工作室（SAP NetWeaver Developer Studio，NWDS）提供了以 Java 为基础的 SAP 开发环境、多层次的业务应用。新的开发环境基于 Eclipse，一个开放源代码的产品，其开放插件架构提供了一个适合 SAP 将特定功能（如 Web Dynpro for Java，Web Dynpro for Mobile，Portal Application，BPM 等）集成的平台。

通过单点登录的功能，所有 Java 开发工具和所有 SAP 基础架构组件集成在一起，SAP NetWeaver 开发工作室支持开发 Web Dynpro 和 J2EE 应用程序。应用程序开发人员不需要在前台演示页面和后台业务数据逻辑之间切换不同的开发环境，即可开发、构建、部署和执行应用程序。

因此，当开发大型 Java 项目时，无论是使用 SAP 的技术（如 Web Dynpro，Java 字典）还是标准技术（J2SE，J2EE，XML 等），SAP NetWeaver 开发工作室都提供了充分的支持。

## 3.1 开发平台

SAP NetWeaver 开发工作室是 SAP Java 开发工具之一，用于开发 SAP Portal 相关的应用程序，如图 3-1 所示。

**1．开放的系统构架**

1）J2EE 开发认证。

2）基于标准的 Web 服务提供的功能。

3）平台独立。

4）可扩展。

5）先进的 SAP 应用服务器技术。

6）高可扩展性和可靠性。

**2．高效率的开发环境**

1）专业 UI 开发。

2）基于 Eclipse Java IDE 的 NetWeaver 的开发工作室。

3）ABAP 验证开发工具。

4）SAP NetWeaver 开发工作室提供 EJB 的开发和部署，也支持 Web Service 的定义和发布。

5）支持 CMP（Container Managed Persistence）的 EJB2.0 的开发，支持 SQLJ（Java 内置的 SQL），JDO（Java 数据对象）等先进技术。

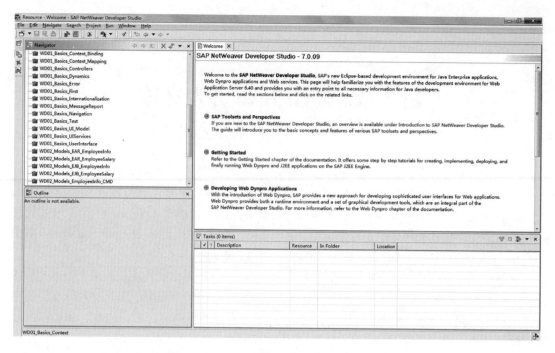

图 3-1

6）也可以在 Java 数据字典中定义数据类型和数据库对象。

7）SAP NetWeaver 开发工作室由一系列工具组成，包括运行时工具和设计时工具。

**3．统一基础构架**

1）通用连接。

2）通用持续性。

3）统一用户管理。

4）统一软件生命周期管理。

**4．三个版本**

1）企业版（Java 和 ABAP）。

2）完整版（全部 Java 技术栈）。

3）开发者版（有限 Java 技术栈）。

## 3.2 基于 Eclipse 平台的体系结构

SAP NetWeaver 开发工作室是基于 Eclipse 平台的开发工具，其功能与 Eclipse 大致相同，但 Eclipse 缺少与 NetWeaver 关联的相关链接、部署组件及功能。

**1．Eclipse 开发平台**

Eclipse 项目一开始在 IBM 是作为一个开源项目，2001 年 11 月，获得作为开发工具的通用公共许可证。Eclipse 不只是一个纯粹的 IDE（Integrated Development Environment，集成开发环境）。这是一个基于组件的、对于网络应用程序可增强的开发平台，如图 3-2 所示。SAP 目前是 Eclipse 联盟成员，Borland，IBM，Merant，Rational 软件，红帽、

SuSE，TogetherSoft，WebGain 等知名公司也是 Eclipse 联盟成员。

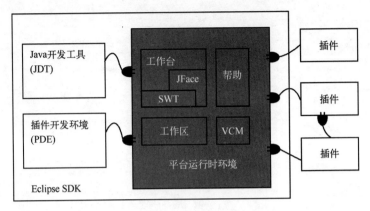

图　3-2

**2．架构**

在 Eclipse IDE 开发中，具有重要意义的也是最初目的之一，便是能够增强开发。而该平台的核心应用运行环境，就是可以使用插件增强开发。

（1）工作台

使用 Eclipse 定义接口的开发构架。JFace（JFace 是建立在 SWT 之上的 UI 部件）与 SWT 合作，执行诸如获得图片和字体、标准对话、建立边界接口、标准任务、辅助等 API，实现独立于底层的窗体系统。

（2）标准窗体小部件工具箱（Standard Widget Toolkit，简称 SWT）

预先定义的 UI 元素和图形显示组件。可用于 Windows 和 Motif（由 OSF 开发的一个工业标准的 GUI）的实现。

（3）工作区

允许 Java 应用程序纳入项目。提供了一个历史机制，实时保存已更改了资源的内容，防止数据丢失。

注：通过路径 Window->Preference 可以对安装后的开发环境进行配置,开发平台的安装参见附录 B。

# 3.3　插件

在 SAP NetWeaver 开发工作室中，插件（Plug-Ins）作用如下。

1）在 Eclipse 中插件相关的功能单元由 Java 创建。

2）插件之间的连接由增强和增强点关联。

3）工具以插件形式追加。

插件可声明许多增强区域，该区域可以被其他插件链接。Eclipse 平台启动后，系统决定可用的插件数量和它们的链接。当特定的插件被激活时，该插件会被加载到平台中。总之，Eclipse 平台的结构是用各种插件搭建而成的，如图 3-3 所示。

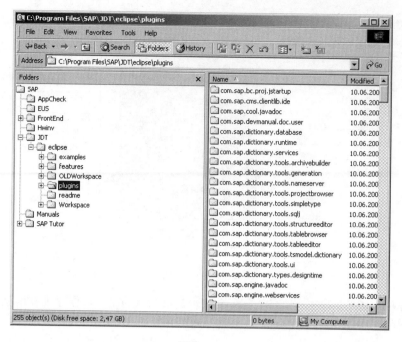

图 3-3

## 3.4 Eclipse 用户界面

Eclipse 用户界面包括各种各样的透视图，例如 Java 透视图和 Java 浏览透视图，如图 3-4
所示。

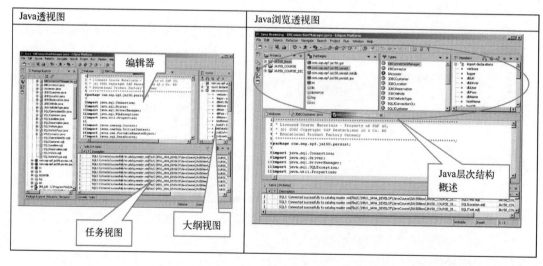

图 3-4

（1）Eclipse 用户界面（透视图（Perspective），视图（View），编辑器（Editor））
Eclipse 工作台提供了几个开发流程的透视图和视图。

1）透视图一般由几个视图和编辑器组成。

2）视图可用于导航和信息展示。

3）编辑器可以用来修改源代码。

可以自定义透视图、视图和编辑器。也可以通过添加或删除单个视图和编辑器，调整现有的透视图以便开发。

（2）Java 编辑器

Java 编辑器包含很多选项，以便提高开发速度，如代码完成器（Code Completion），模板（Template），快速修复（QuickFix），语法检查（Syntax Check），即时翻译（Immediate Translation），历史记录（Local History），和代码生成器（Code Generation）等工具。

Eclipse 包含各种选项的重构，这在整个项目中尤其在 J2EE 项目中是特别有用的。

（3）调试器

集成的调试器包含了许多对 J2EE 开发人员有用的功能，如热插拔调试（Hot Swap Debugging）、远程调试、条件断点、命中次数（Hit Counts）等。

注：2009 年 Oracle 公司收购了 Sun 公司以后，大大影响了 SAP 对 Java 的投入，近年来基于 SAP UI5+JavaScript 的 Fiori 异常火爆，但从 SAP GUI 的 Fiori 体验来比较，SAP 特有的 Portal Web Dynpro 最为耐看。

# 3.5 SAP NetWeaver 开发工作室

Eclipse 提供开发 Java 程序所需的一切。然而，J2EE 项目的 XML 和 JSP 编辑器中缺少与应用程序服务器和数据库集成的支持。

SAP NetWeaver 开发工作室通过一些插件向 Eclipse 添加了新功能，如图 3-5 所示。

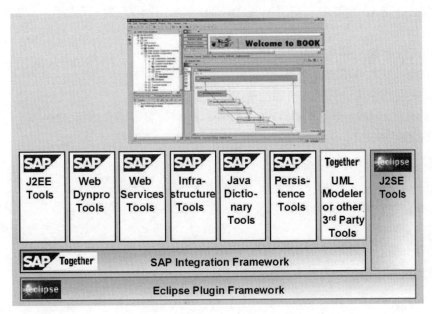

图　3-5

SAP NetWeaver 开发工作室基于免费平台 Eclipse，是 J2EE 应用程序所有开发领域的开发环境。包含以下几个方面：

（1）用户界面

SAP Web Dynpro 工具可用于开发灵活的 Web 界面。

（2）电子商务逻辑

SAP NetWeaver 开发工作室支持 EJB 的开发和部署以及 Web 服务的定义和发布。

（3）Java 持久化规范

相应的工具支持最先进的技术，如容器管理持久化（Container Managed Persistence，CMP），Java 中的嵌入式 SQL（SQLJ）和 Java 数据对象（JDO）。

程序员还可以在 Java 字典中定义与平台无关的数据类型和数据库对象。SAP NetWeaver 开发工作室将多个工具集成在一个包中。

SAP NetWeaver 开发工作室支持由 Java 认可的本地开发，但也包含一些插件，但也支持面向团队开发的插件，这些插件可以使用业务应用程序的版本管理，进行相关的测试和部署。

SAP NetWeaver 开发工作室还包含其他工具，例如在设计时可以对 HTML、XML 和 XSLT 支持（验证，代码生成器）。

### 3.5.1 基本概念

SAP NetWeaver 开发工作室具有以下特性。

（1）基于开源的 Eclipse 的开发框架

增量构建，基于 Ant（Ant 是一种跨平台的构建工具）的构建支持，支持构建归档，具有最先进的调试器（包括本地和远程）。

（2）SAP 通过插件增强功能

支持特定于 SAP 的开发（例如 Web Dynpro 等），具有创建向导、部署工具、本地测试和调试的环境。

（3）基于文件和文件夹的组件存储

（4）完全集成的 IDE 支持组件开发

（5）灵活使用个人计算机加可靠的基于服务器的基础设施

通过无缝集成 Java 开发基础架构，SAP NetWeaver 开发工作室将 ABAP 工作台的优点结合到本地 IDE。

> 注：使用常用的工具在本地开发应用程序，一般有以下弱点。
> 1）不支持大型团队开发。
> 2）与本地开发者个人计算机不一致。
> 3）校正周期长。
> 4）手动部署。
> 5）在大型开发项目中的集成问题。

这可以使 ABAP 工作台提出的开发平台的请求，无缝应用到具有本地开发环境的 SAP NetWeaver 开发工作室当中。

### 3.5.2 工具集

SAP NetWeaver 开发工作室的工具集是通过透视图体现的，通过菜单 Window→Open Perspective，可以打开工具集所对应的透视图，如图 3-6 所示。

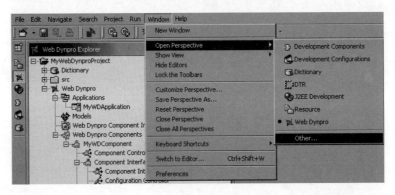

图 3-6

菜单中列出的透视图的顺序根据选择的先后顺序而改变，也可以通过菜单 Window→Preferences→Workbench→Perspective 将程序员常用的透视图设置为列表中的第一个。

SAP NetWeaver 开发工作室提供了一系列的工具，涵盖了应用程序开发的各个方面。像 Eclipse 一样，相关的工具通常是根据当前的任务，捆绑在一起的透视图。相关工具如下：

（1）Web Dynpro Perspective

设计支持创建 Web Dynpro 应用程序。

（2）J2EE Development Perspective

支持 J2EE 项目，Web 组件（JSP，Servlet），XML。

（3）Dictionary Perspective

数据库表和简单类型的定义。

（4）Web Service Perspective

创建 Web 服务客户端代理定义。

（5）Designtime Repository（DTR）Perspective

DTR 客户端允许在文件服务器上轻松地处理文件。

（6）Development Components Perspective

显示和编辑开发组件。

（7）Development Configurations Perspective

提供特定任务的 DTR 访问。

> 注：Eclipse 是开发人员比较熟悉的软件，本书只着重介绍与 SAP Java 开发有关的功能，至于 Eclipse 如何开发 EJB 等 J2EE 相关功能，本书不再赘述。

#### 1. 透视图

每个工作台窗体包含一个或多个透视图，如图 3-7 所示。一个透视图定义了工作台窗体中的初始设置和视图布局。在窗体内，所有透视图共享相同的编辑器。每个透视图都提供了一套旨在完成某一特定类型任务的功能，或者使用特定类型的资源来完成任务。例如，在编辑 Java 源文件时，程序员通常会使用 Java 透视图，而调试的透视图包含了在调试程序时使用的视图。当在工作台工作时，程序员可能会频繁地切换透视图。

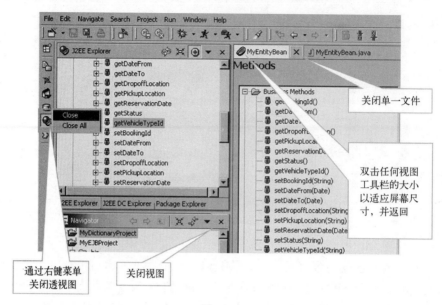

图 3-7

透视图控制某些菜单和工具栏的显示。通过定义可见的操作集实现，可以更改为自定义透视图，也可以保存一个以这种方式构建的透视图，使程序员可以稍后打开自定义的透视图。如图 3-8 所示。

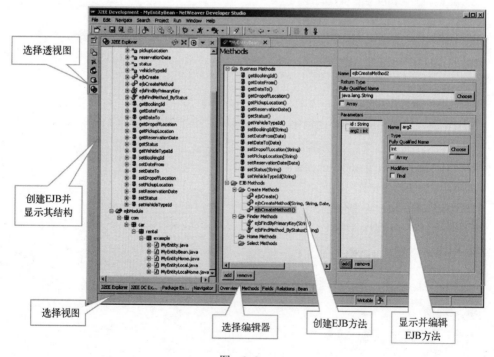

图 3-8

可以在同一窗体中或在新窗体中通过打开工作台选项打开透视图。

**2．视图**

在 SAP NetWeaver 开发工作室中，每一个透视图由多个视图和编辑器组成，根据当前任务的多少和特性，程序员可以自由组织当前透视图的布局。SAP 建议随时打开视图导航，通过菜单 Window→Show View→Other 选择需要的视图。如：用于日志记录的目的，选择相应的日志视图，如图 3-9 所示。具体操作如下：

Window→Show View→PDE Runtime→Error Log

一般情况下，任务相关的视图在相应的透视图开始的时候会自动打开。

图　3-9

1）在工作台中，视图支持编辑器，并替代了展示以及导航信息的方法。例如，导航器视图显示了正在使用的项目和其他资源。另外视图还有自己的菜单，要打开视图的菜单，需单击视图标题栏左侧的图标。一些视图也有自己的工具栏，视图工具栏上的按钮表示的操作只影响该视图中的项目。

2）视图可以单独显示，或者以标签形式和其他视图堆叠在一起。程序员可以通过打开和关闭视图以及在工作台窗体中将它们对接到不同位置来更改透视图的布局。

**3．编辑器**

SAP NetWeaver 开发工作室会根据正在编辑的文件类型，提供适当的编辑器。例如 JSP 编辑器和 XML 编辑器，如图 3-10 所示。

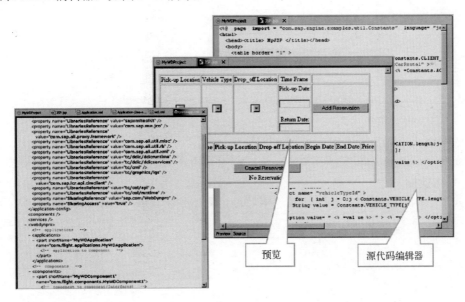

图　3-10

（1）JSP 编辑器

根据正在编辑的文件类型，对应的编辑器会显示在编辑器区域中。例如，如果程序员正在编辑扩展名为 txt 的文件，文本编辑器就会在编辑区域内显示。当编辑某个文件时，文件的名称就会出现在编辑器的标签中。如果一个星号*显示在标签的左侧，说明编辑器有未保存的进行过更改的文件。如果有未保存的更改，关闭编辑器或退出工作台时，SAP NetWeaver 开发工作室将提示保存文件。

（2）XML 编辑器

在导航中选择查看一个 XML 文件，并通过菜单选择 Open With→XML Editor。XML 编辑器就会显示在透视图中。也可以通过标签切换到 XML 源代码，使用 XMLInsight 功能进行编写。

### 3.5.3 项目管理

在 SAP NetWeaver 开发工作室中，提供了以下工具进行项目的管理：

**1．创建项目**

选择菜单 File→New→Project，通过选择不同的透视图关联的项目类型，创建一个新的项目及项目关联的文件，如图 3-11 所示。

程序员可以在工作台同时打开多个项目。当创建一个新项目时，系统默认打开新建的项目，也可以导入本地项目或服务器端的组件，导入后即为打开该项目。创建项目分以下几种类型：

（1）创建非开发组件项目

选择菜单 File→New→Project→项目类型。

（2）创建开发组件项目

选择菜单 File→New→Project→Development Component→Development Component Project→项目类型。

（3）导入一个或多个项目

选择菜单 File→Import→Multiple Existing Projects into Workspace，浏览到工作区路径，然后选择要导入的相应项目。

（4）J2SE project migration support（IDE 6.30 后支持）

选择菜单 File→Import→jpx Project，需要一些必要的手工修改。

（5）Project check-out/check-in from DTR

Design Time Repository，一般团队开发的组件保存在其中。

**2．导入项目**

导入项目的本质是将本地文件系统中的项目复制到工作区中，导入时选择菜单 File→Import→Multiple Existing Projects into Workspace，这样可以在一个新的开发工作室中重用现有的项目，如图 3-12 所示。

导入时要浏览到项目文件夹这个级别，一般来说，是工作区的文件夹。

**3．删除项目**

可以使用如图 3-13 所示对话框将项目在工作区中删除，删除时可以选择彻底删除（图中的第 1 项），也可以选择保留项目内容（图中的第 2 项（Do not delete contents），用于去除工作台额外的加载），后续仍可进行导入更改。

### 3.5.4 Web Dynpro 开发工具

在 SAP NetWeaver 开发工作室中提供了不可或缺的几种开发工具，在设计阶段实施过程中支持 Web Dynpro 应用程序的开发。

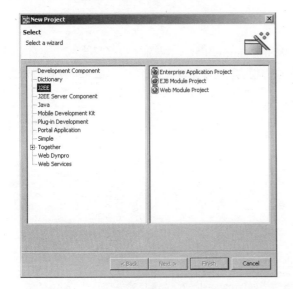
图 3-11

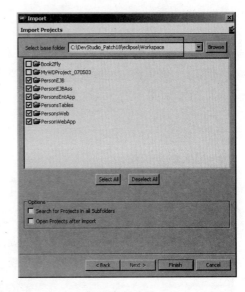
图 3-12

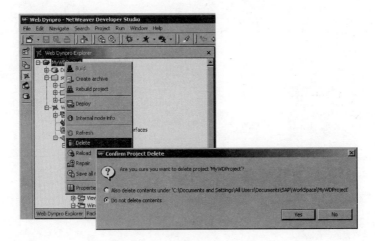
图 3-13

## 1．Web Dynpro 浏览器

如图 3-14 所示，Web Dynpro 浏览器（Web Dynpro Explorer）是 Web Dynpro 透视图的一部分。

（1）Web Dynpro 浏览器

在 Web Dynpro 中，Web Dynpro 浏览器是显示整个 Web Dynpro 应用逻辑结构的默认视图。节点和子节点由 Web Dynpro 生成器（Web Dynpro Generator）自动创建，作为创建新的应用程序元素的出发点。

（2）打开 Web Dynpro 浏览器

打开 Web Dynpro 浏览器，程序员可以从菜单中选择 Windows→Show View→Web Dynpro Explorer。如果想在另一个工具工作后显示 Web Dynpro 浏览器，选择 Web Dynpro

Explorer 标签。

**2. 数据建模工具**

（1）数据建模工具（Data Modeler）

数据建模工具是一个图形化的工具，是 Web Dynpro 开发工具的一部分。使用数据建模工具可为多个中心开发的任务提供高效的支持，如图 3-15 所示。

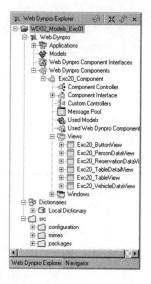

1）创建视图。

2）定义控制器。

3）声明组件模型。

4）嵌套组件。

5）创建数据链接（Data Link）。

6）使用视图模板（View Templates）。

7）使用服务控制器（Service Controller）。

8）显示数据建模工具的透视图是图表视图。

图　3-14

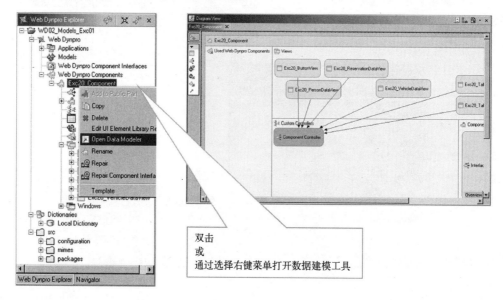

图　3-15

（2）打开数据建模工具

要打开数据建模工具，应从 Web Dynpro 浏览器中组件名称的 Context 菜单中选择 Open Data Modeler。要创建应用程序实体，应在工具选择区域中选择相应的数据建模操作。然后单击数据建模工具中的相关区域，启动相应的向导，输入所需的条目。

**3. 导航建模工具**

（1）导航建模工具（Navigation Modeler）

导航建模工具是 SAP NetWeaver 开发工作室的图形化 Web Dynpro 开发工具。它在设计和实现导航中对涉及的用户界面元素、视图、导航和应用程序实体提供支持，能显示导航建模工具的工作区域并在其中显示各个元素的视图，如图 3-16 所示。

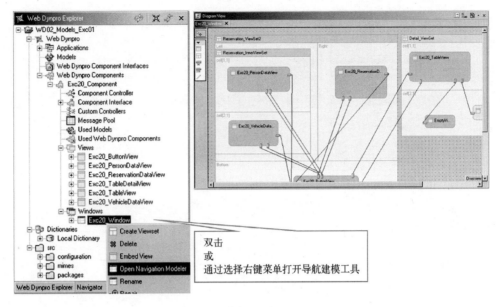

图 3-16

当创建和更改 Web Dynpro 应用程序的以下实体时，应用建模工具提供相应支持；这些实体还具有 Web Dynpro 应用程序体系结构中实体的分类。

1）视图集（View Set）。

2）视图（View）。

3）插头（Plug）。

4）链接（Link）。

（2）打开导航建模工具

在 Web Dynpro 浏览器中的窗体名称上，通过选择 Context 菜单条目 Open Navigation Modeler 来启动导航建模工具。Context 树结构如下：myWebDynproProject→Web Dynpro→Web Dynpro Components→myWebDynproComponent→Windows→myWebDynproWindow。

**4．视图设计工具**

（1）视图设计工具（View Designer）

视图设计工具是一个提供图形化支持的 Web Dynpro 工具，用于实施一个 Web Dynpro 应用程序用户界面的布局。界面的布局逻辑由 Web Dynpro 元素（视图）来完成，如图 3-17 所示。

有几个标准的接口元素，所有这些元素通过适当调整属性都可以适应用户的需求。

（2）打开视图设计工具

视图设计工具在导航建模或数据建模创建视图之后使用。打开视图设计工具，需要在 Web Dynpro 浏览器中的视图名称上通过选择 Context 菜单项 Edit。将转到布局选项卡右侧屏幕区域中的视图设计工具。该工具的透视图包含图形化视图的视图设计工具。如果要放大放置单个接口元素的工作区，请双击编辑器中的标题栏。要恢复到原来的大小，需再次双击标题栏。

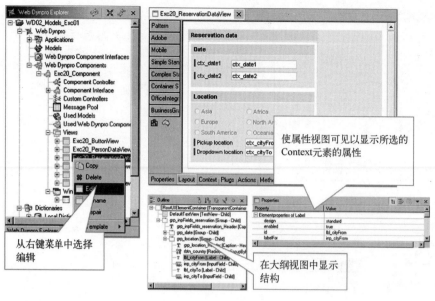

图 3-17

### 5. 控制器/Context 编辑器

（1）控制器/Context 编辑器（Controller/Context Editor）

控制器/Context 编辑器为创建控制器中的 Context 节点以及接下来定义的两个 Web Dynpro 实体之间的数据流提供了图形支持。控制器/Context 编辑器用于创建所有控制器类型的 Context 结构，如图 3-18 所示。

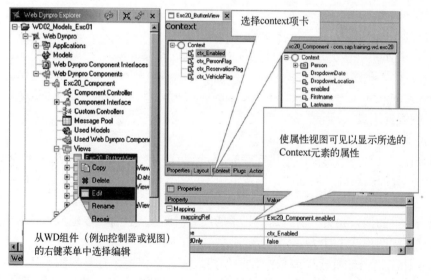

图 3-18

编辑器可以完成以下任务：

1）为控制器自动生成的 Context 创建一个结构。这是一个具有节点和属性的树形结构，结构元素可以是模型节点和模型属性或值节点和值属性。

2）定义模型，视图 Context 和控制器 Context 之间的数据流。在视图 Context 和控制器 Context 之间的数据传输中，由数据绑定进行传递引用。这同样适用于 Web Dynpro 模型和应用程序的控制器之间的数据流定义。如果数据在应用程序的控制器之间传递，则它们表现为数据映射。

（2）打开控制器/Context 编辑器

要为 Web Dynpro 实体定义 Context 树形节点需启动编辑器。该实体可以是 Web Dynpro 组件、控制器或视图。在 Web Dynpro 浏览器中，选择 Context 菜单项 Edit。在右侧屏幕区域中，控制器/Context 编辑器在 Context 选项卡中启动。

**6．消息编辑器**

使用消息编辑器（Message Editor）创建并编辑要在屏幕上显示的消息。还可以在 SAP NetWeaver 开发工作室中使用消息编辑器声明创建只能在运行时显示的文本，此消息类型为文本（Text）。消息是由 SAP NetWeaver 开发工作室的 Web Dynpro 工具提供支持创建向导的。可以更改、添加或删除消息，它们的类型为标准（Standard）、错误（Error）、警告（Warning）或文本，如图 3-19 所示。

图　3-19

# 3.6　Web Dynpro for Java 项目的两种基本类型

## 3.6.1　本地 Web Dynpro 项目

对于较小的应用程序，可以创建一个本地 Web Dynpro 项目。在这类项目中，所有的项目资源仅在程序员个人计算机的文件目录中。这种类型的项目，一般不定义任何外部接口为其他项目提供功能服务。在这种特殊情况下，这是一个纯粹的本地开发过程，不使用开发基础设施。如图 3-20 所示。

本地开发过程：

步骤一：创建一个本地 Web Dynpro 项目。

步骤二：创建应用程序特定对象并实施应用。

步骤三：定义 Web Dynpro 应用。

步骤四：编译整个 Web Dynpro 项目。

步骤五：在 J2EE 服务器上部署并执行应用程序。

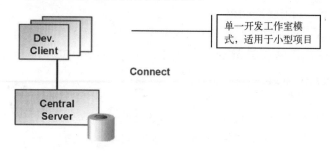

图　3-20

## 3.6.2　基于组件的 Web Dynpro 项目

在一般情况下，实际的开发任务需要将工作拆分成若干个项目，其中有明确定义的依赖关系。因此，开发任务会分配给几个开发人员甚至几个开发团队。在开发环境中，程序员将继续开发 Web Dynpro 项目；而且这些都是开发组件项目，这就意味着一个 Web Dynpro 项目是由一个开发组件定义的。如图 3-21 所示。

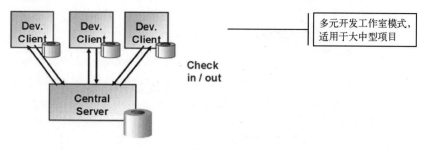

图　3-21

团队开发过程：

步骤一：选择开发结构配置，登录到 NetWeaver 的 JDI 并导入到开发工作室，如图 3-22 所示。

步骤二：创建 Web Dynpro 类型的开发组件，如图 3-23 所示。

图　3-22　　　　　　　　　　图　3-23

步骤三：同步档案或开发组件（DCs）。

步骤四：创建应用程序特定对象并实现应用程序。

步骤五：定义公共部分，声明使用依赖关系。

步骤六：编译本地源代码。

步骤七：在本地环境中部署和测试应用。

步骤八：检查活动到 DTR。

步骤九：激活变化，如图 3-24 所示。

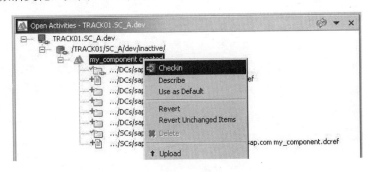

图 3-24

步骤十：发布活动。

注：SAP 建议的命名规范参见附录 C。本书中所采用的实例以本地开发为主。

### 1. Web Dynpro 应用程序场景图示

SAP Java 在 SAP 中应用的全貌如图 3-25 所示，Web Dynpro 项目只是这个复杂架构当中的一个环节。

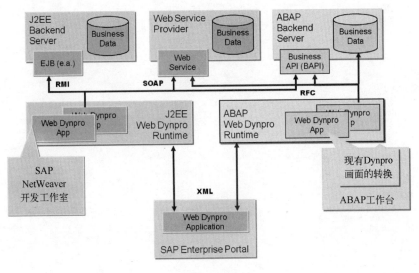

图 3-25

### 2. Component 的结构示意图

Web Dynpro 组件常见的应用程序示意图如图 3-26 所示。

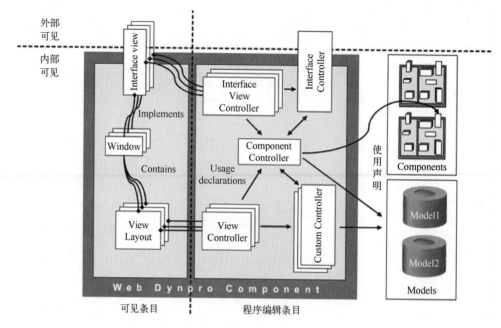

图 3-26

对应自动生成文件物理结构如下：

```
Packages->{app}->{cc}->(1)Wdp->
IPublic{w}. java
IPublic{cc}. java

IPrivate{w}. java
IPrivate{cc}. java
IPrivate{v}. java

Internal{w}. java
Internal{cc}. java
Internal{v}. java

IMessage{cc}. java
IConstant{cc}. java
IExternal{cc}Interface. java

Packages->{app}->{cc}-> (2)->
{w}. java
{cc}. java
{v}. java
```

注：{App}表示 Application，{w}表示 Window，{cc}表示 Component Controller，{v}表示 View。

# 第4章 Web Dynpro 基本概念

如果大家对 Java Web 编程比较熟悉的话，就知道一个 Web 响应会有一个 Request 和 Response 的处理。Web Dynpro 对这个处理又加了一些特有的内容，采用了类似 Windows 基于消息编程的一些方式，甚至也引入了钩子函数这种概念。

Web Dynpro 技术细分出一个新的概念：单一 Request/Response 循环或者称之为在不同阶段客户端触发的服务端循环（Server Round Trip）。这个技术被命名为阶段模型（Phase Model），意思就是一个请求的数据经过了若干处理阶段，用户可以在这些阶段编程，也比较类似基于消息的编程。整个阶段模型是无状态的，也就是所有在一个 Request/Response 循环被处理的对象，在这个循环结束以后是不会被重复使用而是会被释放的。这也符合在 Servlet 组件中 Request/Response 的处理原则，所有对象的生命周期与 Request 和 Response 是一致的。Web 请求一旦完成，从属于这两个对象的数据都要被释放。

Web Dynpro 在运行时，对于一个 Web 应用的新请求，总是要创建一套新的对象，这些对象的实例，在不同的阶段只被处理一次。如果出现错误，可以跳过单个阶段。不管在 Request/Response 循环过程中是否发生错误，方法 WdDoPostProcessing() 最后都会被调用，即使程序员通过自己的应用来处理。

注：Web Dynpro 是一个基于 Web 的用户界面开发工具。Web Dynpro 项目是基于 MVC 框架使用声明性编程语言生成的。也就是说，如果在客户端指定了用户界面元素，这些界面元素将会从 Context 节点中获取数据。

## 4.1 Web Dynpro 架构

Web Dynpro 是 SAP NetWeaver 的用户界面编程模型，基于模型-视图-控制器（Model-View-Controller，简称 MVC）模型，有以下特点。

1）业务逻辑与显示逻辑分离，逻辑与布局分离。

2）所有用户界面类型统一的 MetaModel 管理，支持 Web Service 和数据绑定。

3）可以运行在多种客户端平台，可以运行在多个平台上（如个人计算机、手机等终端）。

4）具有广泛的平台独立性，支持任意的后台系统。

5）所有创建用户接口的代码在一个标准的运行时框架内自动生成。

6）最小化代码和最大化设计，支持组件的再利用。

注：经典的 MVC 设计模式是一种架构，实现了数据提供者和数据消费者之间的解耦。

也就是说把界面的展示和数据的业务逻辑分离，实现解耦。Web Dynpro 是基于标准的 MVC 框架的，但与其相比也有一些不同点：

- 标准 MVC 中，Model 一发生变化 View 就会得知，但在 Web Dynpro 是不行的。
- 标准的 MVC 允许嵌套 View 和 Controller，但 Web Dynpro 是不允许的。
- SAP 通过一个聚合单元增强了设计。

### 4.1.1  MetaModel 的概念

Web Dynpro 对开发 Web 应用程序给予支持，程序员可以使用特定的工具在元数据中描述 Web Dynpro 应用的属性。系统将自动生成所需代码并在运行期执行。除了系统框架提供的事件外，还可以为 Web Dynpro 应用程序定义自己的事件。事件处理程序写在单独的源代码区域，当事件在运行时被触发，事件处理程序将被执行。

在 Web Dynpro 中，每个用户界面都是由相同的基本元素组成的。这些元素的元数据模型可以用 Web Dynpro 的工具静态声明。也可以在运行时实现应用程序元素的元数据模型，并且允许更改或者重新设置它们的值。利用这些特性，程序员可以通过在运行期生成的新界面结构来更改或增强一个用户界面。

### 4.1.2  平台独立性

从理论上讲，Web Dynpro 应用程序的元数据是与平台无关的。这意味着，如果应用程序执行在与它被创建的平台不同的平台时，元数据可以转换为当前平台特定的环境。这将生成一个平台所需的新的源文件。只有程序员自己编写的源代码，例如事件处理中的源代码，需要匹配新的平台。此外，还有一些特定环境的限制，需要一些额外的改变（例如在 ABAP 程序中对名字长度的限制），处理这样的元数据转换的工具现在还没有。

### 4.1.3  Web Dynpro 客户端

客户端框架（CSF），即一个以 JavaScript 为基础的客户端应用程序，运行在用户的浏览器中。这意味着一个用户界面的抽象定义可以通过 HTTP 传送到用户的浏览器，而应用程序数据是单独传送的。客户端框架由两个独立的部分构成：用户界面定义和应用程序数据。这有以下优点。

1）快速生成显示内容——只更新屏幕上发生改变的区域。

2）全键盘支持和无限制的用户操作。

3）通过合理使用 Cache 减少对服务器的请求次数。

4）减少服务器与客户端之间的带宽要求。

### 4.1.4  图形化开发工具

为了支持上面的概念，SAP NetWeaver 开发工作室和 ABAP Workbench 都包括了一系列的 Web Dynpro 工具。程序员可以用这些工具生成大部分的 Web Dynpro 应用程序，而不必编写源代码。这些工具应用在应用程序的以下几个方面。

1）前端与后端之间的数据流。

2）用户界面布局。

3）用户界面元素的属性定义。

Web Dynpro 工具允许程序员在系统生成的源代码中手工添加自己的源代码。当系统重新生成源代码时，用户所写的源代码的区域不会发生改变。

> 注：开发过程中，UI 端多为自动生成代码，业务逻辑部分需要手工调整代码。
> 自动生成用于以下几个方面：
> 1）确保常用应用程序设计。
> 2）图像化的良好支持（界面布局、导航、错误处理、数据处理、其他组件等）。
> 手工代码用于以下几个方面：
> 1）确保其他复杂程序设计。
> 2）为数据驱动和动态编程提供良好的支持（业务逻辑的实现、动态构建界面、访问 Service 以及事件处理等）。

## 4.1.5　业务逻辑与应用逻辑分离

Web Dynpro 允许程序员将业务逻辑与显示逻辑清楚地分开。一个运行在前端的 Web Dynpro 应用通过一个服务访问本地或远程的后端系统。这意味着显示逻辑被包含在 Web Dynpro 应用中，业务逻辑和持久化的业务对象运行在后端系统。下面是当前可用的连接 Web Dynpro 应用和后端系统的方法：

1）通过 SAP 系统的 BAPI 可以调用的、适用 RFC 生成的接口。

2）调用 Web Services 的接口。

3）自生成的接口。

连接 Web Dynpro 应用所需的源代码可以由 Web Dynpro 接口的 UML 定义图生成。UML 定义图可以作为一个 XML 文件被导入到 Web Dynpro 工具中。

## 4.1.6　MVC 模型的转换

SAP 的 Web Dynpro 是基于 MVC 设计范例构建的。MVC 最初是由挪威的软件设计员 Trygve Reenskaug 于 20 世纪 70 年代末期在 Xerox PARC 工作时发明的。Smalltalk-80 编程语言在发布时首次采用了这一设计范例。

MVC 是革命性的设计范例，因为它率先按照以下项目来描述软件组件：

1）每个软件组件应具备的功能性责任。

2）每个组件应该响应的消息协议。

SAP 修改并扩展了原始的 MVC 规范，并以此创建了 Web Dynpro 工具集。每一个 Web Dynpro 应用程序都是依照 MVC 模型建模的，如图 4-1 所示：

1）Model 构建后端系统的接口，允许 Web Dynpro 应用程序访问数据。

2）View 负责数据在浏览器中的表现。

3）Controller 介于 View 和 Model 之间，Controller 格式化显示在 View 中的数据，处理用户的操作，并返回给 Model。

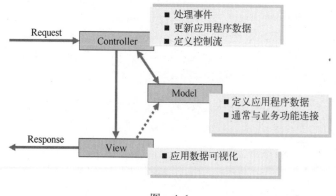

图 4-1

注：
- MVC 的优点：
1. 耦合性低

视图层和业务层分离，这样就允许更改视图层代码而不用重新编译模型和控制器代码，同样，一个应用的业务流程或者业务规则的改变只需要改动 MVC 的模型层即可。因为模型与控制器和视图相分离，所以很容易改变应用程序的数据层和业务规则。

2. 重用性高

MVC 模式允许使用各种不同样式的视图来访问同一个服务器端的代码，因为多个视图能共享一个模型，它包括任何 Web（HTTP）浏览器或者无线浏览器（Wap）。比如，用户可以通过电脑也可通过手机来订购某产品，虽然订购的方式不一样，但处理订购产品的方式是一样的。由于模型返回的数据没有进行格式化，所以同样的构件能被不同的界面使用。

3. 部署快，生命周期成本低。

MVC 使开发和维护用户接口的技术含量降低。使用 MVC 模式使项目开发时间得到大幅的缩减，它使程序员能集中精力于业务逻辑上。

4. 可维护性高

分离视图层和业务逻辑层也使得 Web 应用更易于维护和修改。

- MVC 的缺点：
1. 完全理解 MVC 比较复杂

由于 MVC 模式提出的时间不长，加上实践经验不足，所以完全理解并掌握 MVC 不是一个很容易的过程。

2. 调试困难

因为模型和视图要严格分离，这样也给调试应用程序带来了一定的困难，每个构件在使用之前都需要经过彻底的测试。

3. 不适合中小型应用程序

在一个中小型应用程序中，强制性地使用 MVC 进行开发，往往会花费大量时间，而且不能体现 MVC 的优势，同时会使开发变得烦琐。

4. 增加系统结构和实现的复杂性

对于简单的界面，严格遵循 MVC，使模型、视图与控制器分离，会增加结构的复杂性，并可能产生过多的更新操作，降低运行效率。

5. 视图与控制器间的连接过于紧密，降低了视图对模型数据的访问。

视图与控制器是相互分离但联系紧密的部件，视图没有控制器的存在，其应用是很有限的，反之亦然，这样就妨碍了它们的独立重用。依据模型操作接口的不同，视图可能需要多次调用才能获得足够的显示数据。对未变化数据的不必要的频繁访问，也将损害操作性能。

## 4.2　Web Dynpro 组件

一个 Web Dynpro 组件 Component 是一个可重复使用的实体。它可以把所有 Web Dynpro 组件结合在一起，但需要可执行组件（Web Dynpro Application）作为程序的一部分，这样程序才能运行。不同的 Web Dynpro 组件需要实现一个通用的接口，有的接口实现可见部分，有的接口实现可编程。一个组件代表构成一个业务逻辑单位的一系列任务。组件能被嵌入到其他组件中，但不能通过 URL 访问。

用 Web Dynpro 组件开发有以下优点：

1）结构化编程。

2）易于创建管理应用程序模块。

3）组件是可重用的。

4）易于软件整合。

在 Web Dynpro 组件中包含任意数量的窗体 Window 和视图 View 以及相应的控制器 Controller。其他 Web Dynpro 组件也可以被引用，如图 4-2 所示。

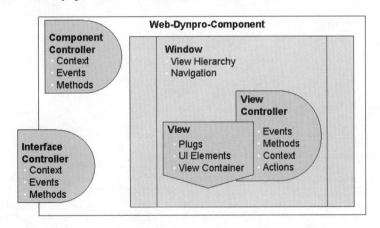

图　4-2

窗体和视图主要和 UI 元素有关。窗体只是一种容器，在一个组件内包含多个窗体，一个窗体可以嵌入多个视图，一个视图可以包含多个 UI 元素，而组件控制器（Component Controller）只有一个。如果一个组件不需要视图，那么窗体也就不必存在了。

Web Dynpro 组件的生命周期：

一个 Web Dynpro 组件的生命期从第一次被调用开始，到调用和实例化它的 Web Dynpro 应用程序结束为止。对于嵌入的组件，意味着在嵌入组件的生命期中，到需要的时候它才会被实例化，它们的生命期在调用它们的应用程序结束的同时结束。

### 4.2.1 Web Dynpro 组件特性

一个 Web Dynpro 组件始终是强制性地创建了窗体、视图和控制器，这是关系到自身存在的组成部分。Web Dynpro 组件之间的通信是借助于组件接口（Component Interfaces）实现的，因此它不考虑自身的部分组成。

一个 Web Dynpro 组件可嵌入其他 Web Dynpro 组件，相应的 Web Dynpro 组件可以被嵌在其他 Web Dynpro 组件。数据通信就发生在组件接口中。

一个 Web Dynpro 组件：

1）可以包含任意数量的窗体，视图以及与之对应的控制器。

2）可以嵌套其他的组件。

3）每个 Web Dynpro 应用程序必须有组件控制器。

4）每个组件包含一个接口，每个接口包含两个部分：

① Interface View：用来链接 Web Dynpro Application 和 Web Dynpro Window。

② Interface Controller：进行数据交换控制。

### 4.2.2 视图

视图描述了一个矩形区域的布局（Layout）和用户接口的行为（Action）。

**1．布局**

每个 Web Dynpro 应用程序都至少有一个视图。每个视图的布局由不同的 UI 元素组成，这些 UI 元素可以相互嵌套，如图 4-3 所示。每个 UI 元素的定位是由布局变式决定的。

**2．Context 和视图控制器**

除了布局这一有形的一部分以外，视图也包含一个控制器和一个 Context。视图中的 UI 元素可以绑定 Context 中的数据，这些数据被 Context 存储和管理。使它们能够在屏幕上显示或使用。视图控制器（View Controller）可以包含很多方法，这些方法用来处理数据检索或用户信息输入，如图 4-4 所示。

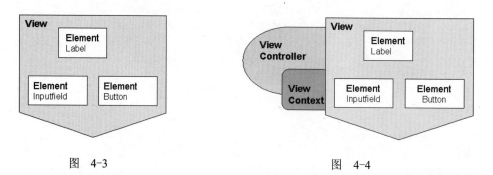

图 4-3                           图 4-4

**3．入站插头/出站插头**

视图还包含入站插头（Inbound Plug）和出站插头（Outbound Plug），使视图可以彼此相连，或者一个视图可以和一个接口视图（Interface View）联系在一起。这些插头（Plug）可使用导航链接（Navigation Link）互相连接在一起。

#### 4. 视图集

一个视图集（View Set）提供了一个可视化的框架与预定义的部分，程序员在设计时可以将视图嵌入视图集。使用视图集特别有利于程序员的设计、实施或显示 Web Dynpro 应用程序的用户界面：

1）在屏幕上结构化显示多个视图。

2）在设计用户界面时提供有效的支持。

3）使用预定义的区域，为在稍后阶段中对布局进行更改提供可能性。

4）一个 Web Dynpro 窗体内的视图的重用。

Web Dynpro 框架提供了图 4-5 所示预定义的视图设置。

| T-Layout | T Layout 90º | T Layout 180º | T Layout 270º | Grid Layout | Tab Layout |
|---|---|---|---|---|---|
|  |  |  |  |  |  |

图 4-5

显示视图和它嵌入的视图集总是占据屏幕显示区域的 100%。然而，程序员也可以定义一个视图集，并且在设计时，将一个空视图嵌入到视图集的选定区域中，这个区域在运行时显示为空区。

> 注：视图集只是 Web Dynpro for Java 的概念，Web Dynpro for ABAP 则没有这个概念。

#### 5. 空视图

空视图是一种特殊类型的视图。在没有手动嵌入视图的情况下，它总是在一个窗体中或视图集区域中自动生成。也可以手动将其嵌入在一个非空的窗体中，就像一个普通视图，空视图在运行时占有一个窗体的大小，可以使用特定的控制用来隐藏其他的视图。

当创建一个空的视图时，一个 ShowEmptyView 入站插头被默认自动创建。

#### 6. View 设置

不同的视图之间导航是通过插头实现的。如前所说，这些插头被分为入站和出站插头。入站插头定义了视图被调用的入口，一个视图的出站插头用于调用接下来要显示的视图。插头是一个视图控制器的一部分，它们总是会分配到唯一的一个视图。

由于接口视图的行为完全与视图导航方面的性能相同，下述属性也适用于接口视图。

若干视图通常嵌入在一个 Web Dynpro 窗体中。因此，有必要设定一个首先显示的视图。这种视图被分配默认属性，随后的导航结构是依附于这一视图创建的。

视图的入口，也就是入站插头总是调用一个事件处理方法。这就是为什么会为每个入站插头自动生成一个事件处理方法（它的使用是可选的）。在这种情况下，入站插头本身代表了事件处理。如果视图是窗体标记为一个默认的视图，它不使用入站插头。要从一个视图转到另一个，第一个视图的出站插头必须通过一个导航链接（Navigation Link）直接链接到第二个视图的入站插头，如图 4-6 所示。

图 4-6

一个出站插头通过导航链接可以链接到很多视图。同样，一个入站插头可以被几个出站插头控制。入站插头和出站插头的关联信息不包含在每个视图中，此信息储存在导航链接中。

综上所述：

1）每个 Web Dynpro 应用程序至少有一个视图。

2）每个视图里面可以放置不同的 UI 元素。

3）两个很重要的组件：控制器和 Context。

① Context 用来存储以及管理数据和 UI 元素的绑定。

② 控制器用来取得数据以及处理用户输入等。

每个视图都有入站插头以及出站插头。入站插头用来得到这个视图的开始点，而出站插头用来调用下一个视图。

链接关系：几个视图之间的链接通过导航链接来实现。

注：每个窗体可能有几个视图，所以必须指定初始视图，而且这个视图没有入站插头。

### 4.2.3　窗体

窗体用来结合若干个视图和视图集（视图集相关概念请参照 Web Dynpro for Java）。一个视图只有被嵌入在窗体中才能由浏览器显示。一个窗体包含由导航链接关联的一个或多个视图，其中某个视图或视图集被指定为默认以首次显示在窗体中，如图 4-7 所示。

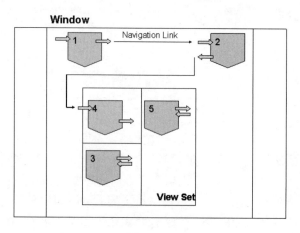

图 4-7

窗体定义了在哪个组合中显示哪些视图，以及执行出站插头如何改变视图组合。所以，创建一个窗体时，需要定义三个元素：

1）组件的可视界面中的所有视图必须嵌入到窗体中。

2）如果需要并排显示多个视图，则要使用一个布局中包含 ViewContainerUIelement 的特殊视图来定义这些视图的布局和位置。此容器视图嵌入在窗体中，并且在 ViewContainer UIelement 定义的每个区域内，该视图区域中所有可能的视图均被嵌入到窗体中。每个 ViewContainerUIelement 在启动时只有一个缺省视图。

3）不同视图之间的导航链接必须进行定义。视图区域一次只能显示一个视图。必须定义视图之间的导航链接，才能替换视图区域的内容。通过创建空视图可以清空视图区域，相应的导航事件会调用空视图的入站插头。

**1．窗体控制器**

每个 Web Dynpro 窗体都有一个窗体控制器（Window Controller）。这个窗体控制器是一个全局控制器。在组件内所有其他控制器中是可见的。

注：出入站插头和窗体控制器的概念在 SAP NetWeaver 平台 7.0 的 Web Dynpro for Java 中并未涉及。

**2．接口视图**

每个窗体有一个唯一指定的接口视图。此接口视图用于显示整个窗体。在组件中接口视图和 Web Dynpro Application 相关联，这使得窗体和 URL 有一种对应关系，如图 4-8 所示。

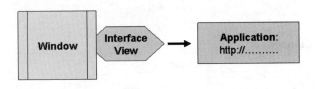

图 4-8

此外，接口视图使窗体能够参与多个组件重用。这意味着，除了组件的具体视图，在一个窗体中可嵌入其他组件的接口视图（前提：组件重用被创建）。就像视图，该接口视图和入站/出站插头被集成，可以在其他组件的窗体中被调用，如图 4-9 所示。前提是这些组件窗体的插头被明确标记为接口入站插头（Interface Inbound Plug）。

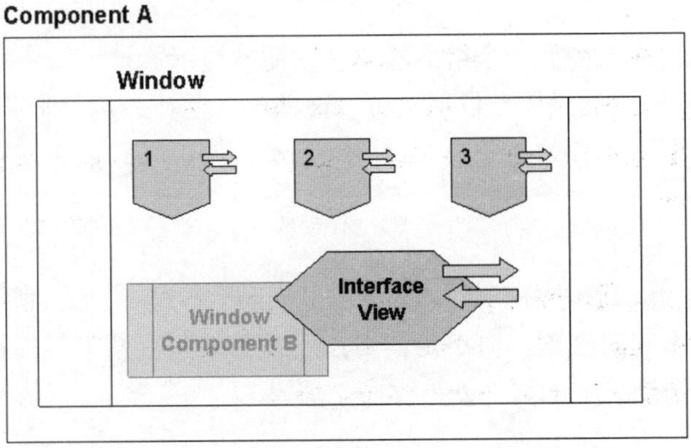

图 4-9

每个窗体在同一时间只能显示一个视图，这也适用于接口视图。但是，在同一组件中可以同时声明几个接口视图的组件重用。这样，程序员可以显示同一个接口视图多次。

**3．窗体插头**

每个窗体都有一个或几个窗体插头（Window Plug）。使用这些插头，一个窗体可以被列入一个导航链接，如图 4-10 所示。这些概念正如视图的插头一样，每个窗体插头在整个窗体中都是可见的，可在此窗体内进行导航。此外，插头也可用于连接接口视图，所以它们的可见性已超越了组件的限制。因此，它们也属于与接口视图有关的窗体，如图 4-11 所示。

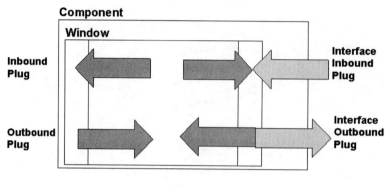

图　4-10

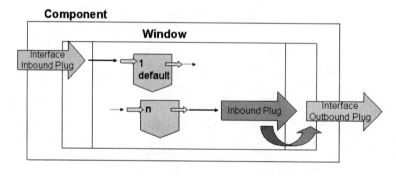

图　4-11

一个组件的窗体被嵌入在另一个组件的窗体以便被显示。

一个 Web Dynpro 应用被设置，以便它可以被调用（前提：出站插头属性设定为 Exit）。

要使用入站插头调用或者关闭一个 Web Dynpro 应用。入站插头属性应设为 Startup，出站插头属性设定为 Exit。

**4．出站插头**

窗体的出站插头导航到相应视图的入站插头，如图 4-12 所示。使用这些出站插头，就可以在窗体内导航到不同的视图，而不是使用预定义的视图。其中具体设置哪个出站插头被调用，可以在接口入站插头中的事件处理程序中编辑。

**5．入站插头**

窗体的入站插头是从一个视图的出站插头导航到其嵌入的窗体，如图 4-13 所示。就像视图的入站插头，代表相应的事件，从而调用分配给它们的事件处理程序（Event Handler Method）。这样，在窗体控制器中就可以控制哪一个出站插头是下一个被调用的。而且，开发人员可以动态地定义视图在窗体中显示的次序。

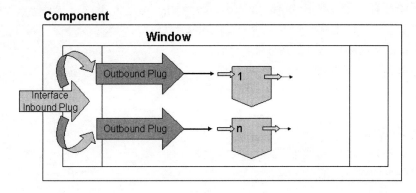

图　4-12

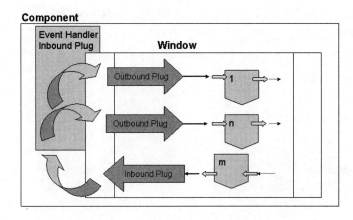

图　4-13

上述功能在 Interface Outbound Plug（接口出站插头）中也是适用的。

综上所述：

1）窗体是多个视图的组合容器，视图必须在窗体中才能被用户看到。

2）一个窗体包含至少一个视图，如果是多个视图的话通过导航链接实现，当然，必须定义开始的视图。

3）每个窗体可以有一个或者多个入站插头以及出站插头，对应于视图的插头。

① 出站插头：链接窗体和视图的入站插头。

② 入站插头：链接视图的出站插头到嵌入的窗体。

## 4.2.4　Web Dynpro 控制器

### 1. 控制器

控制器是 Web Dynpro 应用程序中很重要的部分。它们决定用户如何与 Web Dynpro 应用程序交互。控制器可以访问的数据定义在相应的 Context 内。在一个 Web Dynpro 的应用程序中有不同控制器和 Context 的实例。除了控制单独视图的视图控制器，也有为组件中所有视图提供服务的全局控制器。

**2．视图控制器**

每个视图都有一个视图控制器，它是用来处理用户与系统间交互的。每个视图也有一个视图 Context，其中包含了视图所需的数据，如图 4-14 所示。

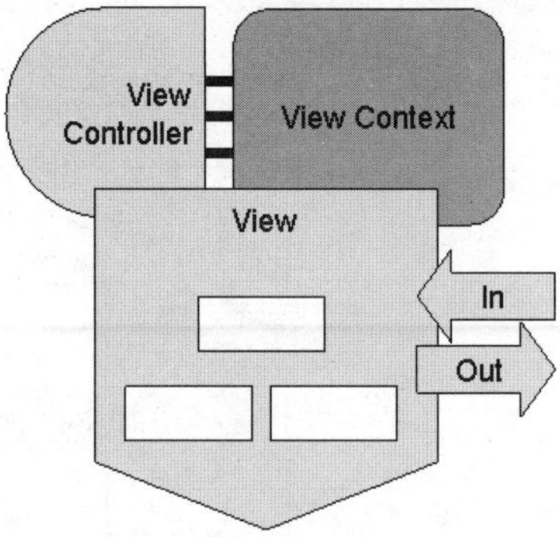

视图控制器和相应的 Context 至少在视图被浏览时是可见的。在浏览器中如果视图被一个连续的视图所取代，本地数据也不再可用。不过，视图的生命周期可以连接到组件的生命周期。

视图，无论是可见的或者被隐藏，只要在其生命周期内，其自身及其数据都是客观存在的。

图　4-14

**3．全局控制器**

在组件中每个 Web Dynpro 组件包含至少一个全局控制器（Global Controller），其在所有其他的控制器中都是可见的。组件控制器的数据一旦被访问，其使用寿命将延长到整个组件的生命周期，直至组件不被使用。

程序员可以添加自定义控制器（Custom Controller）。控制器组件和它包含的数据在组件的所有视图中都是可见的。

另外 Web Dynpro 窗体中所附带的窗体控制器也是全局控制器，同样在组件的所有视图中都是可见的，三者关系如图 4-15 所示。

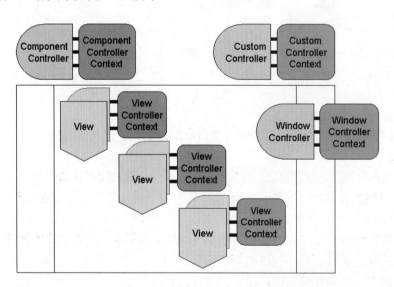

图　4-15

**4．接口控制器**

每个 Web Dynpro 组件包含一个接口控制器 Interface Controller。该控制器是一个全局控制器，在其他组件内也是可以看到的。因此，这部分是 Web Dynpro 组件的一个接口。

控制器之间的通信是通过调用方法或触发事件来实现的。程序员在创建一个控制器时，便可以定义控制器的使用。

**5．源代码**

每个控制器包含程序域，可以在其中插入自己的源代码 Source。因此，一个应用程序编程接口（API）用于节点 Context 和它们的属性以及数据的处理中。例如：使用 API 执行节点初始化，访问系统环境服务器抽象层以及进行动态消息处理。

控制器可以存储它们自己的源代码：

（1）事件处理程序。

视图在初始化、被关闭，或遇到回车键时，事件处理程序（Event Handler）将被执行。当一个视图的用户界面元素触发一个动作，事件处理程序将被执行。当其他控制器触发注册的事件，事件处理程序将被执行。

（2）方法。

方法 Method 可以被其他控制器调用。

（3）供应函数。

当 Context 及其元素被调用时，供应函数 Supply Function 被执行用于初始化 Context 中的元素。视图或组件的数据存储在 Context 中。在控制器中用供应函数读写访问此数据只是一个起点。

**6．Context 结构**

Context 的数据在一个层次结构里被管理起来。每个 Context 有一个根节点，根节点下面是其数据字段（属性），整个 Context 存储在一个树状结构里，如图 4-16 所示。一般在编程时要根据应用数据的结构创建此树状结构。

每个 Context 节点根据包含数据字段可以分为以下两类：

1）个别类型的对象实例

2）一个实例表

在一个 Context 中可以重复嵌套使用节点，这种节点叫作递归节点（Recursion Node），如图 4-17 所示。用作递归的节点总是新节点的上级节点。最新创建的递归节点是上级节点的引用，因此无法单独处理。

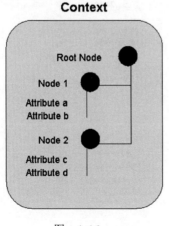

图 4-16

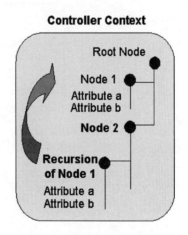

图 4-17

49

注：根节点 Context 不能用于递归。

### 7. Context 属性

（1）基数

表4-1汇总了一个节点可能的基数。

表　4-1

| 基　　数 | 含　　义 |
|---|---|
| 1:1 | 节点只包含一个元素实例，它自动被实例化 |
| 0:1 | 节点只包含一个元素实例，它可以不被实例化 |
| 1:n | 节点可以包含多个元素的实例，其中至少有一个必须被实例化 |
| 0:n | 节点可以包含多个元素的实例，其中没有必要被实例化 |

（2）头选择

头选择（Lead Selection）在嵌套的 Context 结构中是非常重要的。其定义了 Context 元素，头选择所指定的数据最终由运行时访问的时机决定。

应用程序 UI 的例子包含一个 TextView 元素，在运行时相应显示客户的名称。如果没有一个明确的选择路径，名称属性的所有值将是平等的，它可能不会将正确的客户名称显示在 TextView 的元素上。出于这个原因，为客户设置的信息内容必须明确指定到一个节点。这是通过初始化头选择实现的。头选择自动初始化始终指定一个节点的第一个要素，如图 4-18 所示。

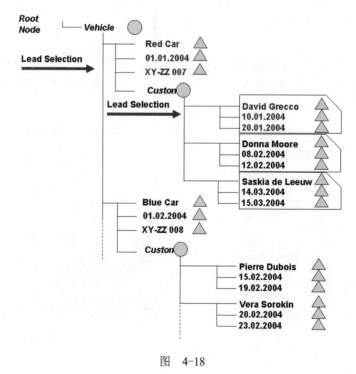

图　4-18

50

（3）自动初始化

头选择自动为每个新创建的 Context 节点初始化。选择使用预置的属性 InitializeLead Selection 设置为 True，在这种情况下，一个节点的第一要素分配到头选择属性。

（4）手动初始化头选择

如果自动初始化没有被预制，头选择可以被编程实现。在这种情况下，这个属性可以分配到任何一个节点的元素（例如，使用节点的索引）。

### 8．Singleton 属性

这个属性决定了子节点在实例化时是 Singleton 还是 Non-Singleton，因此它的值就是布尔值。例如在加载一个包含多行的表时，每一行包含的更详细数据不会被首先加载，而只有在用户选中并检查特定行时，与该行相关的数据才会被读取。

如果例子中客户节点设置为 Singleton，头选择被设置为自动初始化，Context 运行时如图 4-19 所示。

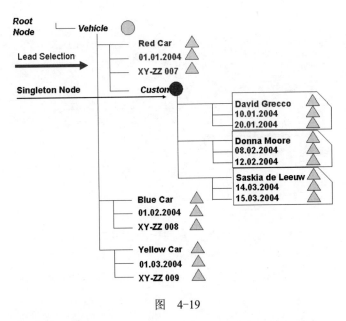

图　4-19

### 9．Context 数据绑定和映射

在 Web Dynpro 架构中，不同的控制器的 Context 有不同的应用。

（1）Context 绑定

用户界面视图的 UI 元素可与 Context 元素绑定，如图 4-20 所示。

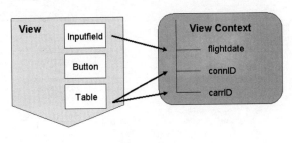

图　4-20

在 Context 中，所有基本数据类型都可用于属性的定义。这里存储的信息也可以用于 Web Dynpro 应用程序创建值帮助，以及用于创建无效条目的错误信息。

注：值帮助指由 Context 中的值所确定的搜索帮助。

（2）Context 映射

Context 映射可以定义在两个全局控制器之间，或从一个视图中的 Context 映射到一个全局控制器的 Context。全局控制器的 Context 也可以绑定到 Web Dynpro Model，如图 4-21 所示。

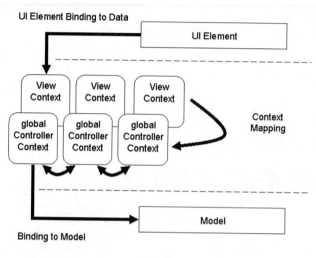

图　4-21

（3）定义两个 Context 之间的映射

视图 Context 的元素可以定义在本地的视图中。在这种情况下，所有包含属性只在有关视图中可见。当有关视图消失，属性值将被删除。

视图 Context 的元素也可以映射到全局控制器（如组件控制器）的 Context 上，如图 4-22 所示。

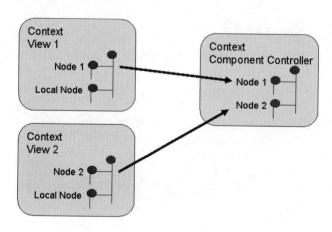

图　4-22

上图中代表 View1，View2 定义的节点分别映射到组件控制器对应的节点上，组件控制器在全局范围内都是可见的，所有控制器都涉及读取和写入访问所包含的属性。组件控制器 Context 的属性值都包含在这里，只要用户不退出该组件，这些值仍然可用，即使它不再显示在屏幕上。如图 4-23 所示，View1，View2 节点的属性值会更新组件控制器节点的值，反之，组件控制器节点的值更新 View1，View2 节点的值。

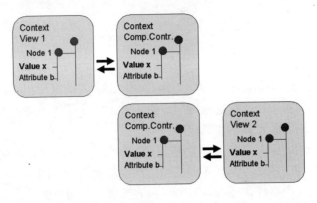

图 4-23

要建立映射关系，须注意以下几点：

1）充当映射源的控制器，其 Context 中必须有节点。该节点不需要任何已声明的子节点或属性。

2）映射源控制器不能是视图控制器。

3）包括映射目标节点的控制器，必须声明把映射源控制器用作已用控制器。

**10．事件**

在组件控制器中可以创建事件（Event）。

事件用于控制器之间的通信，使一个控制器来触发不同的事件去调用另外一个控制器中的事件处理程序，如图 4-24 所示。

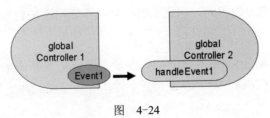

图 4-24

使用接口控制器的事件可以实现跨组件通信。然而，控制器组件的事件只有在本组件内是可见的。

（1）入站插头

在视图中入站插头也像一个事件一样做出相应反应。因此，当一个视图被一个入站插头调用，该入站插头事件所对应的处理程序是第一个被调用的，如图 4-25 所示。在这种情况下，事件处理程序放置在当前视图控制器中。

甚至控制器的接口视图通过调用相应的入站插头的事件处理程序来作为调用某一个视图

的出发点。事件处理器中可以为每一个接口视图的入站插头编辑事件处理程序。

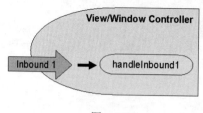

图　4-25

（2）用户界面元素事件

一些用户界面元素，例如按钮，它们有用户与程序交互的动作相联系的特殊事件。这些事件是预先定义的，并在设计时指定相应用户的动作。

**11．动作（为用户界面元素事件的行动）**

一些用户界面元素，如按钮元素可以与用户的动作（Action）进行交互。单击相应的按钮可以触发对应的事件，视图控制器中的处理程序会被调用，如图 4-26 所示。这样的用户界面元素配备一个或几个事件，在设计时可以被连接到一个特定的动作（例如：切换到下一个后续的视图）。如果这种动作被创建，相应动作的事件处理程序会被自动创建。有必要的话，用这种方法可以为用户界面元素的事件指定不同的动作。这些事件的事件处理程序会在相应的动作被触发时被调用。

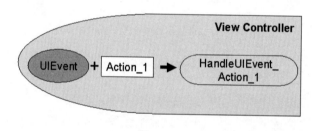

图　4-26

在视图中动作是可重复使用的。这意味着一个动作能被连接到几个甚至不同的用户界面元素的事件。

> 注：用户界面元素事件不像跨组件事件，用户界面元素事件的可见范围是在视图控制器内，在其他组件中是看不到的。用户界面元素事件本身是预定义的，不能改变。

综上所述：

1）用户界面元素事件定义了用户如何与组件应用程序进行交互。

2）视图控制器：每个视图只有一个视图控制器以及一个视图 Context。

3）全局控制器：顾名思义，全局的控制器，在程序运行过程中始终可访问。

## 4.3　Web Dynpro 组件接口

每个组件有一个接口，用于 Web Dynpro 组件之间的交流以及用户调用的接口。这个接

口由两部分组成:

## 1. 接口视图

组件中包含窗体的接口视图。通过接口视图和 Web Dynpro 应用程序相关联,用户可调用 Web Dynpro 应用程序来显示窗体中的内容,如图 4-27 所示。

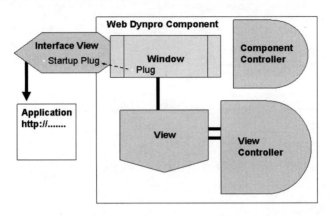

图　4-27

通过入站和出站插头,接口视图作为嵌入式组件集成在相应的窗体组件中。这些入站和出站插头是各窗体的一部分,如图 4-28 所示。该嵌入的接口视图的导航功能与视图的导航功能是一样的。

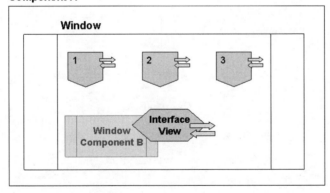

图　4-28

该嵌入的接口视图可以没有图形元素。它也可以通过控制器提供函数服务,或通过 Context 提供数据服务。

## 2. 接口控制器

Web Dynpro 组件除了视觉部分的组件接口——接口视图,也有一种编程部分的组件接口——接口控制器 Interface Controller。它在组件的内部和外部都是可见的,用来交换业务数据。使用这个控制器一个嵌入式的组件也可以调用另一个嵌入式组件,如图 4-29 所示。

接口控制器,就像接口视图,不是一个独立的实体对象。相反,在其他组件中,接口控制器中所定义的方法和事件都是可以访问的。

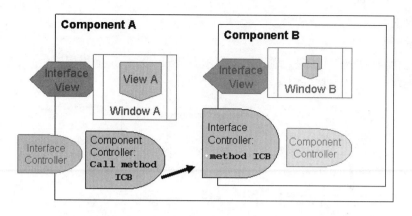

图 4-29

另外一个用途：跨组件的数据交换是通过嵌入和被嵌入的组件之间的 Context 映射进行的，如图 4-30 所示。

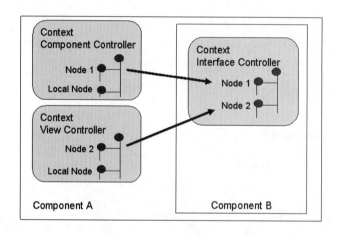

图 4-30

Web Dynpro 组件接口的定义和实现可以单独进行。因此，Web Dynpro 组件和 Web Dynpro 组件使用的开发能够被分离出来。在 Web Dynpro 组件中可以创建多个接口实现。为每个接口，所需的实现直到运行时才被实施，这个接口和实现必须是相同的名字。

综上所述，每个组件包含一个接口，每个接口包含两个部分：

1）接口视图：用来链接 Web Dynpro 应用程序和窗体。

2）接口控制器：进行数据交换控制。

## 4.4　Web Dynpro 应用程序

Web Dynpro 的应用程序是一个从用户接口调用的应用程序。作为一个独立的程序单元连接到一个 URL 链接上，用户可通过这个 URL 链接访问 Web Dynpro 组件中的窗体，如图 4-31 所示。

Web Dynpro 应用仅仅是通过入站插头连接到 Web Dynpro 窗体接口视图。

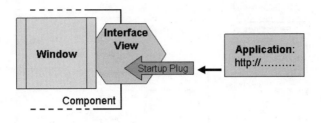

图　4-31

综上所述，Web Dynpro 应用仅仅是一个用户调用的入口。一个 URL，定义了访问组件的一个唯一入口。要定义一个应用程序必须具备以下条件：

1）必须有一个一级组件。

2）这个组件有一个视图可用。

3）该应用程序有一个 StartPlug 可用。

# 4.5　Web Dynpro 建模

Web Dynpro 技术是基于 MVC 模式开发的，其目的在于确保用户之间的接口定义和应用程序逻辑实现明确的分工。在这一概念中，模型用于检索后端应用系统的数据。如果程序员想定义多个模型，该模型必须绑定到相应的 Web Dynpro 组件。

Web Dynpro 应用程序的数据可以有不同的来源：

1）调用 SAP 系统中的 BAPIs。

2）用新的数据定义。

3）调用 Web 服务。

> 注：Web Dynpro 模型提供了统一的接口对应远程的服务，从而可以把业务功能在外部封装。是 Web Dynpro for Java 独有的概念，Web Dynpro for ABAP 则不涉及。

# 4.6　Web Dynpro 建模工具

Web Dynpro 提供了用于定义 Web Dynpro 模型专用的建模工具。这些工具是 Web Dynpro 透视图的一部分，因此也是 SAP NetWeaver Developer Studio 的一部分。定义向导、Dynpro 生成器、模型导入向导和自动生成 Java 代理类的生成工具等都会在使用模型时提供高效支持。

程序员必须使用一个 Web Dynpro 模型把数据提供给 Web Dynpro 应用程序，这是 Web Dynpro 概念的核心部分，如图 4-32 所示。

Web Dynpro 技术允许使用外部数据导入，如从外部建模工具创建的 XMI 模型，源文件必须有扩展名 XMI 或 XML。该模型工具还提供了比较全面的功能和一个用于导入这些文件的向导。该模型工具还对导入的模型类的显示和改进提供支持。

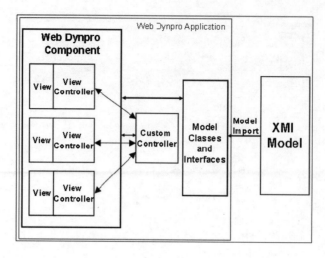

图　4-32

# 第5章 导  航

## 5.1  导航建模工具

导航建模工具（Navigation Modeler）是 SAP NetWeaver 开发工作室中一个图形化的 Web Dynpro 工具。它支持设计和实施用户界面元素、视图、导航以及导航内的应用实体。该视图显示导航建模工作区，在工作区内，视图作为独立元素显示其中。

使用应用导航工具可以创建和更改 Web Dynpro 应用程序下面的实体。下面是相关的 Web Dynpro 应用程序的体系结构中的实体。

1）视图集 View Set。

2）视图 View。

3）插头 Plug。

4）连接 Link。

### 5.1.1  打开导航建模工具

选择 Context 菜单项，启动导航建模工具。打开导航建模的 Web Dynpro 资源管理器窗体的名称。树形路径如下：

<myWebDynproProject> → Web Dynpro → Web Dynpro Components → <myWebDynpro Component>→Windows →<myWebDynproWindow>。

在两个视图之间建立导航需要程序员使用入站插头和出站插头建立视图的入口点和出口点，如图 5-1 所示。

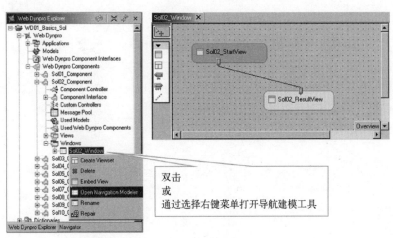

图  5-1

### 5.1.2 插头

不同视图之间的导航是由插头关联的。这些插头可分为入站插头和出站插头。入站插头定义视图可能的切入点，出站插头可导航到另一个视图，如图 5-2 所示。

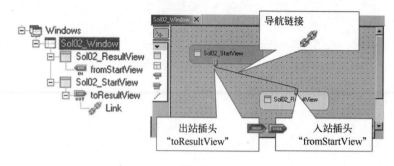

图　5-2

一些 UI 元素，如按钮元素，可以响应用户的交互，单击相应的按钮，可以触发一个视图控制器内的处理方法调用。一般情况下，这种 UI 元素都配备了一个或几个事件，可在设计时与具体动作联系起来，这样，可以在必要时为 UI 元素的事件配备不同的动作。触发事件后相应的事件处理程序由动作的链接而定。

在一个视图中的动作也可以重复使用。这意味着，一个动作可以链接到几个（甚至不同的）用户界面元素的事件。

---

注：
■ 插头是一个视图控制器的一部分。它们总是被分配到一个视图。
■ 导航建模工具中提供的图形支持，用于定义插头和导航。

---

### 5.1.3 入站插头、事件和动作

视图之间的导航通过执行出站插头来触发，执行出站插头可引发导航事件，导航事件是导航队列中的特殊异步事件。在一个视图中可以执行多个出站插头，这可用于定义下一个 UI（由多个视图组成）。导航队列将在 Web Dynpro 处理阶段的某一个时间点来处理，等到这一时间点时，导航堆栈可通过执行外部的出站插头进行扩展，或者可以删除已完成的整个导航堆栈。出站插头应根据引发远离当前视图的导航的活动来命名。

入站插头是特殊事件处理器方法，可预定给执行出站插头时引起的导航事件。只有在处理完导航队列时，才会调用入站插头方法。并且在调用时，当前视图集合中的视图必须已经执行了出站插头，而且未引发导致导航被取消的验证错误。入站插头应根据显示视图的原因来命名。

出站和入站插头通过导航链接连接在一起。从技术角度来讲，将入站插头连接到出站插头，意味着将入站插头事件的处理器方法注册到因执行出站插头而调用的导航事件。

与入站插头相关的出站插头和事件处理器方法可以有参数，用于在视图之间传输数据。

**1．入站插头和事件**

视图入站插头的反应就像一个事件。因此，当一个视图被入站插头调用时，可选的入站

插头的事件处理程序总是先被调用。在这种情况下，事件处理程序在当前视图控制器中执行。

甚至接口视图的控制器通过调用属于相应入站插头的事件处理程序方法来对视图中的起点做出反应。因此创建一个事件处理程序，并且可以针对接口视图中的每个入站插头适当地进行编程。

**2．UI 元素事件**

一些 UI 元素，如按钮元素，是与用户操作特殊事件相关的。这些事件是预定义的，必须与在设计时的行动联系在一起。

**3．动作**

一些 UI 元素，如按钮元素可以响应用户的交互，单击相应的按钮可以触发一个视图控制器内调用的处理方法。这种 UI 元素都配备了一个或几个通用的事件，可与在设计时的具体动作（例如：切换到后续的视图）相关联。如果创建这样一个动作，这个动作的事件处理方法是自动创建的。这样，可以配备不同的动作到必要的 UI 元素（视图中多个 UI 元素）的事件。然后，事件由相应的事件处理程序处理，具体取决于所链接的动作，如图 5-3 所示。

> 注：小结
> （1）视图中入站插头反映事件。
> （2）事件用来处理控制器之间的通信，使一个控制器触发事件，在不同的控制器中处理程序。

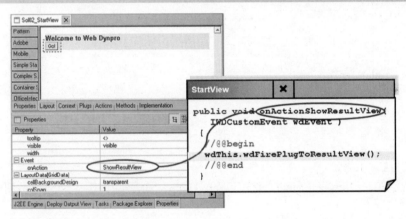

图　5-3

## 5.2　开发实例

该实例实现由一个视图到另一个视图的跳转。

### 5.2.1　开发要点

**1．添加一个新视图**

在 Web Dynpro 中允许程序员将用户界面分成许多视图，视图可以理解为一个涵盖许多 UI 元素的实体，在此实例中需创建两个视图。

**2．定义导航**

定义视图之间的导航，程序员需要为每个视图创建出站和入站插头，这是使用导航链接到指定视图的前提。

**3．创建动作并实施导航**

要触发从一个视图导航到下一个视图，程序员需要适当的动作，这势必用到 UI 元素（如按钮）。然后，需要触发这一动作来执行事件处理程序并触发一个视图导航。

## 5.2.2　实例开发

步骤一：启动 SAP NetWeaver Developer Studio 并选择 Web Dynpro 透视（Perspective），如图 5-4 所示。

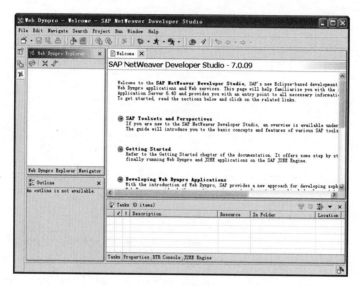

图　5-4

步骤二：建立工程。

按照路径 File→New→Project，选择 Web Dynpro 分类并单击"Next"按钮，如图 5-5 所示。

填入项目工程的名称 WD01_Basics_Navigation，保留项目存储路径默认设置并选择项目语言，单击 Finish 按钮，如图 5-6 所示。

生成工程结果如图 5-7 所示。

步骤三：创建 Web Dynpro 组件。

展开 Web Dynpro 节点并打开 Web Dynpro Components 的右键菜单，按照图 5-8 所示创建 Web Dynpro 组件。

在向导画面中填入组建名称、包、视图和窗体的名称，单击 Finish 按钮，如图 5-9 所示。

步骤四：添加新视图。

在 Web Dynpro 浏览器中的树状节点 Views 上单击鼠标右键，按照图 5-10 所示添加新视图。

图 5-5

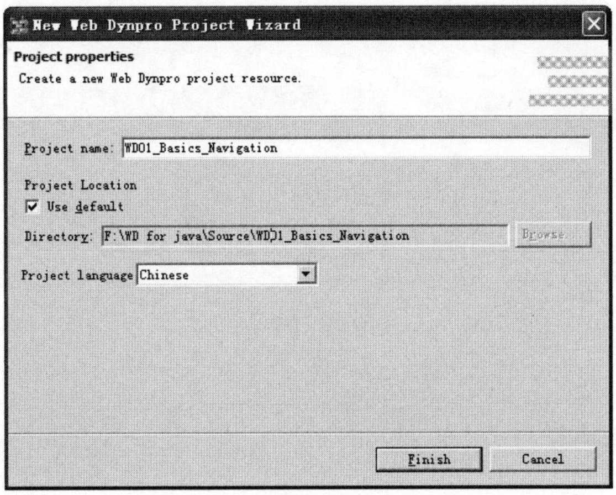

图 5-6

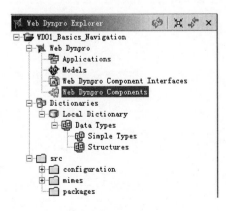

图 5-7

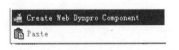

图 5-8

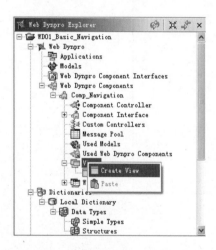

图　5-9

填写视图名称及视图所存储的 Java 包，单击按钮 Finish，如图 5-11 所示。

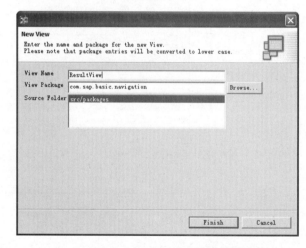

图　5-10　　　　　　　　　　　　　　　　　　　图　5-11

步骤五：绑定视图到窗体。

在 Web Dynpro 浏览器中的树状节点 Win_Navigation 上单击鼠标右键，按照图 5-12 所示，绑定视图到窗体。

选中 Embed existing View 选项，单击 Next 按钮，如图 5-13 所示。

选中视图 ResultView，单击 Finish 按钮，如图 5-14 所示。

步骤六：编辑出入站插头和导航链接。

在 Web Dynpro 浏览器中的树状节点 Win_Navigation 上双击，打开导航建模工具，编辑出入站插头和导航链接，如图 5-15 所示。

显示如图 5-16 所示，选中左侧 图标后单击视图 StartView，创建出站插头。

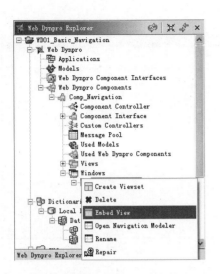

图 5-12

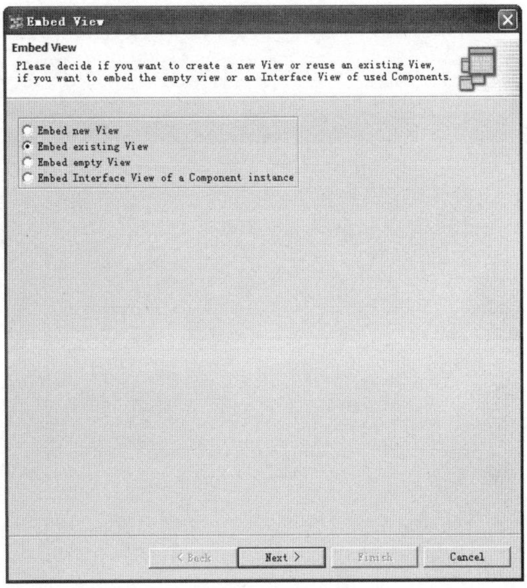

图 5-13

图 5-14

图 5-15

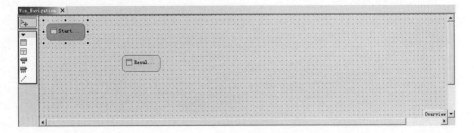

图 5-16

输入出站插头名称，单击 Next 按钮，如图 5-17 所示。

单击 New 按钮，为插头创建参数，如图 5-18 所示。

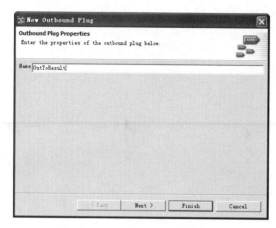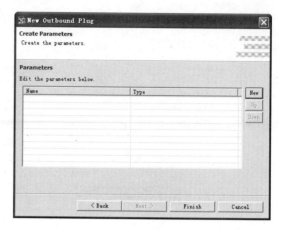

图 5-17 图 5-18

输入参数名和类型，单击 Finish 按钮，如图 5-19 所示。

生成参数列表如图 5-20 所示，单击 Finish 按钮，完成出站插头创建。

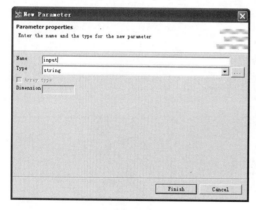

图 5-19 图 5-20

步骤七：创建入站插头。

在导航建模工具中选中左侧 图标后单击视图 ResultView，创建入站插头，如图 5-21 所示。

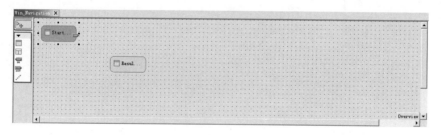

图 5-21

填写入站插头名称并选中事件处理程序默认选项，单击 Next 按钮，如图 5-22 所示。

单击 New 按钮，为插头创建参数，如图 5-23 所示。

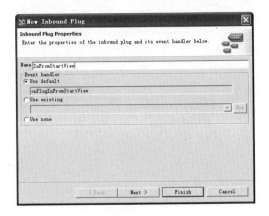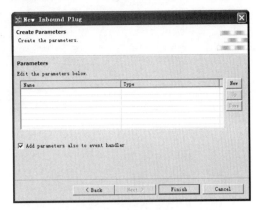

图　5-22　　　　　　　　　　　　　　　　图　5-23

输入参数名和类型，单击 Finish 按钮，如图 5-24 所示。

生成参数列表如图 5-25 所示，单击 Finish 按钮完成入站插头创建。

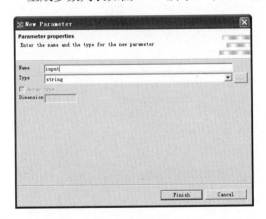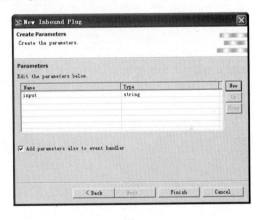

图　5-24　　　　　　　　　　　　　　　　图　5-25

生成结果，如图 5-26 所示。

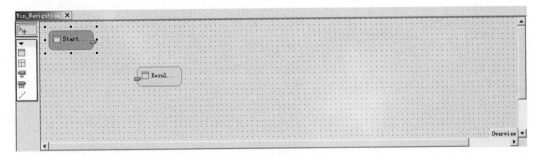

图　5-26

选中左侧 图标后单击视图 StartView 上的出站插头并拖至视图 ResultView 上的入站插

头，生成导航结果如图 5-27 所示。

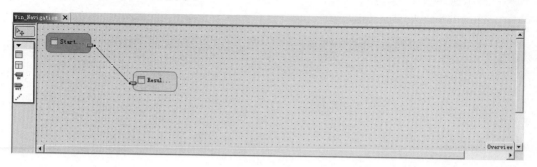

图　5-27

步骤八：编辑视图中的 Context 节点及属性。

在 Web Dynpro 浏览器中树状节点视图 StartView 上双击，单击视图编辑器中的 Context 选项卡，编辑视图 StartView 中的 Context，如图 5-28 所示。

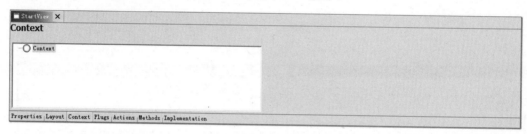

图　5-28

选中根目录 Context 单击鼠标右键，按照图 5-29 所示创建节点属性。

输入节点属性名称，单击 Finish 按钮，如图 5-30 所示。

图　5-29　　　　　　　　　　　　　　图　5-30

结果如图 5-31 所示。

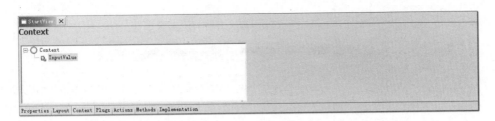

图 5-31

步骤九：编辑视图显示画面。

选中 Layout 选项卡，参照 UI 元素大纲视图编辑视图 UI 元素，如图 5-32 所示。

图 5-32

在大纲视图中单击 UI 元素 DefaultTextView，编辑属性 Text 如图 5-33 所示。

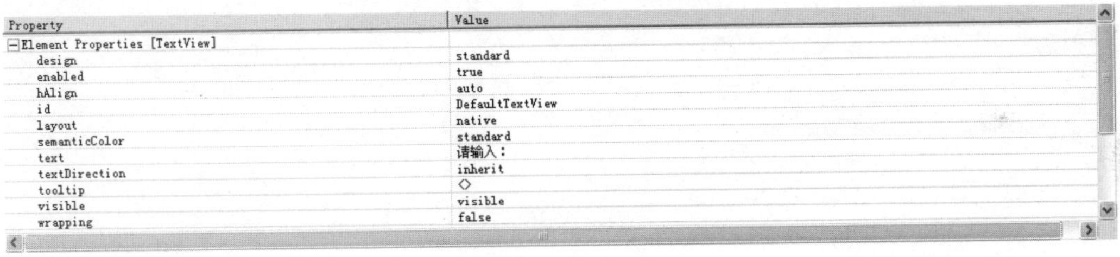

| Property | Value |
|---|---|
| Element Properties [TextView] | |
| design | standard |
| enabled | true |
| hAlign | auto |
| id | DefaultTextView |
| layout | native |
| semanticColor | standard |
| text | 请输入： |
| textDirection | inherit |
| tooltip | ◇ |
| visible | visible |
| wrapping | false |

图 5-33

在大纲视图中选中根节点 RootUIElementContainer，单击鼠标右键按照如图 5-34 所示创建输入项。

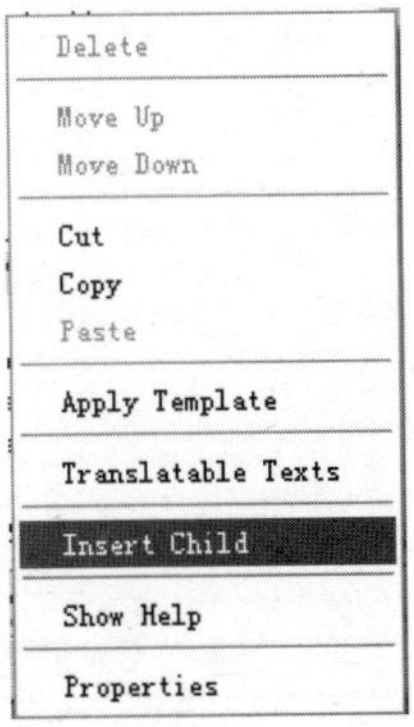

图 5-34

选中 InputField 项，编辑 Id 并单击 Finish 按钮，如图 5-35 所示。

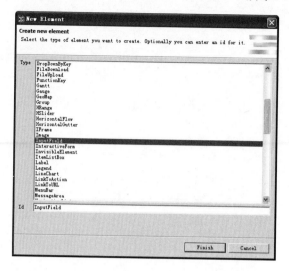

图 5-35

编辑 UI 元素 InputField 的 Value 属性，单击 ▢▢▢ 按钮，为输入框绑定 Context 属性，如图 5-36 所示。

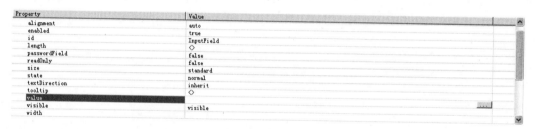

图 5-36

选中节点属性，单击 OK 按钮，如图 5-37 所示。

图 5-37

重复上述步骤，为视图 StartView 创建按钮项，如图 5-38 所示。

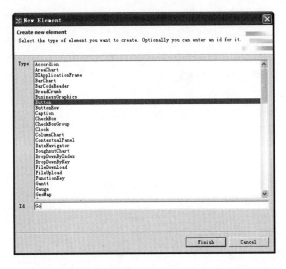

图 5-38

选中 Go 按钮，编辑 Text 属性为 Go，单击 ⋯⋯ 按钮，为按钮创建动作，如图 5-39 所示。

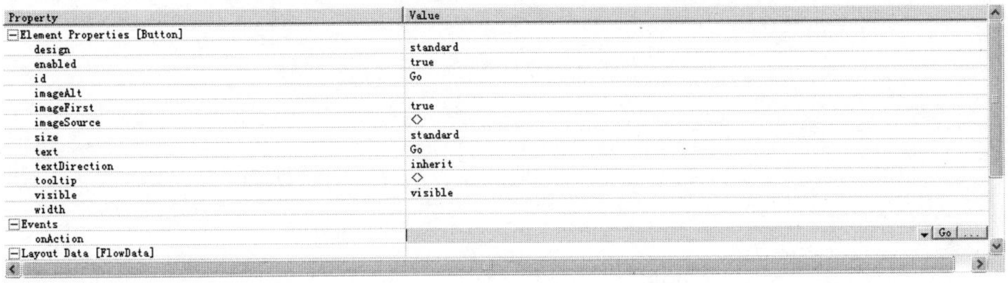

图 5-39

填写动作名称及描述并选择已定义好的插头事件 OutToResult，单击 Next 按钮，如图 5-40 所示。

单击 Finish 按钮，如图 5-41 所示。

图 5-40

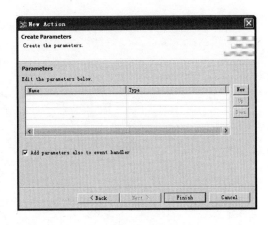

图 5-41

编辑结果如图 5-42 所示。

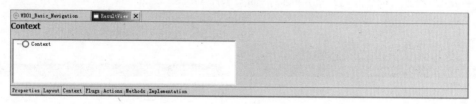

图 5-42

步骤十：编辑视图逻辑实现功能。

选中视图 Implementation 选项卡，编辑事件 Go 的处理方法：

```
//@@begin Javadoc:onActionGo(ServerEvent)
/** Declared validating event handler. */
//@@end
public void onActionGo(com.sap.tc.webdynpro.progmodel.api.IWDCustomEvent wdEvent )
{
    //@@begin onActionGo(ServerEvent)
    //通过节点属性取得用户输入的字符串
    String input = wdContext.getCurrentElement().getAttributeValue("InputValue").toString();
    //传递参数导航至下一画面
    wdThis.wdFirePlugOutToResult(input);
    //@@end
}
```

步骤十一：编辑视图 ResultView。

在 Web Dynpro 浏览器中树状节点视图 ResultView 上双击，单击视图编辑器中的 Context 选项卡，编辑视图 ResultView 中的 Context，如图 5-43 所示。

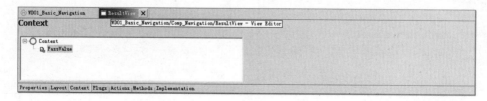

图 5-43

编辑 Context，如图 5-44 所示。

图 5-44

选中 Layout 选项卡，编辑视图 UI 元素，如图 5-45 所示。

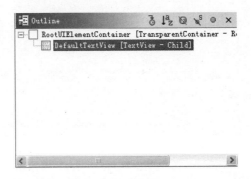

图 5-45

在大纲视图中单击 UI 元素 DefaultTextView，编辑属性 Text，如图 5-46 所示。

| Property | Value |
|---|---|
| ⊟Element Properties [TextView] | |
| design | standard |
| enabled | true |
| hAlign | auto |
| id | DefaultTextView |
| layout | native |
| semanticColor | standard |
| text | 您输入的是： |
| textDirection | inherit |
| tooltip | ◇ |
| visible | visible |
| wrapping | false |
| ⊟Layout Data [FlowData] | |

图 5-46

在大纲视图中选中根节点 RootUIElementContainer，单击鼠标右键，按照图 5-47 所示创建输入项。

| Delete |
|---|
| Move Up |
| Move Down |
| Cut |
| Copy |
| Paste |
| Apply Template |
| Translatable Texts |
| Insert Child |
| Show Help |
| Properties |

图 5-47

选中 InputField 项编辑 Id 并单击 Finish 按钮，如图 5-48 所示。

编辑输入项 DisplayField 的 ReadOnly，绑定其 Value 属性 PassValue，如图 5-49 所示。

编辑结果如图 5-50 所示。

选中 Implementation 选项卡，编辑入站插头 InFromStartView 的处理方法：

图　5-48

| Property | Value |
|---|---|
| □Element Properties [InputField] | |
| alignment | auto |
| enabled | true |
| id | DisplayField |
| length | ◇ |
| passwordField | false |
| readOnly | true |
| size | standard |
| state | normal |
| textDirection | inherit |
| tooltip | ◇ |
| value | ◉ PassValue |
| visible | visible |

图　5-49

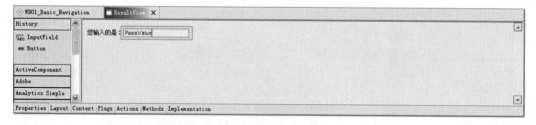

图　5-50

```
    //@@begin Javadoc:onPlugInFromStartView(ServerEvent)
    /** Declared validating event handler. */
    //@@end
    public void onPlugInFromStartView(com.sap.tc.webdynpro.progmodel.api.IWDCustomEvent wd
Event, Java.lang.String input )
    {
    //@@begin onPlugInFromStartView(ServerEvent)
    //将参数赋值到节点属性
    wdContext.getCurrentElement().setAttributeValue("PassValue", input);
```

```
        //@@end
    }
```

步骤十二：创建 Web Dynpro Application。

在 Web Dynpro 浏览器中的树状节点 Application 上单击鼠标
右键，按照如图 5-51 所示创建 Web Dynpro application。

填写 Application 名称和包，单击 Next 按钮，如图 5-52 所示。

图　5-51

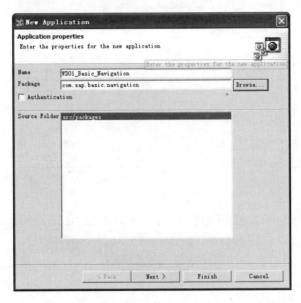

图　5-52

选中如图 5-53 所示选项，单击 Next 按钮。

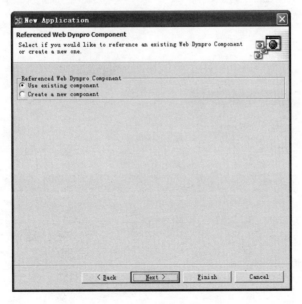

图　5-53

75

选中如图 5-54 所示选项，单击 Finish 按钮。

图 5-54

步骤十三：保存、编译、发布项目并运行 Application。

选中项目根节点，单击鼠标右键，按照如图 5-55 所示保存项目。

在 Web Dynpro 浏览器中的树状节点 WD01_Basic_Navigation 上单击鼠标右键，按照图 5-56 所示编译 Web Dynpro 工程。

图 5-55

图 5-56

在 Web Dynpro 浏览器中的 Application 树状节点下的 WD01_Basic_Navigation 上单击鼠标右键，按照图 5-57 所示发布并运行。

填写 SDM 密码，单击 OK 按钮，如图 5-58 所示。

发布结果如图 5-59 所示。

运行结果如图 5-60 所示。

输入文字并单击 Go 按钮，画面显示如图 5-61 所示。

注：本例中所用的代码取值，赋值逻辑可以参照第 6 章。

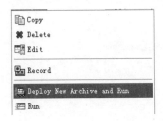

Copy
Delete
Edit
Record
Deploy New Archive and Run
Run

图 5-57

Logon to SDM
Please insert the SDM password
Password
OK
Cancel

图 5-58

Time
Message
08:52:02 [001]Finished Deployment [more]
08:52:02 [001]Additional log information about the deployment [more]
08:50:53 [001]Created a temporary copy : WD01_Basic_Navigation.ear [more]
08:50:53 [001]Start deployment [more]

图 5-59

WD01_Basic_Navigation - Microsoft Internet Ex...
文件(F) 编辑(E) 查看(V) 收藏(A) 工具(T) 帮助(H)
后退 搜索 收藏夹
地址(D) http://pwdf3102:50100/webdynpro/dis 转到 链接
请输入：1234567890 Go
完毕 本地 Intranet

图 5-60

WD01_Basic_Navigation - Microsoft Internet Ex...
文件(F) 编辑(E) 查看(V) 收藏(A) 工具(T) 帮助(H)
后退 搜索 收藏夹
地址(D) http://pwdf3102:50100/webdynpro/dis 转到 链接
您输入的是：1234567890
完毕 本地 Intranet

图 5-61

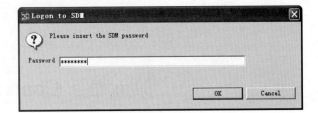

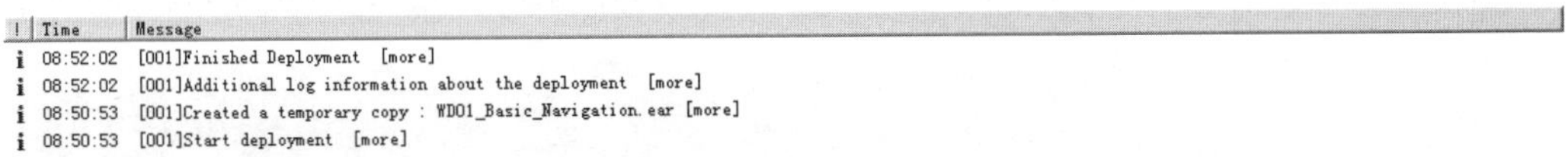

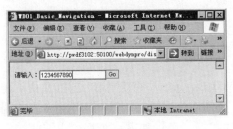

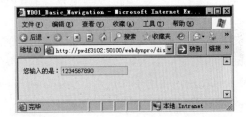

# 第6章　Context

Context 用于保存组件中结构化的数据，功能与 XML 类似，在一些书中被翻译为"上下文"，本书则用的是英文原文。

## 6.1　Context 简介

每个视图有一个控制器，用以保存自身的数据，保存数据的结构性介质被称为视图 Context。

在一般情况下，视图中的 UI 元素可以绑定到对应视图的 Context 上。但是，一个视图 Context 的生命周期太短，而且其可见性也限制了它保存在多个视图使用的数据，这是标准的 Web Dynpro 应用发挥作用的地方。标准的 Web Dynpro 组件控制器，其生命周期是由整个组件的生命周期决定的，而且这种情况下，可看到一些视图控制器，而不是个别的视图，所以程序员不必在两个 Context 之间复制相同的数据，可以映射两个视图中彼此的相关内容，这就是所谓的 Context 映射。每当一个视图元素 Context 映射到组件中相应的元素，数据就存储在（全局）组件范围内，而不是在（本地）视图内容内，如图 6-1 所示。

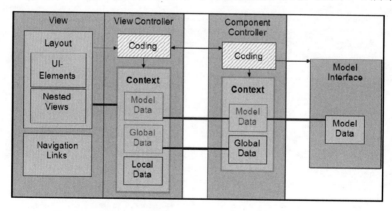

图　6-1

### 6.1.1　控制器 Context 编辑器

控制器 Context 编辑器用于创建控制器 Context 树以及定义两个 Web Dynpro 实体间的数据流向，Web Dynpro 为该编辑器提供了图形支持。控制器 Context 编辑器是用于创建所有控制器使用的 Context 结构类型。

编辑器支持以下功能。

1）创建一个自动生成控制器的 Context 结构。这是一个树状构造的节点和属性。Context 结构元素可以是模型节点 Model Node 和模型属性 Model Attribute 或值节点 Value Node 和值属性 Value Attribute。

2）定义模型、视图 Context 和组件控制器 Context 之间的数据流。数据绑定使得在视图 Context 和组件控制器 Context 之间可进行数据传输，这是一个被传递的引用。同样适用 Web Dynpro 模型和应用程序的控制器之间的数据流定义。而在应用程序控制器之间传递的数据是数据的拷贝（映射）。

## 6.1.2　打开 Context 编辑器

程序员要从 Web Dynpro 实体中定义一个 Context 树时需启动编辑器。它可以是一个 Web Dynpro 组件、组件控制器或视图。在 Web Dynpro 资源管理器中，单击鼠标右键，在弹出的菜单中选择 Edit，如图 6-2 所示。在右边的屏幕中，控制器 Context 编辑器被启动。

图　6-2

### 1．Web Dynpro Context 定义相关概念

Context 通过节点和节点下的属性 Attribute 来保存数据，其结构及可编辑的节点及属性的类型参见图 6-3。

（1）Context

为控制器提供结构化存储并始终包含一个单一的根节点。

（2）根节点

单根值的节点，每个 Context 树都须依附于一个根节点。

（3）值节点

包含一个具有相同结构（属性，子节点）的节点元素的集合。

（4）值属性

在 Context 树状结构中值属性表示标量类型、简单类型（数据字典）或 Java 原生类型。

（5）模型节点和模型属性

相比值节点保存数据本身，模型节点保存一个引用外部（模型）存储数据的对象的值。

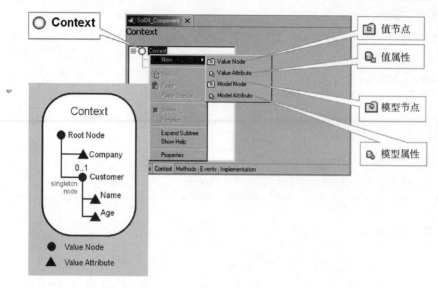

图 6-3

## 2．Web Dynpro Context 运行时相关概念

在程序中，节点集合对应相同一组数据的根节点，节点元素对应 Context 中的节点的某个节点，Lead Selection 用以标示当前的节点，如图 6-4 所示。

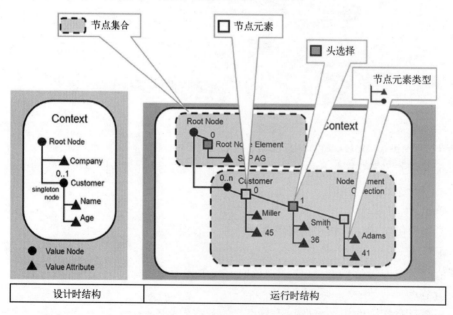

图 6-4

（1）节点元素 Node Element

在节点集合中的元素被称为节点元素。

（2）节点集合 Node Collection

节点一般被设计到包含一个具有相同的结构的元素的集合（节点元素类型）。

（3）Lead Selection

指节点集合中一个单一节点的元素。

（4）节点元素类型（Node Element Type）

指定一个节点元素的类型指设置节点和属性的类型。

（5）节点集合基数（Node Collection Cardinality）

指定 Context 节点中的节点元素集合的基数，如 0..1, 1..1, 0..n, 1..n。

**3．依赖与独立的 Context 节点相关概念**

在程序中，节点中数据之间的关系依附于节点之间的依赖（Dependent），如图 6-5 所示。

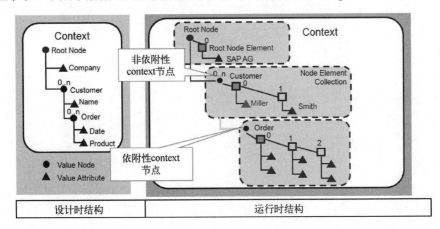

图 6-5

1）顶层 Context 节点是独立（Independent）的节点（永远只有一个根节点元素，也称为非依附性 Context 节点）。

2）内部 Context 节点称为依赖 Context 节点，也称为依附性 Context 节点。

## 6.1.3 属性类型

### 1．Context 值属性

即使是字典类型的属性，它仍然需要一个值的 Java 类。该 Java 类通常是基于字典的内置类型，如表 6-1 中所示。

表 6-1

| 预定义类型 | 内置类型 | Java 类 |
| --- | --- | --- |
| com.sap.dictionary.binary | binary | byte[]（单纯的字典类型）这种类型不能绑定一个 UI 元素，因为没有一般的方式解析二进制数据格式 |
| com.sap.dictionary.boolean | boolean | boolean（单纯的字典类型） |
| com.sap.dictionary.char | char | char（单纯的字典类型） |
| com.sap.dictionary.byte | byte | byte（单纯的字典类型） |

| 预定义类型 | 内置类型 | Java 类 |
|---|---|---|
| com.sap.dictionary.date | date | Java.sql.Date |
| com.sap.dictionary.decimal | decimal | Java.math.BigDecimal |
| com.sap.dictionary.double | double | double （单纯的字典类型） |
| com.sap.dictionary.float | float | float （单纯的字典类型） |
| com.sap.dictionary.integer | integer | int （单纯的字典类型） |
| com.sap.dictionary.long | long | long （单纯的字典类型） |
| com.sap.dictionary.short | short | short （单纯的字典类型） |
| com.sap.dictionary.string | string | Java.lang.String |
| com.sap.dictionary.time | time | Java.sql.Time |
| com.sap.dictionary.timestamp | timestamp | Java.sql.Timestamp |

**注：**属性的类型可以通过以下类型定义：

1）Java 字典类型。

2）Java 类和接口（Java 本地类型）。

#### 2．结构绑定

一个节点在运行时拥有结构的所有属性，甚至这个结构在后来得到扩展。在设计时，新增一个字典结构的基础上的值属性到一个节点是不允许的。这是因为每个属性添加到节点在它扩展以后的结构领域时可能发生冲突。

目前只有简单的结构允许创建一个相同名称的属性。

节点结构中的字段可以省略，这只能导致在运行时对这些字段属性不会产生具体的访问。当数据字典是远程时这种情况是可能发生的，例如数据字典来自一个 R / 3 系统。

值节点可以基于 Java 的词典结构。这就是所谓的结构绑定，如图 6-6 所示。

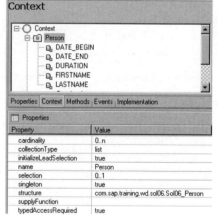

图 6-6

### 6.1.4　节点属性

#### 1．节点集合的基数

基数用于指定的 Context 节点中的节点的元素集合量的大小，如 0 ..1，1.. 1，0 .. N，1.. N。节点基数为 1.. X 时，节点在 Web Dynpro 运行时默认包含至少一个节点元素，如图 6-7 所示。

#### 2．Non-Singleton 节点

如图 6-8 所示视图控制器 Context 节点含有一个名叫 Customer 的独立节点，基数为(0..*n*)（这是因为有多个客户要显示），在此节点中包含一个值属性 Name 和另一个依赖节点 Order。

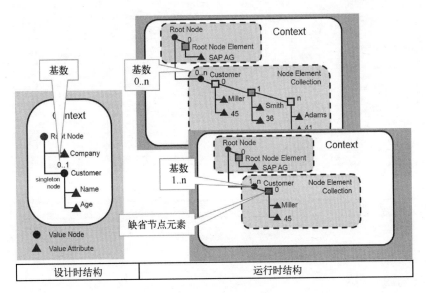

图 6-7

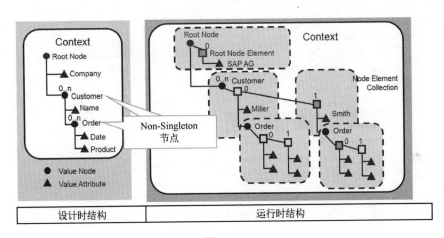

图 6-8

值节点 Customer 的基数是 0..n。在运行时要为所有的客户显示其地址，此值节点必须作为 Non-Singleton 节点的声明，因为 Web Dynpro 运行时环境必需创建多个单独的 Customer 值节点的实例。在图 6-8 中，内部值节点声明为 Non-singleton。（声明为 Singleton 也是一样的）。在运行时的 Web Dynpro 运行环境中要为对应客户创建多个单独的订单值节点的实例。

为了让子节点元素的父节点的 Lead 选择进行独立管理，将节点属性设为 Non-Singleton 是必要的，这样可以为每一个父节点集合管理其下属子节点。

**3. Singleton 节点**

如图 6-9 所示，订单 Order 值节点属性被声明为 Singleton 节点。在运行时，与当前所选客户的订单数据记录对应的只有一个值节点，即当前客户所选的订单节点元素的数据。

1）在运行时，父节点允许拥有一个子节点实例。

2）程序员应尽可能使用 Singleton 节点，因为它们有助于减少应用程序的跟踪。

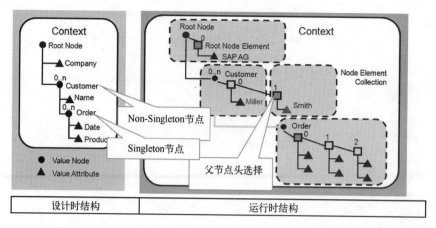

| 设计时结构 | 运行时结构 |
|---|---|

图 6-9

## 6.1.5 节点与属性接口

节点和节点元素的通用接口如图 6-10 所示。

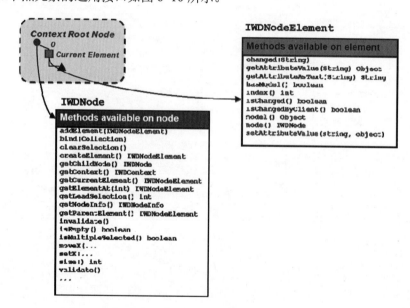

图 6-10

维护节点及属性的 API，维护结果如图 6-11 所示。

（1）IPrivateContextExample.ICustomerElement newCustomer =
wdContext.createCustomerElement()

实现功能：创建节点元素 newCustomer。

（2）newCustomer.setName("Simpson")

实现功能：为节点元素中的属性 Name 赋值。

（3）IPrivateContextExample.IOrderElement newOrder =
wdContext.createOrderElement()

实现功能：创建节点元素 newOrder。

（4）newOrder.setDate("12/01/04")

实现功能：为节点元素中的属性 Date 赋值。

（5）newOrder.setProduct("Duff")

实现功能：为节点元素中的属性 Product 赋值。

（6）wdContext.nodeOrder().bind(newOrder)

实现功能：将节点元素绑定到节点 Order。

（7）wdContext.nodeCustomer().bind(newCustomer)

实现功能：将节点元素绑定到节点 Customer。

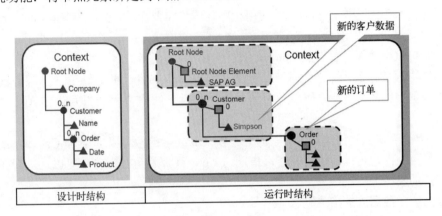

图 6-11

访问节点及属性的 API，取得结果如图 6-12 所示。

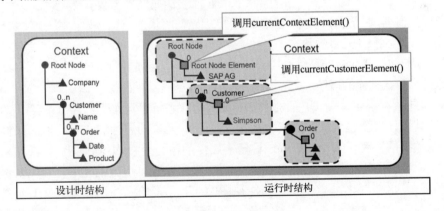

图 6-12

（1）wdContext.currentCustomerElement().getName()

实现功能：通过方法取得节点属性 Name 的值。

（2）wdContext.nodeCustomer().getElementAt(0).getAttributeValue("Name")

实现功能：通过节点属性名称取得节点属性 Name 的值。

（3）wdContext.currentOrderElement().getProduct()

实现功能：通过方法取得节点属性 Product 的值。

（4）wdContext.currentOrderElement().getAttribute("Product")

实现功能：通过节点属性名称取得节点属性 Product 的值。

## 6.2　数据绑定

数据绑定（Data Binding）是数据从视图控制器的 Context 自动传输到其布局中的 UI 元素的方法，反之亦然。但是，程序员无法将 UI 元素绑定到另一个控制器定义的 Context 节点或属性。UI 元素为声明它的视图控制器所专用。

数据绑定过程会把 UI 元素对象从视图控制器的应用程序代码中分离出来。因此，为了操作 UI 元素的属性，视图控制器中的应用程序代码只需要操作 UI 元素绑定到的 Context 节点和属性的值。然后，Web Dynpro 框架会执行下列两项任务：

1）在屏幕渲染期间，数据从 Context 属性传输给 UI 元素。

2）用户输入数据后，重新生成 UI 元素的 Context 属性，并启动下一次服务器往返数据传送。自动转化用户输入的值，并对其类型一致性进行检查。如果发生错误，则显示提示消息。

数据绑定是一款功能强大的工具，因为不仅 UI 元素的值可以绑定到 Context 属性，其他 UI 属性像可视性也可以。这意味着，借助对 Context 属性进行操作，可以通过视图控制器控制 UI 元素的属性。

**1．数据绑定数据流的相关概念**

1）数据绑定表示将 UI 元素属性作为数据源与存储在控制器 Context 中的数据源进行链接。一个 Context 的路径作为 UI 元素数据源属性用来声明此链接。

2）以声明方式绑定 UI 元素的属性到 Context 元素的属性称为数据绑定。

3）通过控制器的 Context 控制元素绑定到 UI 元素的状态信息（如：输入状态 ReadOnly 等）也可以管理控制 UI 元素的状态。

4）几乎所有的 UI 元素的属性（ID 属性除外）都可以绑定到 Context。

**2．数据绑定数据流的声明**

1）双向的数据绑定，使 UI 元素和 Context 元素之间相互作用。对分配给它的控制器中的视图，其中一般要包含 UI 元素。如果 Context 元素的属性和 UI 元素的属性之间建立了绑定的数据的定义，那么，Context 元素属性的值会直接作用到 UI 元素的属性的变化，反之亦然（用户对 UI 元素的属性值进行了修改，修改后的值也会直接反映到 Context 元素）。这些变化也会作用到其他视图的 UI 元素的属性，如果该 UI 元素的属性也绑定到相同的 Context 元素。更为复杂的 UI 元素（例如：表的 UI 元素或树的 UI 元素）可以绑定到一个代表一个集合的 Context 节点。因此，这些 UI 元素可以显示节点完整的数据和内容。

2）绑定的实现是通过参照存储的 Context 元素，数据可以直接从 Context 作用于 UI 元素和后台数据。这里指定一个参考条目，类似于一个路径条目，该值作为一个绑定 UI 元素的属性值（例如：MonthsOfYear.MonthName）。MonthsOfYear 为 Context 节点，MonthName 作为节点元素，该节点元素的值就会作用于绑定它的 UI 元素。

3）Context 数据填充 UI 元素。使用 Context 中的数据赋值到 UI 元素。

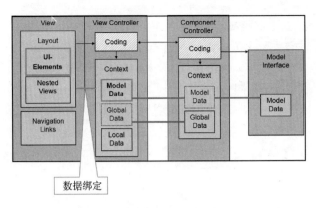

图　6-13

4）在 SAP NetWeaver 开发工作室中提供 Context 绑定的图形支持，并允许应用程序开发人员分配 Context 节点和 Context 属性到相应的 UI 元素的属性。这意味着 Context 元素和 UI元素之间的数据传输并不需要显式实现。如图 6-14 所示。

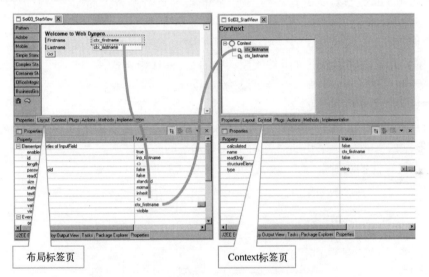

图　6-14

## 6.3　Context 映射

Context 映射（Context Mapping）允许把一个控制器的相应 Context 节点中的数据，自动提供给另一个控制器的 Context 节点。这是控制器之间共享数据的主要机制。

同一组件内的两个控制器通过映射关系共享数据，称为内部映射。充当数据源的 Context 节点称为映射源节点，被映射的 Context 节点称为映射目标节点。不同 Web Dynpro组件中的控制器 Context 之间的映射称为外部映射。

注：关于外部组件使用和外部映射将在后续的章节中进一步介绍。

要建立映射关系，首先必须满足下列要求：

1）充当映射源的控制器，其 Context 中必须有节点。该节点不需要任何已声明的子节点或属性。

2）映射源控制器不能是视图控制器。

3）包括映射目标节点的控制器，必须声明把映射源控制器用作已用控制器。

**1．数据映射的相关概念**

1）数据映射表示，Context 作为一个数据源，与 UI 元素关联并存储在控制器中。这里必须就此声明 Context 路径，该路径即为作用于 UI 元素的属性的 Context 链接。

2）Context 作为一个数据源，它的数据可能来源于其所在控制器自身，也有可能来自其他视图或组件控制器。如果来自其他控制器，这里 Web Dynpro 提供了 Context 映射的技术。

3）重复使用先前定义的属性和其他环境中的节点，完成从一个 Context 中定义的属性或节点映射到另一个。

4）通过 Context 映射减少复杂性。在 Context 的范围内，以最小的代码和操作完成任务所需的最小数据集，把开发者从繁杂的代码中解放出来，更多着眼于程序和业务的逻辑。

5）视图控制器的 Context 属性可以映射到自定义控制器的一个 Context 属性。也可以通过 IDE 映射到跨组件使用的其他组件的控制器的 Context 中。

6）基于映射的 Context 中只有一个原始 Context 结构存储。

**2．数据映射数据流的声明**

1）数据映射通过不同控制器的 Context 元素之间的关联使数据相互作用。一般情况下，视图控制器中的 Context 节点及属性用于 UI 元素的数据绑定，其数据通过和其他控制器 Context 节点及属性的映射得到。参照 Context 元素进行映射，如图 6-15 所示。

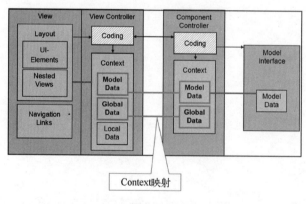

图 6-15

2）在 SAP NetWeaver 开发工作室中提供 Context 映射的图形支持，并允许应用程序开发人员分别映射 Context 节点和 Context 属性到相应的 Context 元素中。这意味着 Context 元素和 Context 元素之间的数据传输并不需要显式实现。

**3．数据建模工具**

1）数据建模工具是一个图形化的工具，是 Web Dynpro 工具的一部分。使用数据建模工具可以为一些中心开发任务提供有效的支持。数据建模工具的透视图区域显示为图表视图

（Diagram View）。

2）可以通过 Web Dynpro Explorer 组件名称的 Context 菜单中的选项 Open Data Modeler 打开数据建模工具。程序员要创建应用程序实体时，可在工具选择区域中选择相应的数据建模操作。然后单击数据编辑器中的相关区域。启动相应的向导，并完成所需的条目映射。如图 6-16 所示。

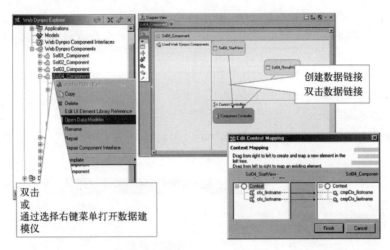

图　6-16

## 6.4　实例

为 UI 元素定义数据绑定，为视图之间传值实现数据映射。

### 6.4.1　开发要点

为了实现用户输入和后台数据之间的数据传输，需要使用数据 Context 绑定。如果涉及的 UI 元素有可绑定的属性，则可以用适当的 Context 元素的引用绑定到这个属性值。在本实例中，可以使用相关的视图控制器中的 Context 属性绑定 UI 元素值的属性。这是控制器 Context 与 UI 元素间传输数据的先决条件。

几个控制器之间进行数据传递，需要使用数据 Context 映射，在本实例中，为了实现两个视图之间的数据传输，将视图控制器中的 Context 映射到组件控制器中的 Context。这是控制器 Context 之间进行数据传输的先决条件。

### 6.4.2　实例开发

前提：

1）启动 SAP NetWeaver Developer Studio。

2）选择 Web Dynpro 透视（Perspective）。

3）结构体 Employee 及其字段类型，如表 6-2 所示。

表 6-2

| 描 述 | 字 段 | 类 型 | 长 度 | 小 数 | 值 |
|---|---|---|---|---|---|
| 编号 | Scode | char | 5 | | 固定为 5 位 |
| 姓名 | Sname | char | 10 | | 最大为 10 位 |
| 性别 | Ssex | char | 1 | | 0：男 1：女 |
| 出生日期 | Sbirth | date | | | 格式：YYYY 年 MM 月 DD 日 |
| 备考 | Snote | String | | | 最大为 200 位 |

## 1．Context 绑定

步骤一：建立工程。

按照路径 File→New→Project，选择 Web Dynpro 分类，单击 Next 按钮，如图 6-17 所示。

图　6-17

填入项目工程的名称 WD01_Basics_Context，保留项目内容默认保存设置并选择项目语言，单击 Finish 按钮，如图 6-18 所示。

生成以下结果，如图 6-19 所示。

步骤二：创建 Java 数据字典。

选中 Web Dynpro 浏览器中树状结构 Local Dictionary 下的 Simple Type，单击鼠标右键，按照图 6-20 所示，创建视图所需的节点类型。

输入类型名和字典所保存的 Java 包名，单击 Finish 按钮，如图 6-21 所示。

填写类型、描述和长度，如图 6-22 所示，单击 Representation 选项卡。

图　6-18

图　6-19

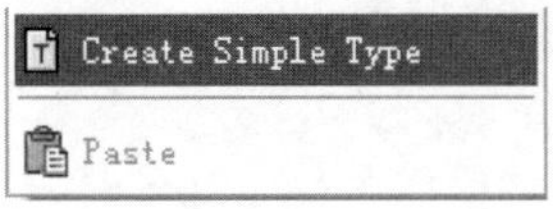

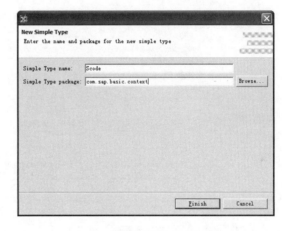

图　6-20

图　6-21

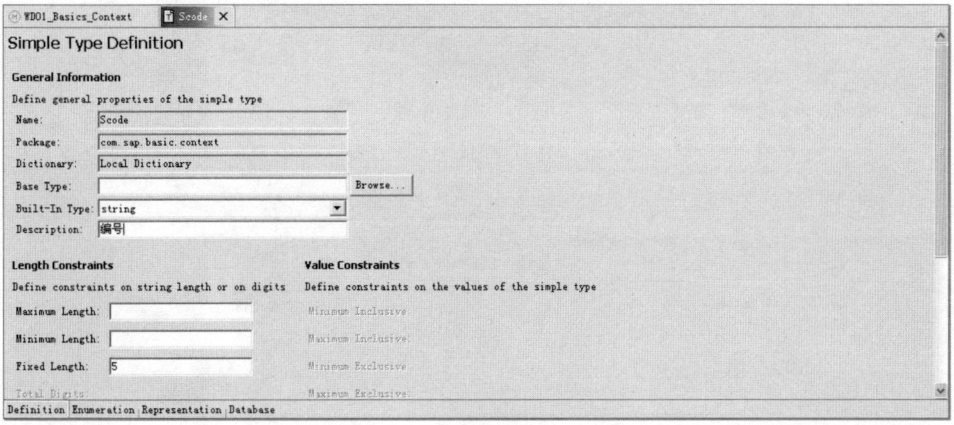

图　6-22

填写标签信息如图 6-23 所示并保存。

Simple Type Representation

**Text Objects**
Define text objects related to the simple type

Field Label: 编号

Column Label: 编号

Quick Info: 编号

**External Representation**
Specify the external representation of the simple type

Format:

External Length:

☐ Translatable

☐ Read Only

Definition Enumeration Representation Database

图 6-23

按照同样步骤创建类型：姓名 Sname，性别 Ssex，出生日期 Sbirth，备考 Snote。
姓名 Sname，如图 6-24 所示。

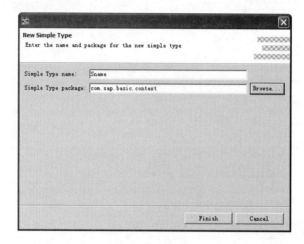

**New Simple Type**
Enter the name and package for the new simple type

Simple Type name:　Sname

Simple Type package:　com.sap.basic.context　　Browse...

Finish　Cancel

图 6-24

Definition 选项卡如图 6-25 所示。

Simple Type Definition

**General Information**
Define general properties of the simple type

Name: Sname

Package: com.sap.basic.context

Dictionary: Local Dictionary

Base Type: 　　　　Browse...

Built-In Type: string

Description: 姓名

**Length Constraints**
Define constraints on string length or on digits

Maximum Length: 10

Minimum Length:

Fixed Length:

Total Digits:

Fraction Digits:

**Value Constraints**
Define constraints on the values of the simple type

Minimum Inclusive:

Maximum Inclusive:

Minimum Exclusive:

Maximum Exclusive:

Definition Enumeration Representation Database

图 6-25

Representation 选项卡如图 6-26 所示。

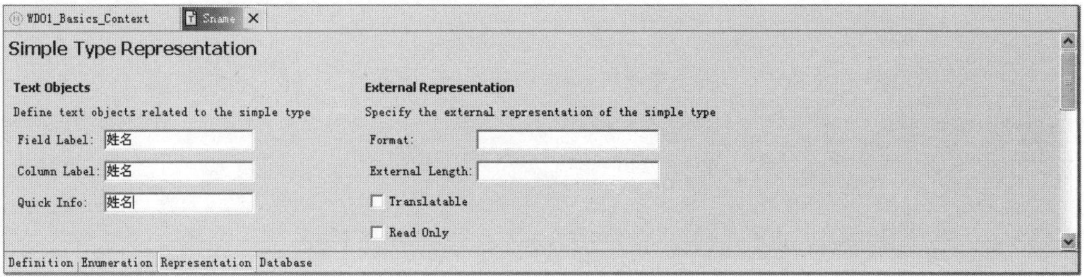

图　6-26

性别 Ssex 设置如图 6-27 所示。

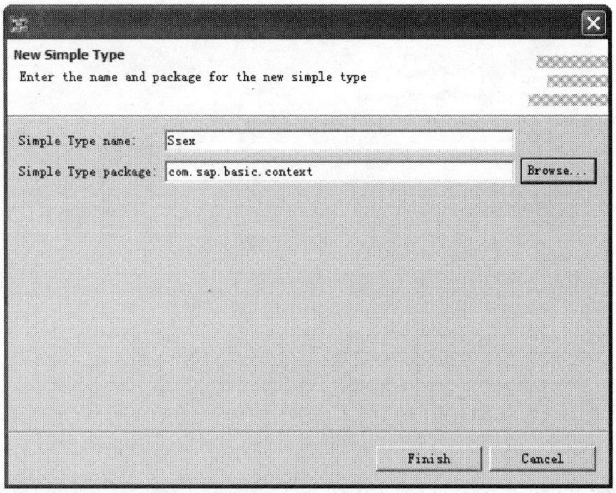

图　6-27

Definition 选项卡如图 6-28 所示。

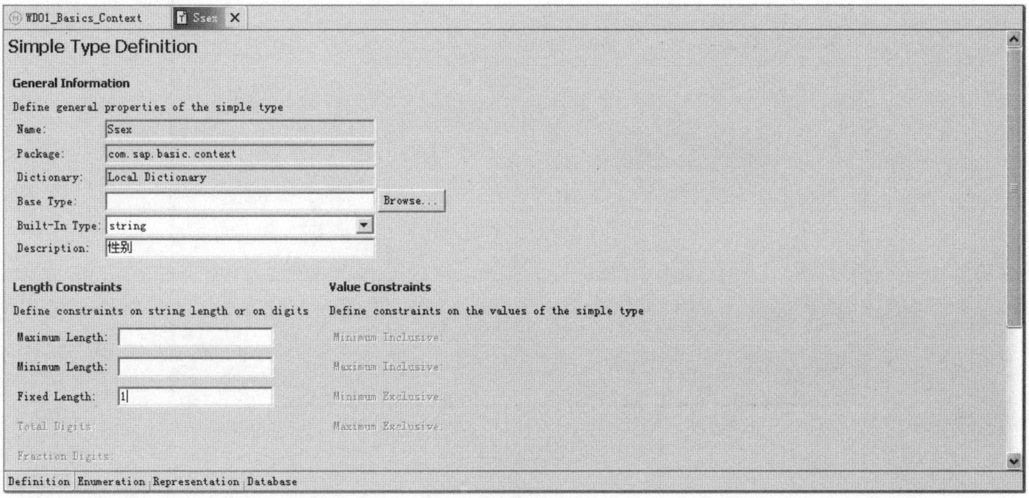

图　6-28

Enumeration 选项卡如图 6-29 所示。

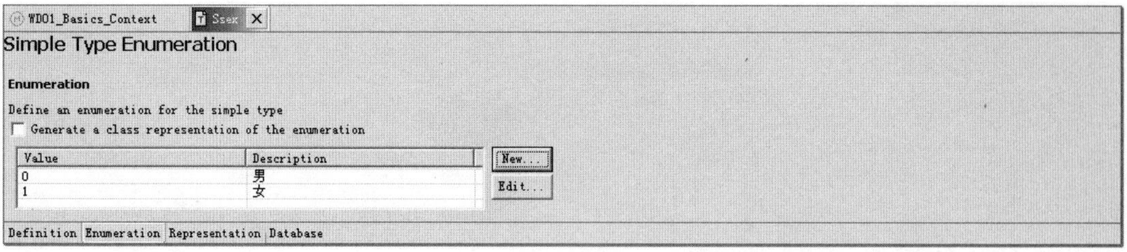

图 6-29

Representation 选项卡如图 6-30 所示。

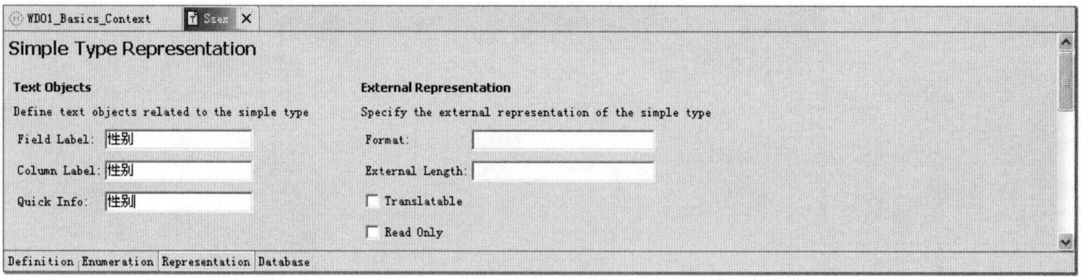

图 6-30

出生日期 Sbirth 设置如图 6-31 所示。

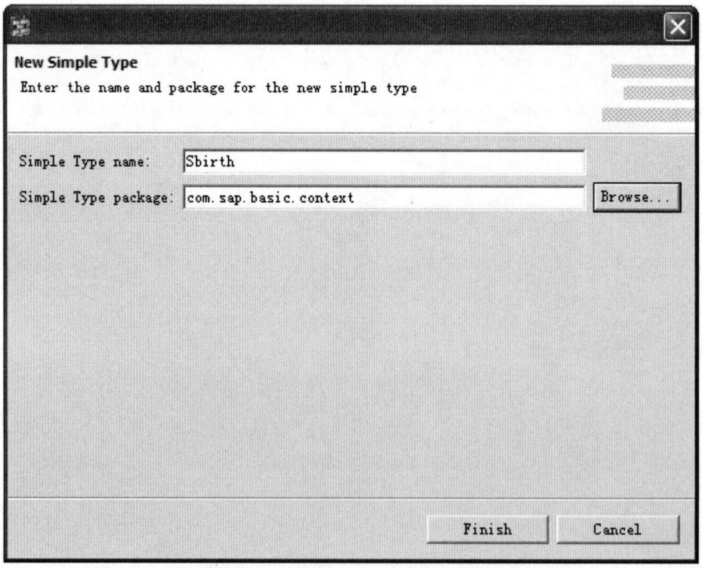

图 6-31

Definition 选项卡如图 6-32 所示。

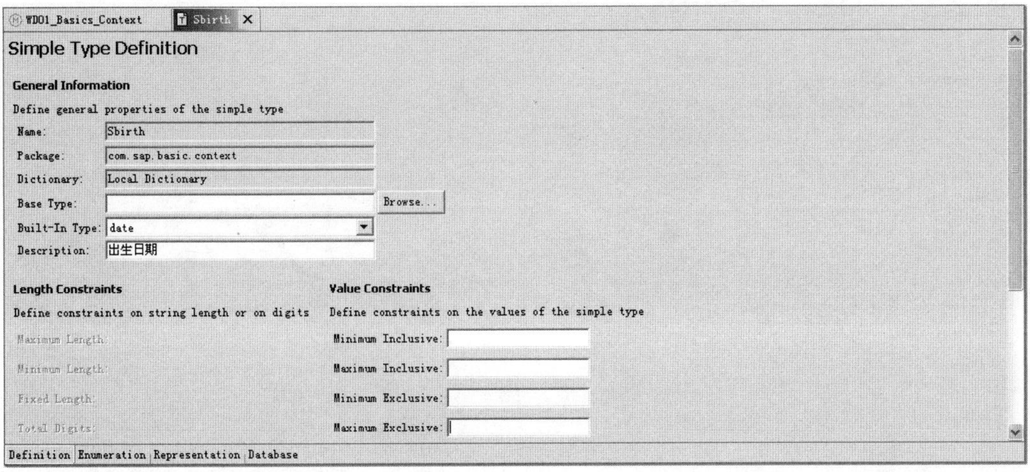

图　6-32

Representation 选项卡如图 6-33 所示。

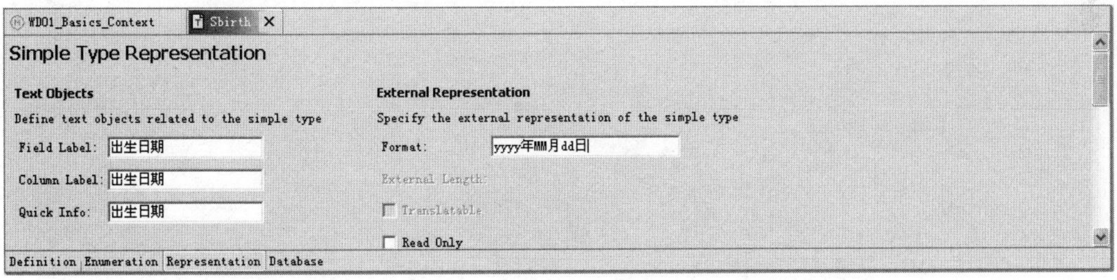

图　6-33

备考 Snote 设置如图 6-34 所示。

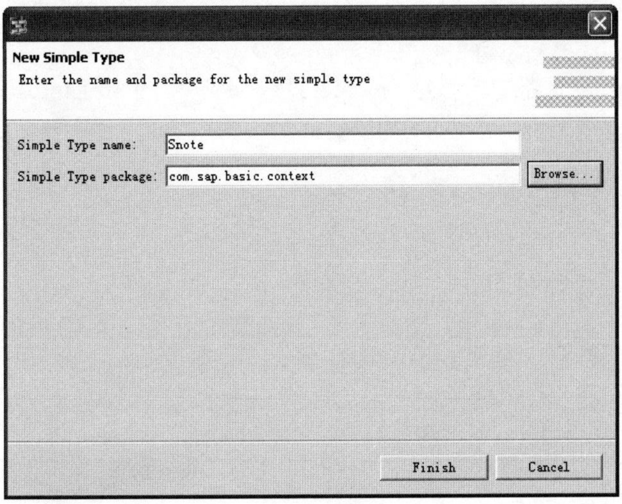

图　6-34

Definition 选项卡如图 6-35 所示。

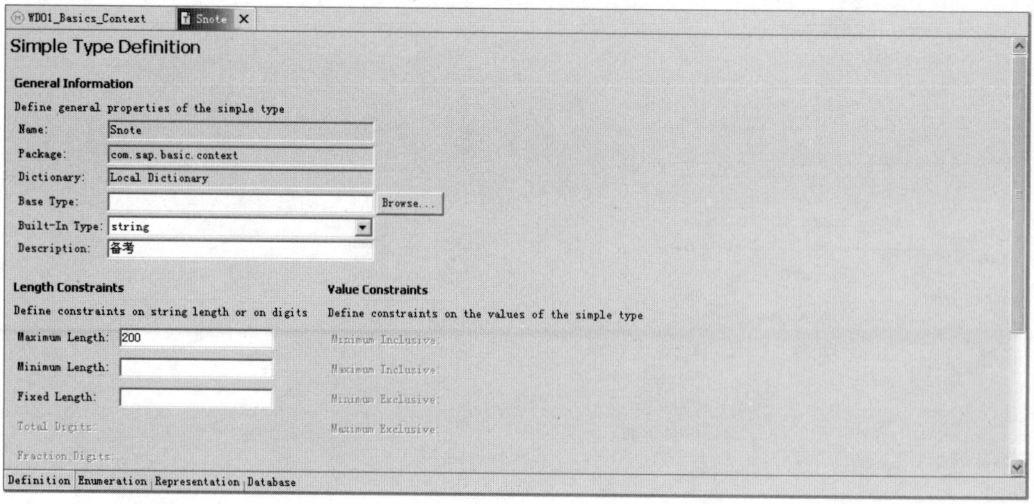

图 6-35

Representation 选项卡如图 6-36 所示。

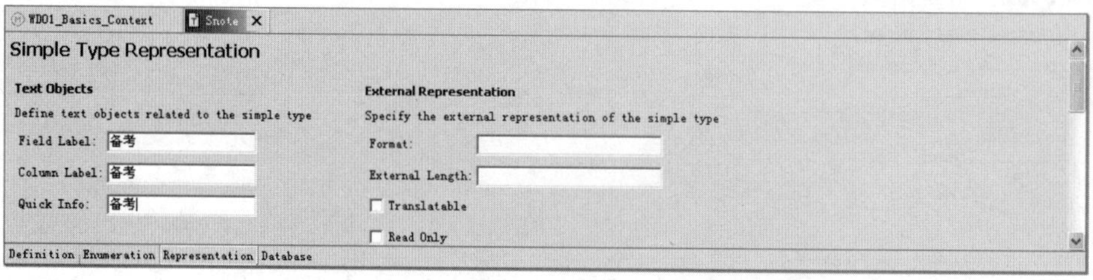

图 6-36

> **注：** 具体步骤参考相关 Java DB 文档。

结果如图 6-37 所示。

选中 Web Dynpro 浏览器中树状结构 Local Dictionary 下的 Structures，单击鼠标右键，按照图 6-38 所示，创建视图所需节点的结构体。

图 6-37

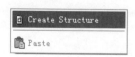

图 6-38

填写结构体名称和包名称，单击 Finish 按钮，如图 6-39 所示。

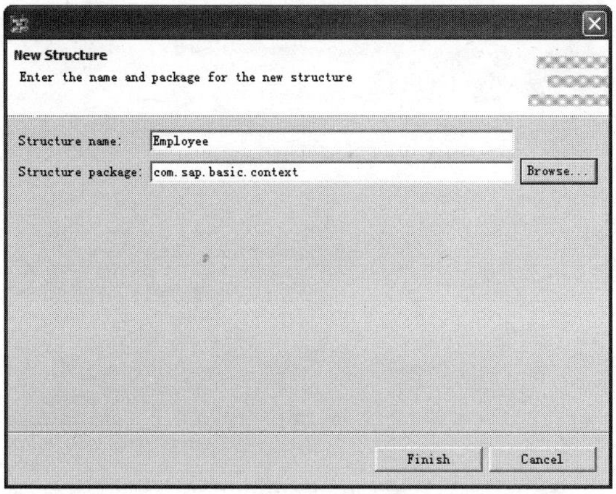

图　6-39

填写字段及其类型，类型通过 Simple Type Package 或 Simple Type 输入框后的 ... 按钮
进行选择，编辑如图 6-40 所示。

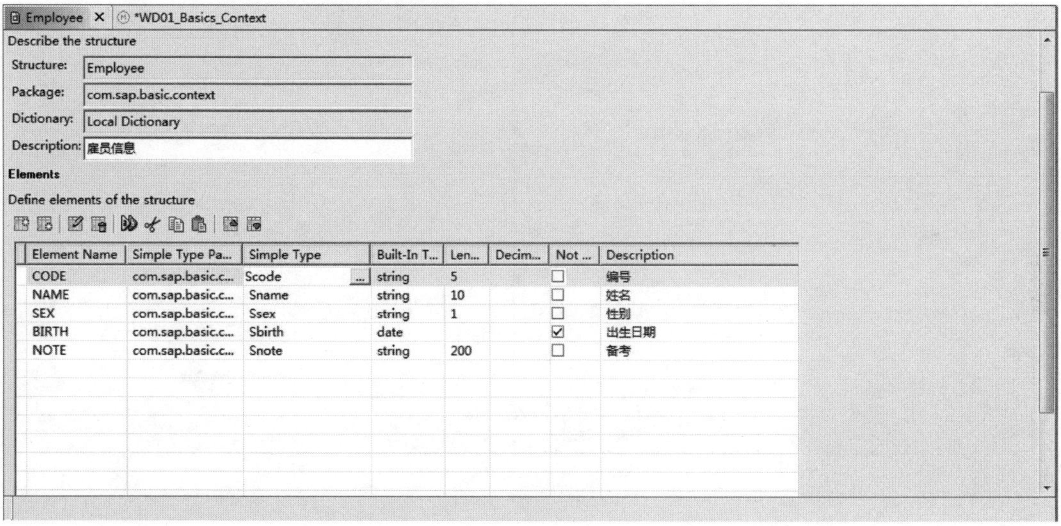

图　6-40

结果如图 6-41 所示。

注：开发过程中可根据需求创建节点及其结构。这里的节点和结构体定义和作用类似于
ABAP 数据字典中的数据元素和结构体，可参照《SAP ABAP 开发技术详解（实例篇）（第 2
版）》中的数据字典篇。

步骤三：创建 Web Dynpro 组件。
展开 Web Dynpro 节点并单击 Web Dynpro Components 的右键菜单，按照如图 6-42 所示
创建 Web Dynpro 组件。

图 6-41　　　　　　　　　　　　　　　　　图 6-42

输入 Web Dynpro 组件的名称 WelcomeComponent 和指定包名，将生成 Java 类（如com.sap.examples.welcome）。输入窗体及视图名称，单击 Finish 按钮，如图 6-43 所示。

生成如图 6-44 所示结果。

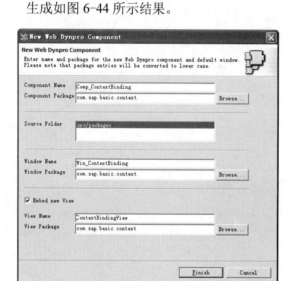

图　6-43　　　　　　　　　　　　　　　　图　6-44

在 Web Dynpro 浏览器中树状节点视图 ContextBindingView 上双击，编辑 Context，显示如图 6-45 所示。

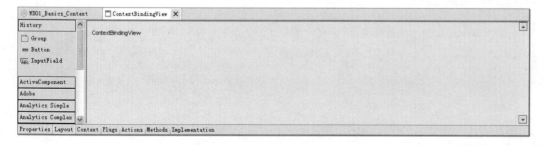

图　6-45

单击视图编辑器中的 Context 选项卡，编辑视图中的 Context，如图 6-46 所示。

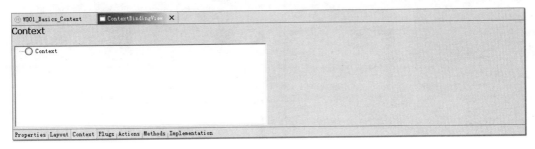

图　6-46

选中根目录 Context，单击鼠标右键，按照如图 6-47 所示创建节点。

输入节点名称，选中多选框 `Create with structure binding`，单击 Next 按钮，如图 6-48 所示。

图　6-47

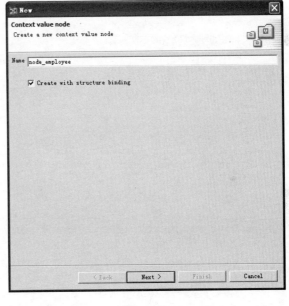

图　6-48

选中已创建结构，单击 Next 按钮，如图 6-49 所示。

选中要绑定的字段，单击 Finish 按钮，如图 6-50 所示。

生成结果，如图 6-51 所示。

编辑 Context 属性 cardinality，如图 6-52 所示。

注：本例中通过已定义的数据字典参照定义 Context 节点，节省开发人员的重复性操作，也体现了定义数据字典的作用。

选中 Layout 选项卡，编辑视图 UI 元素，如图 6-53 所示。

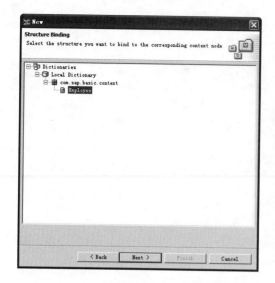

New
Structure Binding
Select the structure you want to bind to the corresponding context node
Dictionaries
Local Dictionary
com.sap.basic.context
Employee
< Back
Next >
Finish
Cancel

图 6-49

New
Structure Binding
Select the context elements you want to bind to a structure element
Context
node_employee
BIRTH
CODE
NAME
NOTE
SEX
Name
Bound structure
node_employee
Employee
BIRTH
BIRTH
CODE
CODE
NAME
NAME
NOTE
NOTE
SEX
SEX
< Back
Next >
Finish
Cancel

图 6-50

WD01_Basics_Context
ContextBindingView
Context
Context
node_employee
BIRTH
CODE
NAME
NOTE
SEX
Properties
Layout
Context
Plugs
Actions
Methods
Implementation

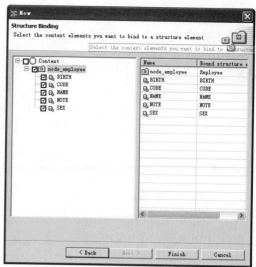

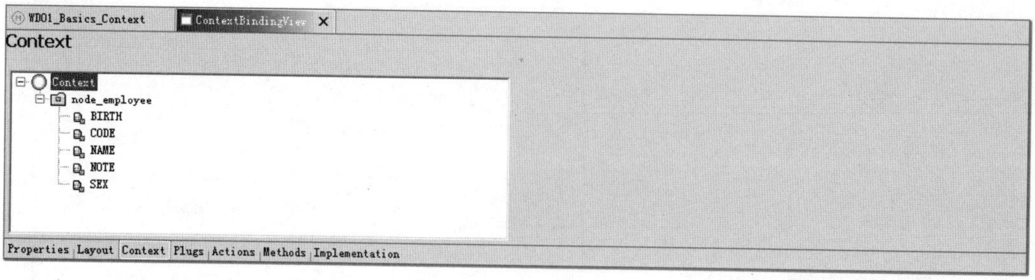

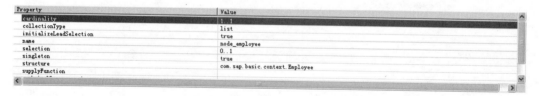

图 6-51

Property
Value
cardinality
1..1
collectionType
list
initializeLeadSelection
true
name
node_employee
selection
0..1
singleton
true
structure
com.sap.basic.context.Employee
supplyFunction

图 6-52

Outline
RootUIElementContainer [TransparentContainer - R
DefaultTextView [TextView - Child]

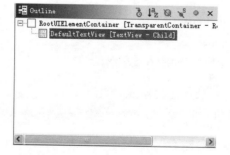

图 6-53

在大纲视图中单击 UI 元素 DefaultTextView，编辑属性 Text，如图 6-54 所示。

| Property | Value |
|---|---|
| ⊟Element Properties [TextView] | |
| design | standard |
| enabled | true |
| hAlign | auto |
| id | DefaultTextView |
| layout | native |
| semanticColor | standard |
| text | 这是一个Context绑定的例子。 |
| textDirection | inherit |
| tooltip | ◇ |
| visible | visible |
| wrapping | false |

图　6-54

在大纲视图中选中根节点 RootUIElementContainer，单击鼠标右键，按照图 6-55 所示创建输入项。

图　6-55

选中 Group 项，编辑 Id 并单击 Finish 按钮，如图 6-56 所示。

图　6-56

生成结果如图 6-57 所示。

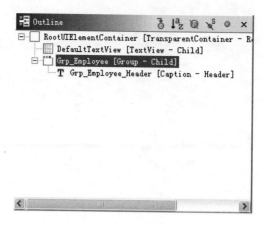

图　6-57

编辑 Group 的 Layout 和 colCount 属性，如图 6-58 所示。

| Property | Value |
| --- | --- |
| □Element Properties [Group] | |
| accessibilityDescription | |
| defaultButtonId | |
| design | primarycolor |
| enabled | true |
| hasContentPadding | true |
| height | |
| id | Grp_Employee |
| layout | GridLayout |
| scrollingMode | none |
| tooltip | ◇ |
| visible | visible |
| width | |
| □Layout [GridLayout] | |
| cellPadding | 0 |
| cellSpacing | 0 |
| colCount | 2 |
| stretchedHorizontally | true |
| stretchedVertically | true |

图　6-58

在大纲视图中选中节点 Grp_Employee 下的 Grp_Employee_Header 节点，编辑其 Text 属性，如图 6-59 所示。

| Property | Value |
| --- | --- |
| □Element Properties [Caption] | |
| enabled | true |
| id | Grp_Employee_Header |
| imageAlt | |
| imageFirst | true |
| imageSource | ◇ |
| text | 雇员信息 |
| textDirection | inherit |
| tooltip | ◇ |
| visible | visible |

图　6-59

在大纲视图中选中节点 GRP_Employee，单击鼠标右键，按照图 6-60 所示规划画面并绑定 Context。

选中 Form，单击 Next 按钮，如图 6-61 所示。

选中节点，单击 Next 按钮，如图 6-62 所示。

可使用按钮 ⬆ ⬇ 调节顺序如图 6-63 所示，单击 Finish 按钮。

显示结果如图 6-64 所示。

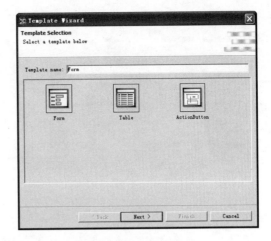

图 6-60                    图 6-61

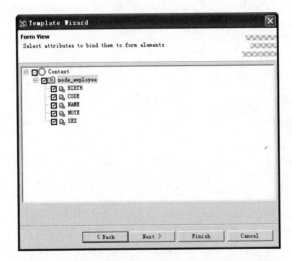

图 6-62

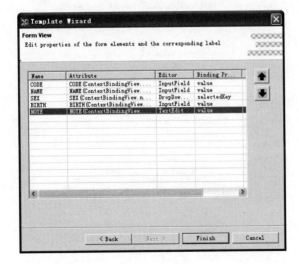

图 6-63

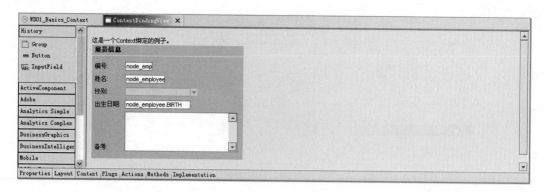

图　6-64

> **注：** 本例中在编辑视图布局时使用了布局生成向导（通过向导可以直接生成绑定到对应的 Context 节点上的 UI 元素），从而省去了重复性操作（手工添加 UI 元素，并为 UI 元素绑定到对应的 Context 节点上）。在项目开发中应尽量使用向导，具体细节可以通过手工操作进行微调。

选中视图编辑器中的 Implementation 选项卡，编辑钩子方法 wdDoInit，代码如下。

```
//@@begin Javadoc:wdDoInit()
/** Hook method called to initialize controller. */
//@@end
public void wdDoInit()
{
  //@@begin wdDoInit()
  Java.sql.Date date = new Java.sql.Date(2011,02,20) ;
  wdContext.currentNode_employeeElement().setCODE("00001");
  wdContext.currentNode_employeeElement().setNAME("东方红");
  wdContext.currentNode_employeeElement().setSEX("1");
  wdContext.currentNode_employeeElement().setBIRTH(date);
  wdContext.currentNode_employeeElement().setNOTE("无");
  //为 Context 节点属性：编号，姓名，性别，出生日期，备考设定值
  //@@end
}
```

步骤四：创建 Web Dynpro Application，编译、发布并执行。

1）在 Web Dynpro 浏览器中树状节点 Application 上单击鼠标右键，按照如图 6-65 所示创建 Web Dynpro Application。

图　6-65

填写 Application 名称和包名称，单击 Next 按钮，如图 6-66 所示。

图　6-66

选中以下选项，单击 Next 按钮，如图 6-67 所示。

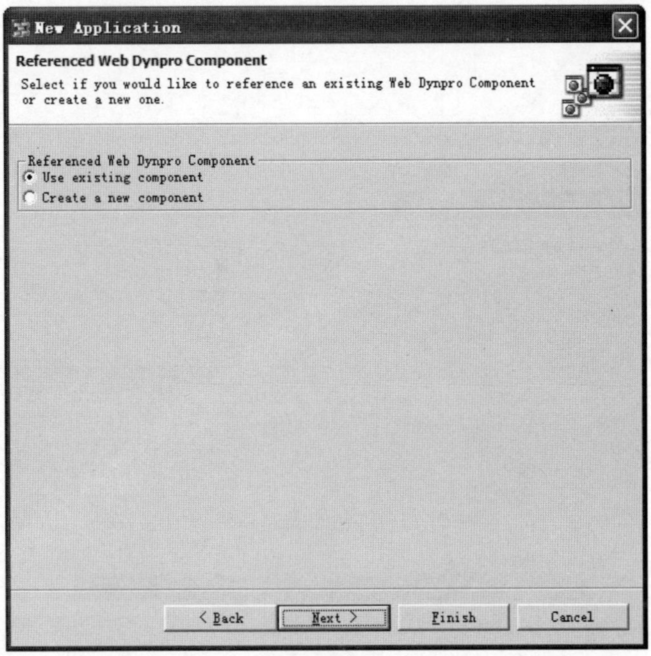

图　6-67

选中以下选项，单击 Finish 按钮，如图 6-68 所示。

2）在 Web Dynpro 浏览器中树状节点 WD01_Basic_Context_Binding 上单击鼠标右键，
按照如图 6-69 所示编译 Web Dynpro 工程。

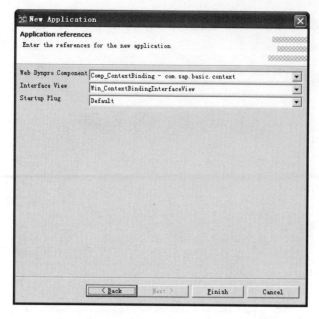

图　6-68

3）在 Web Dynpro 浏览器中 Application 树状节点下的 WD01_Basic_Context_Binding 上单击鼠标右键，按照图 6-70 所示发布并运行。

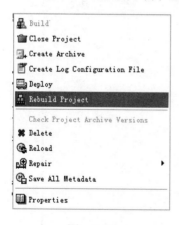

图　6-69

图　6-70

填写 SDM 密码，单击 OK 按钮，如图 6-71 所示。

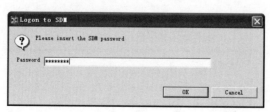

图　6-71

发布结果如图 6-72 所示。

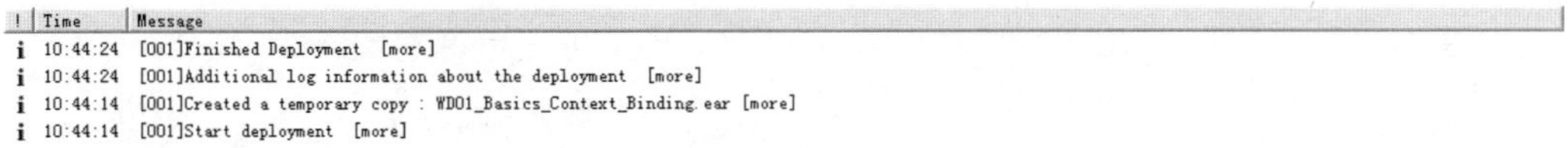

```
!  Time        Message
i  10:44:24  [001]Finished Deployment  [more]
i  10:44:24  [001]Additional log information about the deployment  [more]
i  10:44:14  [001]Created a temporary copy : WD01_Basics_Context_Binding.ear [more]
i  10:44:14  [001]Start deployment  [more]
```

图　6-72

运行结果如图 6-73 所示。

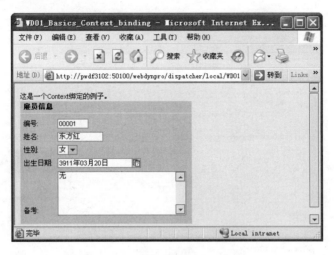

图　6-73

## 2．Context 映射

步骤一：在上述生成组件的组件点的根节点上单击鼠标右键，按照图 6-74 所示，创建新的组件。

在向导画面中填入组件名称、包、视图和窗体的名称，单击 Finish 按钮，如图 6-75 所示。

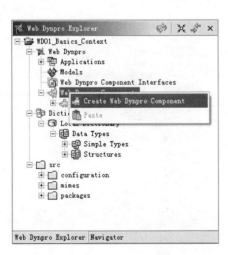

图　6-74

图　6-75

生成如图 6-76 所示的结果。

步骤二：在 Web Dynpro 浏览器中树状节点 Views 上单击鼠标右键，按照图 6-77 所示添加新视图。

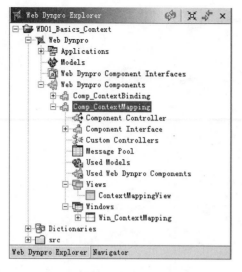

图 6-76

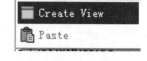

图 6-77

编辑新视图，如图 6-78 所示，单击 Finish 按钮。

生成结果如图 6-79 所示。

图 6-78

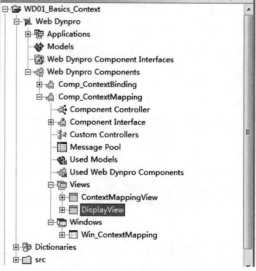

图 6-79

步骤三：在 Web Dynpro 浏览器中树状节点 Win_ContextMapping 上单击鼠标右键，按照图 6-80 所示绑定视图到窗体。

选中如下选项，单击 Next 按钮，如图 6-81 所示。

选中如下选项，单击 Finish 按钮，如图 6-82 所示。

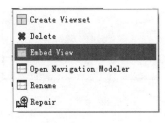

图 6-80                      图 6-81

生成结果如图 6-83 所示。

步骤四：在 Web Dynpro 浏览器中树状节点组件控制器 `Component Controller` 上双击，选中组件编辑器中的 Context 选项卡，按照如图 6-84 所示，创建 Context 节点。

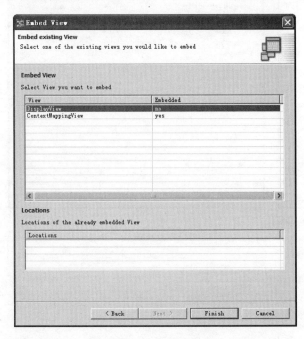

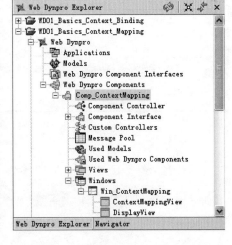

图 6-82                      图 6-83

输入节点名称，选中多选框 `Create with structure binding`，单击 Next 按钮，如图 6-85 所示。

选中已创建结构，单击 Next 按钮，如图 6-86 所示。

图 6-84                                             图 6-85

选中要创建的节点元素，单击 Finish 按钮，如图 6-87 所示。

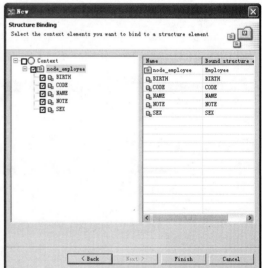

图 6-86                                             图 6-87

生成 Context 结果如图 6-88 所示。

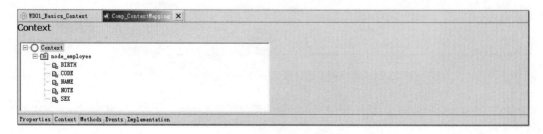

图 6-88

Context 节点属性如图 6-89 所示。

| Property | Value |
|---|---|
| cardinality | 0..1 |
| collectionType | list |
| initializeLeadSelection | true |
| name | node_employee |
| selection | 0..1 |
| singleton | true |
| structure | com.sap.basic.context.Employee |
| supplyFunction | |
| technicalDocumentation | |
| typedAccessRequired | true |

图　6-89

选中 Implementation 选项卡，编辑钩子函数 wdInit，代码如下。

```
//@@begin Javadoc:wdDoInit()
/** Hook method called to initialize controller. */
//@@end
public void wdDoInit()
{
  //@@begin wdDoInit()
  wdContext.nodeNode_employee().bind(wdContext.createNode_employeeElement());
  //实例化节点
  //@@end
}
```

**注**：节点基数为 0 : 1 或 0 : N 的节点，在使用时要保证节点至少有一个被实例化的元素，需要在钩子函数中对其进行实例化，否则会有运行时错误。

步骤五：在 Web Dynpro 浏览器中树状节点数据模型编辑器 Comp_ContextMapping 上双击，打开数据模型编辑器，如图 6-90 所示。单击左侧的 图标放置到视图 Context MappingView 上并拖至组件控制器 Component Controller 上。

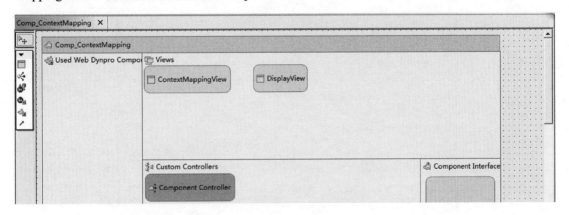

图　6-90

选中节点 node_employee 并将其拖至左侧 Context 根节点上，如图 6-91 所示。
选中所有属性，单击 OK 按钮，如图 6-92 所示。

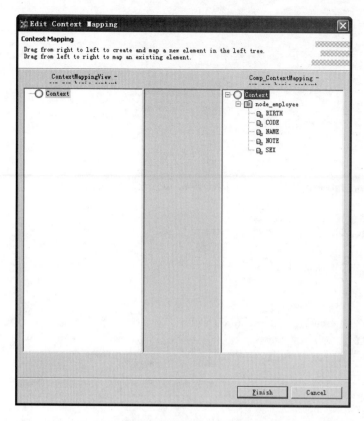

图　6-91

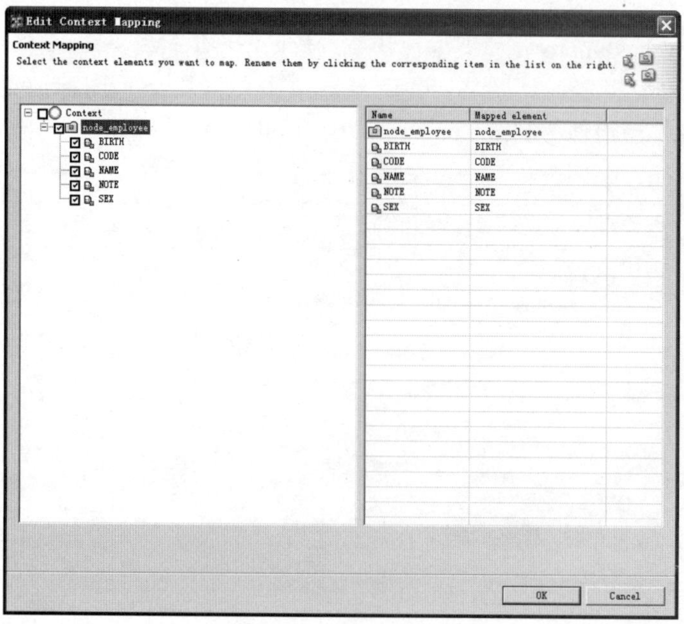

图　6-92

结果如图 6-93 所示，单击 Finish 按钮。

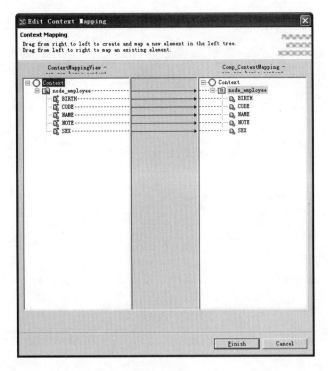

图 6-93

单击左侧的 图标放置到视图 DisplayView 上并拖至组件控制器 Component Controller 上，按照以上步骤，建立视图 DisplayView 和组件控制器 Component Controller 之间的 Context 映射，如图 6-94 所示。

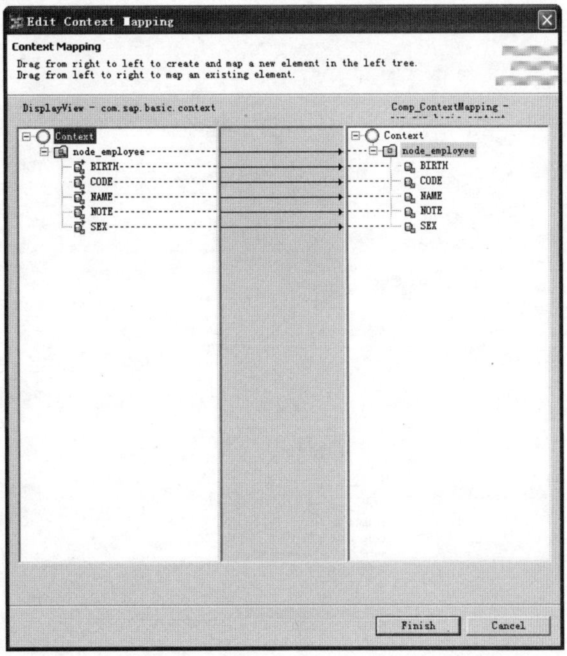

图 6-94

映射结果如图 6-95 所示。

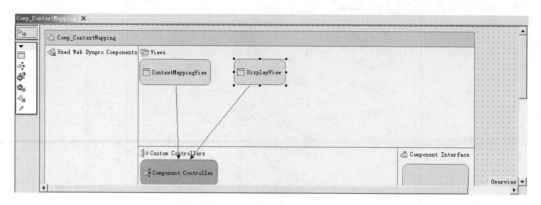

图　6-95

视图 ContextMappingView 的 Context 选项卡编辑结果显示如图 6-96 所示。

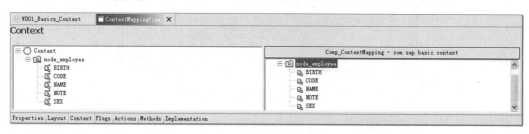

图　6-96

视图 DisplayView 的 Context 选项卡编辑结果显示如图 6-97 所示。

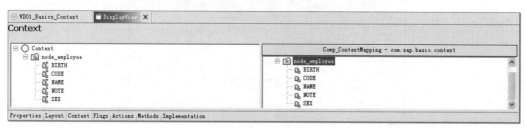

图　6-97

步骤六：在 Web Dynpro 浏览器中树状节点视图 ContextMappingView 上双击，单击视图编辑器中的 Layout 选项卡，编辑视图 ContextMappingView 中的 TextView 元素 DefaultTextView 的 Text 属性，如图 6-98 所示。

图　6-98

在大纲视图中选中根节点 RootUIElementContainer，单击鼠标右键，按照图 6-99 所示创建组 Group。

图 6-99

选中 Group 项，编辑 Id 并单击 Finish 按钮，如图 6-100 所示。

图 6-100

生成结果如图 6-101 所示。

图 6-101

编辑 Group 的 Layout 属性，如图 6-102 所示。

图　6-102

在大纲视图中选中节点 Grp_Employee 下的 Grp_Employee_Header 节点，编辑其 Text 属性，如图 6-103 所示。

| Property | Value |
|---|---|
| Element Properties [Caption] | |
| enabled | true |
| id | Grp_Employee_Header |
| imageAlt | ◇ |
| imageFirst | true |
| imageSource | ◇ |
| text | 雇员信息 |
| textDirection | inherit |
| tooltip | ◇ |
| visible | visible |

图　6-103

在大纲视图中选中节点 Grp_Employee，单击鼠标右键，按照图 6-104 所示规划画面并绑定 Context。

选中 Form，单击 Next 按钮，如图 6-105 所示。

图　6-104

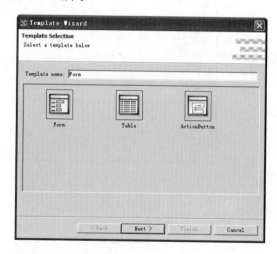

图　6-105

选中节点，单击 Next 按钮，如图 6-106 所示。

可使用按钮 ⬆ ⬇ 调节顺序，如图 6-107 所示，单击 Finish 按钮。

重复上述步骤，为视图 ContextMappingView 创建按钮项，如图 6-108 所示。

选中按钮 Confirm，编辑 Text 属性，单击 ... 按钮，为按钮创建动作，如图 6-109 所示。

填写动作名称及描述，单击 Next 按钮，如图 6-110 所示。

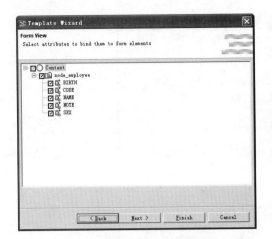

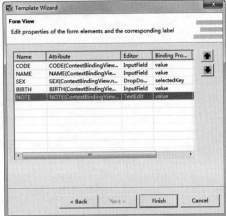

Template Wizard
Form View
Select attributes to bind them to form elements
Context
node_employee
BIRTH
CODE
NAME
NOTE
SEX
< Back
Next >
Finish
Cancel

图 6-106

Template Wizard
Form View
Edit properties of the form elements and the corresponding label
Name
Attribute
Editor
Binding Pro...
CODE
CODE(ContextBindingView...
InputField
value
NAME
NAME(ContextBindingVie...
InputField
value
SEX
SEX(ContextBindingView.n...
DropDo...
selectedKey
BIRTH
BIRTH(ContextBindingVie...
InputField
value
NOTE
NOTE(ContextBindingView...
TextEdit
value
< Back
Next >
Finish
Cancel

图 6-107

New Element
Create new element
Select the type of element you want to create. Optionally you can enter an id for it.
Type
Accordion
AreaChart
BIApplicationFrame
BarChart
BarCodeReader
BreadCrumb
BusinessGraphics
Button
ButtonRow
Caption
CheckBox
CheckBoxGroup
Clock
ColumnChart
ContextualPanel
DateNavigator
DoughnutChart
DropDownByIndex
DropDownByKey
FileDownload
FileUpload
FunctionKey
Gantt
Gauge
GeoMap
Id
Confirm
Finish
Cancel

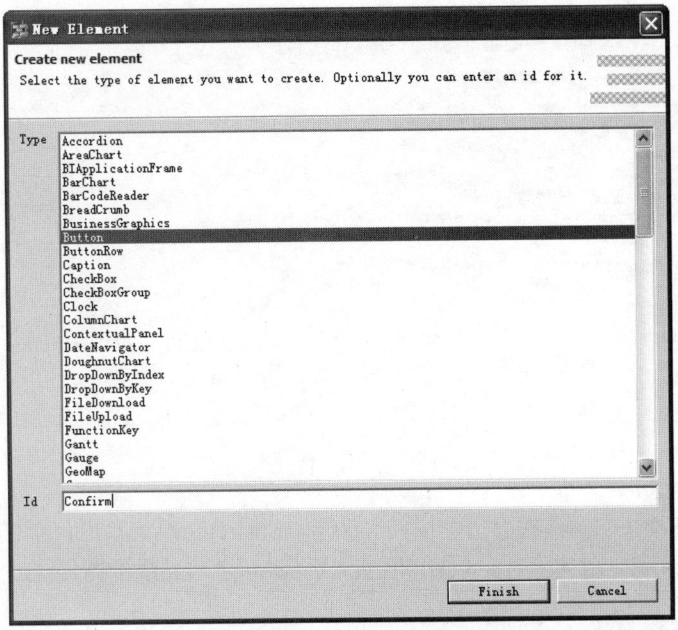

图 6-108

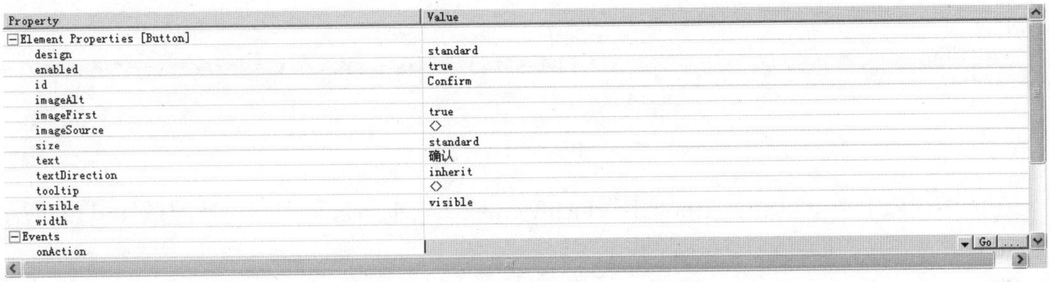

Property
Value
Element Properties [Button]
design
standard
enabled
true
id
Confirm
imageAlt
imageFirst
true
imageSource
◇
size
standard
text
确认
textDirection
inherit
tooltip
◇
visible
visible
width
Events
onAction
Go

图 6-109

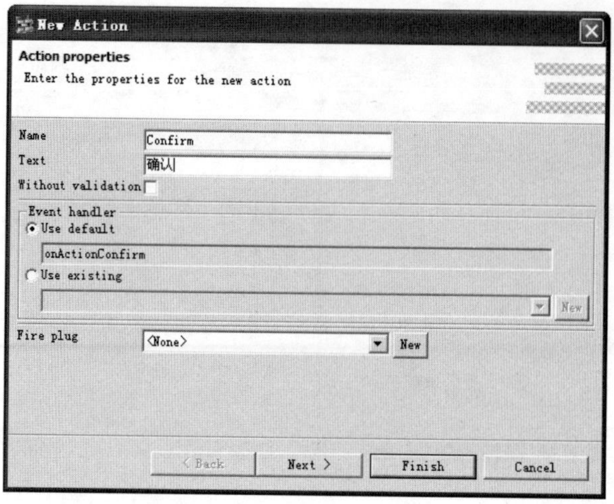

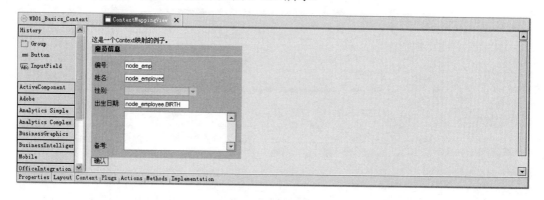

图　6-110

单击 Finish 按钮，编辑结果显示如图 6-111 所示。

图　6-111

步骤七：在 Web Dynpro 浏览器中树状节点视图 StartView 上双击，单击视图编辑器中的 Layout 选项卡，编辑视图 StartView 中的 TextView 元素 DefaultTextView 的 Text 属性如图 6-112 所示。

| Property | Value |
| --- | --- |
| Element Properties [TextView] | |
| design | standard |
| enabled | true |
| hAlign | auto |
| id | DefaultTextView |
| layout | native |
| semanticColor | standard |
| text | 显示已输入的数据 |
| textDirection | inherit |

图　6-112

在大纲视图中选中根节点 RootUIElementContainer，单击鼠标右键，按照图 6-113 所示创建组 Group。

选中 Group 项，如图 6-114 所示，编辑 Id 并单击 Finish 按钮。

生成结果如图 6-115 所示。

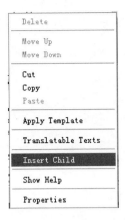

图 6-113

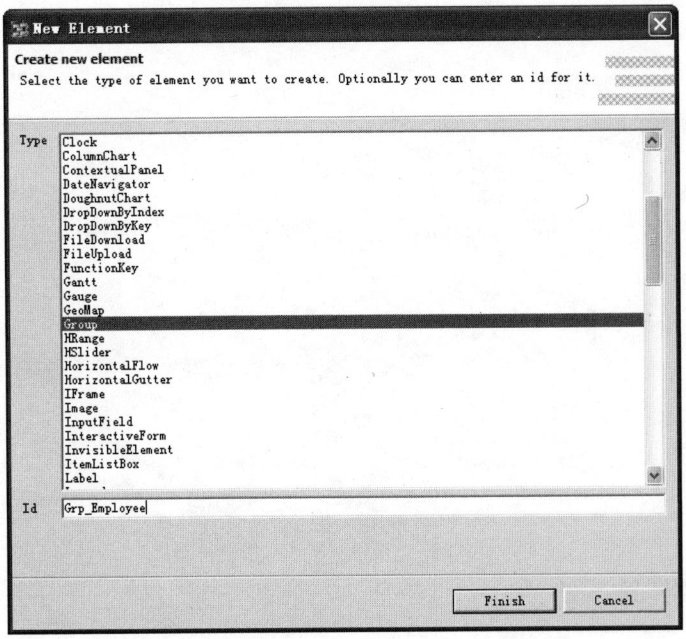

图 6-114

图 6-115

编辑 Group 的 Layout 属性，如图 6-116 所示。

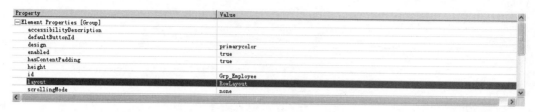

| Property | Value |
|---|---|
| Element Properties [Group] | |
| accessibilityDescription | |
| defaultButtonId | |
| design | primarycolor |
| enabled | true |
| hasContentPadding | true |
| height | |
| id | Grp_Employee |
| layout | RowLayout |
| scrollingMode | none |

图　6-116

在大纲视图中选中节点 Grp_Employee 下的 Grp_Employee_Header 节点，编辑其 Text 属性，如图 6-117 所示。

| Property | Value |
|---|---|
| Element Properties [Caption] | |
| enabled | true |
| id | Grp_Employee_Header |
| imageAlt | |
| imageFirst | true |
| imageSource | ◇ |
| text | 雇员信息 |
| textDirection | inherit |
| tooltip | ◇ |
| visible | visible |

图　6-117

在大纲视图中选中节点 Grp_Employee，单击鼠标右键，按照图 6-118 所示规划画面并绑定 Context。

选中 Form，单击 Next 按钮，如图 6-119 所示。

图　6-118

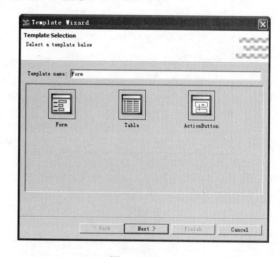

图　6-119

选中节点，单击 Next 按钮，如图 6-120 所示。

可使用按钮 ⬆ ⬇ 调节顺序，如图 6-121 所示，单击 Finish 按钮。

编辑 DropdownList 控件属性 readOnly 为 true，如图 6-122 所示。

编辑结果显示，如图 6-123 所示。

步骤八：在 Web Dynpro 浏览器中树状节点 Win_ContextMapping 上双击，打开导航建模工具，如图 6-124 所示，编辑出入站插头和导航链接。

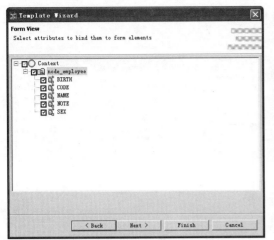

図 6-120

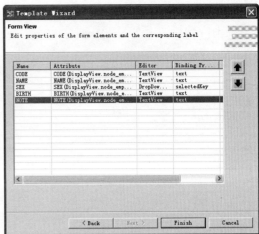

図 6-121

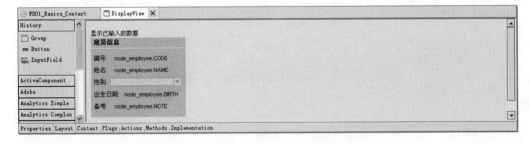

図 6-122

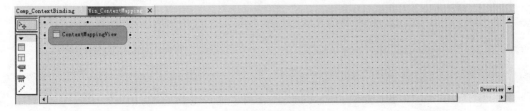

図 6-123

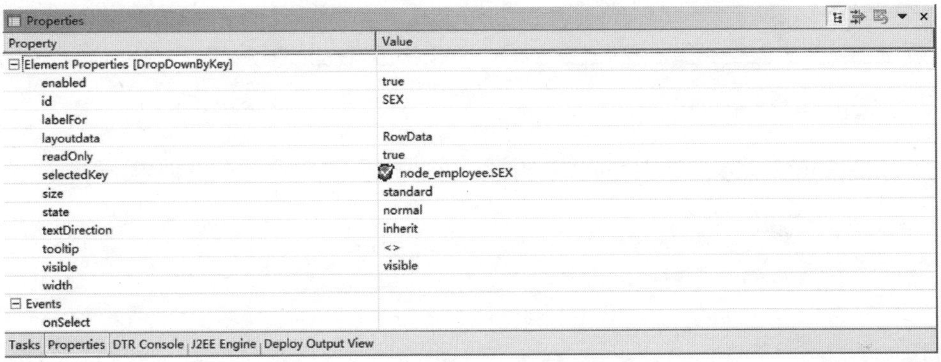

图 6-124

单击左侧的 ▭ 按钮，弹出窗体，选中如图 6-125 所示的选项，单击 Next 按钮。
选中已创建的视图，如图 6-126 所示，单击 Finish 按钮。

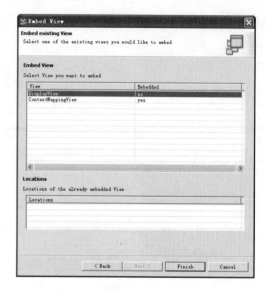

图　6-125　　　　　　　　　　　　　　　　　　　图　6-126

显示如图 6-127 所示，选中左侧 ▦ 图标后并单击视图 StartView，创建出站插头。

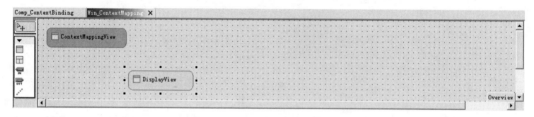

图　6-127

输入出站插头名称，单击 Next 按钮，如图 6-128 所示。

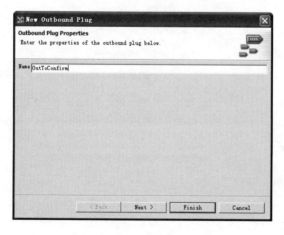

图　6-128

步骤九：生成结果如图 6-129 所示，选中左侧 图标后单击视图 ResultView，创建入站插头。

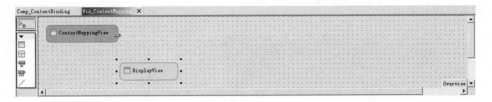

图　6-129

填写入站插头名称，单击 Next 按钮，如图 6-130 所示。

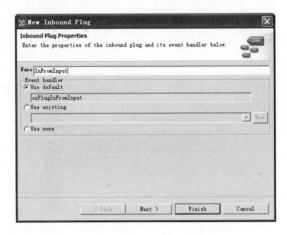

图　6-130

生成结果，如图 6-131 所示。

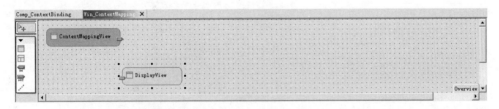

图　6-131

步骤十：选中左侧 图标后单击视图 StartView 上的出站插头并拖至视图 ResultView 上的入站插头，生成导航，结果如图 6-132 所示。

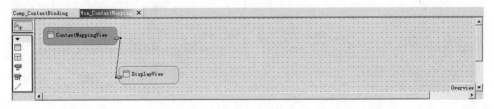

图　6-132

步骤十一：在 Web Dynpro 浏览器中树状节点视图 ContextMappingView 上双击，打开视图编辑器，选中视图编辑器中的 Implementation 选项卡，编辑动作 Confirm 的处理方法如下。

```
//@@begin Javadoc:onActionConfirm(ServerEvent)
/** Declared validating event handler. */
//@@end
public void onActionConfirm(com.sap.tc.webdynpro.progmodel.api.IWDCustomEvent wdEvent )
{
    //@@begin onActionConfirm(ServerEvent)
    wdThis.wdFirePlugOutToConfirm();
    //导航到下一画面
    //@@end
}
```

步骤十二：创建 Web Dynpro Application，编译、发布并执行。

（1）在 Web Dynpro 浏览器中树状节点 Application 上单击鼠标右键，按照图 6-133 所示创建 Web Dynpro Application。

图　6-133

填写 Application 名称和包名称，单击 Next 按钮，如图 6-134 所示。

选中以下选项，单击 Next 按钮，如图 6-135 所示。

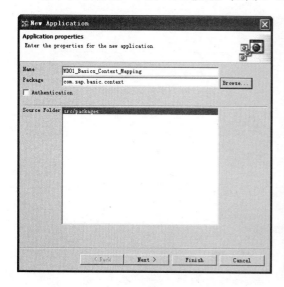

图　6-134　　　　　　　　　　　　　　　　图　6-135

选中以下选项，单击 Finish 按钮，如图 6-136 所示。

（2）在 Web Dynpro 浏览器中树状节点下的 WD01_Basic_Context_Binding 上单击鼠标右

键，按照图 6-137 所示编译 Web Dynpro 工程。

图 6-136

图 6-137

（3）在 Web Dynpro 浏览器中 Application 树状节点下的 WD01_Basic_Context_Binding 上单击鼠标右键，按照图 6-138 所示发布并运行。

填写 SDM 密码，单击 OK 按钮，如图 6-139 所示。

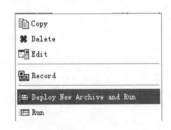

图 6-138

图 6-139

发布结果如图 6-140 所示。

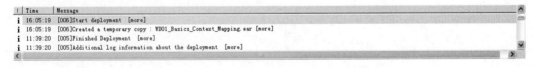

图 6-140

运行结果如图 6-141 所示。

单击确认按钮，画面迁移至第二画面，如图 6-142 所示。

注：在以上的例子中，各步骤尽量使用了 SAP NWDS 提供的各种工具及方法，希望开发者借助这些工具及方法在开发中受益，以此项目为基础，在质量上有所提高。

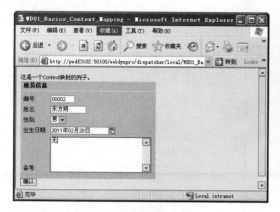

图 6-141

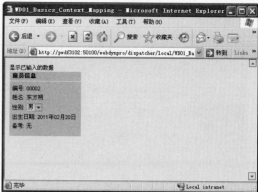

图 6-142

# 第 7 章 控 制 器

SAP Web 应用均是在 MVC 框架基础上开发的，MVC 全名是 Model View Controller，是模型（Model）-视图（View）-控制器（Controller）的缩写，是一种软件设计模式。它用一种业务逻辑、数据、界面显示分离的方法组织代码，将业务逻辑聚集到一个部件里面，在改进和个性化定制界面及用户交互的同时，不需要重新编写业务逻辑。MVC 被独特地发展起来，在一个由业务控制逻辑和图形化用户界面组成的结构中，完成映射传统的输入处理和输出功能。

## 7.1 模型-视图-控制器

在 MVC 模式下，控制器接收到一个请求，该请求（更新模型，或从模型中检索数据）采取行动，并将控制传递给相应的视图。

MVC 使得程序员把视图和控制器分开编辑，这样可以更容易地分解工作，一个程序员的开发内容通常显示在视图上，而另一个程序员往往主要工作在控制器或模型上。

该开发模式体现在表现层和逻辑层，如图 7-1 所示。

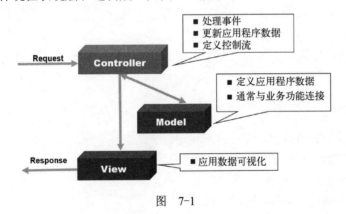

图　7-1

**1. 技术场景**

Web Dynpro 中的 MVC 指的是一种使用 MVC 设计框架下创建 Web 应用程序的模式，同时提供了对 HTML、CSS 和 JavaScript 的完全控制。

1）模型表示应用程序核心（比如数据库记录列表），是应用程序中用于处理应用程序数据逻辑的部分，通常模型对象负责在数据库中存取数据。

2）视图显示数据（比如数据库记录）。

3）控制器处理输入（比如写入数据库记录），是应用程序中处理数据显示的部分，视图是依据模型数据创建的，是应用程序中处理用户交互的部分，控制器负责从视图读取数据，控制用户输入，并向模型发送数据。

**2．业务场景**

如图 7-2 所示，可以看到 MVC 有可能相当复杂，通过控制器和视图可以聚合成一个多页面浏览，这为用户界面的设计创造最大的灵活性。

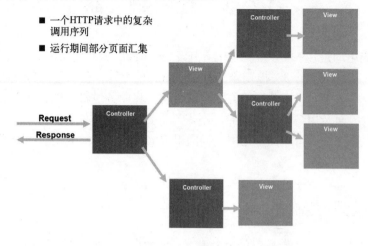

图　7-2

通过控制器和视图，设计人员可以设计跨组件的应用，以便在这种复杂场景中，找到这些组件的重用方式，从而减少开发的重复和冗余，达到 MVC 分层的作用。

MVC 分层有助于管理复杂的应用程序，因为设计人员可以在一段时间内专门关注一个方面。例如，可以在不依赖业务逻辑的情况下专注于视图设计。同时也让应用程序的测试更加容易。

MVC 分层同时也简化了分组开发。不同的开发人员可同时开发视图、控制器逻辑和业务逻辑。

> 注：Web Dynpro 组件的概念不是 MVC 的一部分。

在如图 7-2 所示的场景中，设计时应注意以下几点：

1）在一个 HTTP 请求期间复杂的调用序列。

2）在运行时部分聚合页面。

3）相应的控制器和视图结合为组件。

## 7.2　Web Dynpro 应用程序

Web Dynpro 应用程序由 Web Dynpro 组件和模型组成。组件由 Web Dynpro 的视图和控制器的集合组成。Web Dynpro 组件允许程序员构建复杂的 Web 应用程序，能开发可重用的、交互的实体，这可实现大段应用程序的嵌套。Web Dynpro 组件是与 UI 和 Web Dynpro 程序相关的其他实体的容器。

模型表示企业数据和业务规则。在 MVC 的三个部件中，模型拥有最多的处理任务。例如它可能用像 EJB 这样的构件对象来处理数据库，被模型返回的数据是中立的，就是说模型与数据格式无关。这样一个模型能为多个视图提供数据，由于应用于模型的代码只需写一次就可以被多个视图重用，所以减少了代码的重复性。

组件模型允许 Web Dynpro 创建可重用的组件，可将可用组件构建到多个应用中。Web Dynpro 应用程序可以由许多可重用的组件组成。如图 7-3 所示。

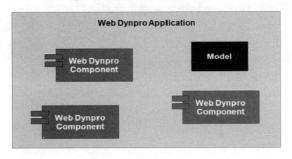

图 7-3

Web Dynpro 应用程序包括：

1）Web Dynpro 组件。

2）模型。

**1. Web Dynpro 组件**

Web Dynpro 组件的架构可以划分为两部分：外部和内部可视部分，如图 7-4 所示。

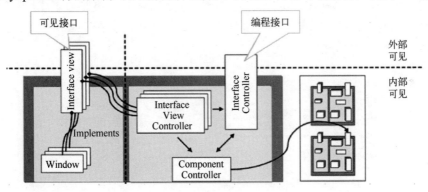

图 7-4

内部可视的部分可进一步分为可视实体和编程实体。可视实体与 UI 关联，并由 Web Dynpro 框架生成并传递到客户端。内部可视的实体由窗体和视图构成。

视图由视图布局和相应的视图控制器组成。视图控制器包含导航插头、方法和 Context。

窗体嵌入了一个或多个视图，并具有相应的窗体控制器。窗体控制器包含导航插头、方法和 Context。每个视图均可嵌入到多个窗体中。

窗体的出站插头可连接到嵌入视图的任何入站插头，视图的出站插头可连接到嵌入窗体的任何入站插头。但是，同一组件的窗体之间不能进行导航。

Web Dynpro 组件由视图和控制器组成。有着不同类型的 Web Dynpro 控制器，但每种控制器的实质是一样的，如图 7-5 所示，其所有行为的事件，都是程序员有可能用的模型（业务逻辑）接口，不同类型的控制器将在下一节来解释。

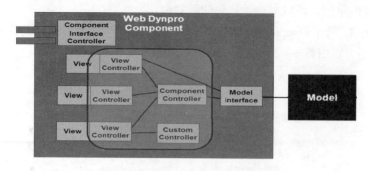

图　7-5

与 UI 相关的实体是窗体和视图。视图的布局是客户端显示页面的矩形部分（例如浏览器）。视图包括 UI 元素，例如输入字段和按钮。发送到客户端的整个页面可以设置为只包含一个视图，也可以是多个视图的组合。可能的视图组合以及视图之间的数据流在窗体中定义。一个窗体可以包含任意数量的视图，一个视图可以嵌入到任意数量的窗体中。Web Dynpro 源代码位于 Web Dynpro 控制器中。控制器全局变量的层次存储被称为 Context。

**2．模型**

Web Dynpro 应用程序是使用声明式编程方式开发的。在 ABAP 工作台内部，有几种特殊工具允许程序员以 Web Dynpro 元模型的形式为应用程序构建抽象表述。然后，会自动生成必要的源代码，并遵守标准架构，即 Web Dynpro 框架，如图 7-6 所示。常见的数据元模型有 RFC，WS，EJB 等。

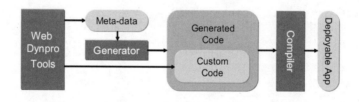

图　7-6

Web Dynpro 框架允许程序员将定制源代码置于已生成的代码内的预定义位置。所有 Web Dynpro 应用程序都使用相同的基础单元构建。然而，使用定制代码可以扩展标准框架以提供任何所需的业务功能。

并非所有实施决策都要在设计时制定。可以先实施 Web Dynpro 应用程序，用户界面的外观可以在运行的时候决定。这样，无须直接编写任何 HTML 或 JavaScript 代码，即可编写高度灵活的应用程序。

## 7.3　控制器的类型及结构

控制器接受用户的输入并调用模型和视图去完成用户的需求，所以当单击 Web 页面中的超链接和发送 HTML 表单时，控制器本身不输出任何东西，也不做任何处理。它只是接收请求并决定调用哪个模型构件去处理请求，然后再确定用哪个视图来显示返回的数据。

如图 7-7 所示，视图中的数据由元数据模型输入，通过视图控制器和组件控制器显示到视图上。

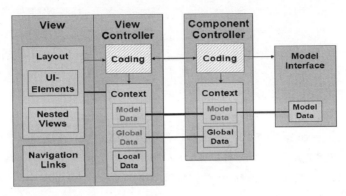

图　7-7

当一个视图被创建时，一个相应的视图控制器也被创建。在 Web Dynpro 编辑器中，视图由视图布局和 UI 元素组成。视图控制器会处理视图中可能发生的事件，例如，一个按钮被用户单击时，视图控制器将处理该事件。

当创建 Web Dynpro 组件时，也创建相应的组件控制器。一般来说，这是程序员为模型接口添加代码的地方。

在一个控制器中，所有编码需要由开发人员完成。Web Dynpro 的所有其他部分也都是可声明的。

其他 Web Dynpro 控制器的 Context 可以参考在 Web Dynpro 控制器 Context 中定义的属性。这被称为 Context 映射。这允许设计人员在不同的控制器之间共享共同属性，而需在这些控制器 Context 之间复制属性。允许用户输入的 UI 元素的值必须连接到相应控制器的 Context 属性。这被称为数据绑定。通过数据绑定，可以在 UI 元素和 Context 属性之间建立自动数据传输。结合这两个概念，可以仅用声明的方式定义不同视图中 UI 元素之间的数据传输。

另外，可以用三种方式寻址 Web Dynpro 组件，如图 7-8 所示。

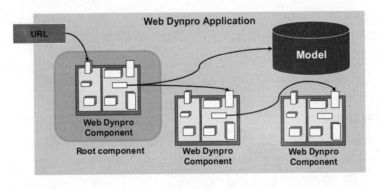

图　7-8

1）使用 Web Dynpro 应用程序，可将 Web Dynpro 组件链接至 URL，并可从 Web 浏览

器或其他 Web Dynpro 客户端进行调用。

2）将 Web Dynpro 组件作为子组件重用时，可将 Web Dynpro 组件的可视界面与父项组件的可视实体合并，以形成 UI。

3）将 Web Dynpro 组件作为子组件重用时，父项组件可访问在编程界面中定义的所有方法和数据。

如果一个 Web Dynpro 组件（父项组件）需要访问另一个 Web Dynpro 组件（子组件），则父项组件可声明对子组件的使用。然后，会创建一个特定的组件使用实例，父项组件则可通过其组件接口控制器访问子组件的功能。

用户唯一可以看见的 Web Dynpro 组件部分是接口控制器和接口视图。

1）所有 Web Dynpro 组件均只有一个接口控制器。通过接口控制器，其他组件可以访问数据、方法和事件处理器。

2）接口视图代表 Web Dynpro 组件的可视界面。窗体和接口视图之间存在一对一的关系。每次定义窗体时，会自动生成相关的接口视图，通过它，可以从组件外部访问该窗体。界面视图只向界面属性通过验证的组件用户公开入站和出站插头。窗体的方法和 Context 数据无法通过相关接口视图来访问。

3）如果组件没有视图，则无须创建窗体。在这种情况下，组件不会生成接口视图。没有任何可视 UI 元素的组件称为无接口组件。

**1．控制器类型**

所有控制器都彼此相似，但也有其特殊的定义。

组件接口视图所述控制器仅用于访问组件的可视化部分，当程序员启动 Web Dynpro 应用程序时，它通过接口视图启动该组件，这是由组件接口视图控制器完成的，程序员可以在启动插头的方法中添加代码做一些初始化。

（1）组件接口控制器（Component Interface Controller）

组件的外部用户接口：数据传输，事件处理。

（2）组件接口视图控制器（Component Interface View Controller）

用于组件视觉表示的控制器。处理启动插头，处理组件接口视图的退出或者出站插头。

（3）组件控制器（Component Controller）

每个 Web Dynpro 组件内部的默认控制器：组件 Context、事件、公共方法。

（4）自定义控制器（Custom Controller）

自定义控制器用于封装单独的逻辑。组件控制器与默认的自定义控制器基本相同。

（5）视图控制器（View Controller）

每个视图的控制器都有自己的 Context、公共方法、插头事件处理程序、动作事件处理程序来管理用户交互。

**2．组件控制器结构**

组件控制器充当组件级的控制器。仅与某一视图相关的程序逻辑（例如，检查用户输入），其代码应在相关的视图控制器中编写。控制器之间的使用声明允许设计人员访问 Context 数据，以及已声明的控制器（已用控制器）方法。无法将视图控制器声明为其他控制器的已用控制器，因为这不符合良好的编程实践（MVC 编程规范）。

业务逻辑不应作为 Web Dynpro 组件的一部分，而应在组件外部进行定义，以使其具有高度可重用性。建议使用 Java 类来封装相关的源代码。

如图 7-9 所示,默认情况下,Web Dynpro 组件有以下定义:组件接口视图控制器、组件接口控制器和一个组件控制器,其他控制器都是可选的。

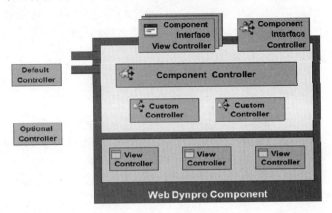

图  7-9

## 7.3.1  视图控制器

如图 7-10 所示,定义的每个视图都有相应的视图控制器。在这里处理用户在视图中执行的操作。视图控制器可以在下面的区域中包含自己的源代码。

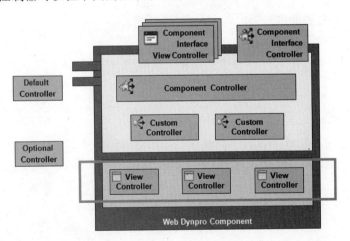

图  7-10

(1)事件处理程序

当视图初始化、结束,当视图的用户界面元素的输入触发动作时,或当其他控制器触发注册事件时,执行这些事件处理程序。

(2)方法

这些可以由其他控制器调用。

(3)供应函数(Supply Functions)

这些在必要时被执行以初始化 Context 中的元素。

（4）视图修改函数（View Modification Function）

wdDoModifyView(…)提供一个钩子方法来动态修改运行时的视图布局。

（5）组件控制器和自定义控制器

对于每个组件，默认情况下定义了一个组件控制器。组件控制器应该充当模型和视图之间的处理层，不考虑数据是如何可视化的。自定义控制器本质上与组件控制器相同，程序员可以在需要时创建它们，如图 7-11 所示。

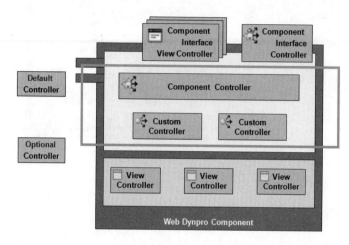

图　7-11

1）当需要封装单独的逻辑时，创建自定义控制器。

2）可以有多个自定义控制器。

3）组件控制器和自定义控制器可以在以下区域中包含自己的源代码：方法、供应函数和事件处理程序。

## 7.3.2　接口控制器

接口控制器是组件的唯一可以访问其他组件的部分，用于控制其他组件的访问，在创建组件时自动创建，如图 7-12 所示。

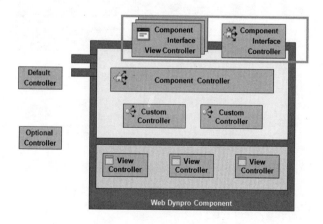

图　7-12

如果需要将任何数据、方法或事件传递给另一个组件，则必须在组件的接口控制器中定义它们。

接口控制器可以在下面的区域中包含自己的源代码：方法，供应函数和事件处理程序。

## 7.4 控制器的方法和属性

综上所述，控制器可分为组件控制器、自定义控制器、视图控制器和接口控制器。在控制器中，有 SAP 默认的方法和属性，为了某种需求，可以向这些默认的方法中添加所需代码，也可以自定义相关的方法和属性以满足某种需求。

### 7.4.1 控制器的默认方法

（1）wdDoInit() 方法

1）运行时当创建控制器实例时执行：在这里做所有初始化代码。

2）注意方法 wdDoInit() 中的 //@@begin 和 //@@end 标记。所有的代码必须放在这些标签之间，否则在保存时会丢失，如图 7-13 所示。

3）这与所有的 Web Dynpro 控制器方法是一样的。

（2）wdDoExit()方法

1）运行时当控制器实例被释放时执行——程序员应把所有的清理代码写在这里。代码如图 7-14 所示。

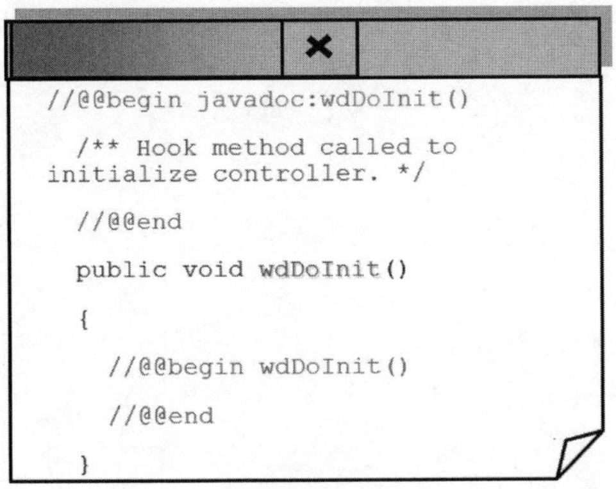

```
//@@begin javadoc:wdDoInit()

  /** Hook method called to
initialize controller. */

  //@@end

  public void wdDoInit()

  {

    //@@begin wdDoInit()

    //@@end

  }
```

图 7-13

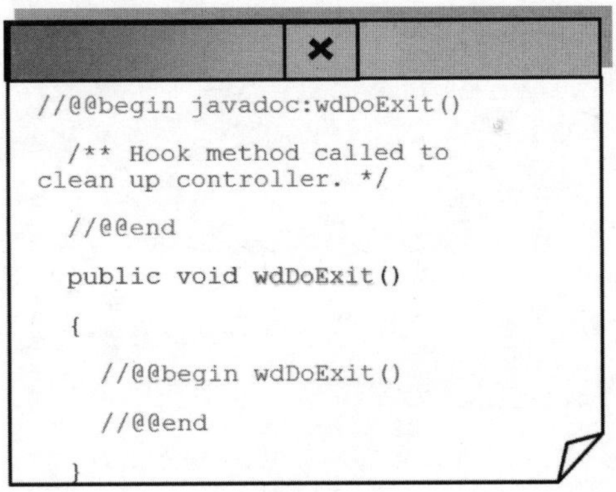

```
//@@begin javadoc:wdDoExit()

  /** Hook method called to
clean up controller. */

  //@@end

  public void wdDoExit()

  {

    //@@begin wdDoExit()

    //@@end

  }
```

图 7-14

（3）控制器变量和辅助函数

1）在所有控制器实现（Implementation）页签的底部。如图 7-15 所示。

2）程序员应把所有的成员变量和用于辅助的私有方法放置在这里。

3）这里写的代码对于其他控制器不可见。

（4）控制器导入（Imports）

1）在所有控制器实现页签的顶部。如图 7-16 所示。

2）所有 import 语句必须放在这里。

```
/*
 * The following code section can be used for any Java code that is
 * not to be visible to other controllers/views or that contains
 * constructs currently not supported directly by Web Dynpro (such
 * as inner classes or member variables etc.). </p>
 *
 * Note: The content of this section is in no way managed/controlled
 * by the Web Dynpro Designtime or the Web Dynpro Runtime.
 */

//@@begin others

//@@end
```

图 7-15

```
//
// IMPORTANT NOTE
// ALL  IMPORT STATEMENTS MUST BE PLACED IN THE FOLLOWING SECTION
// ENCLOSED BY @@begin imports AND @@end. FURTHERMORE, THIS SECTION
// MUST ALWAYS CONTAIN AT LEAST ONE IMPORT STATEMENT (E.G. THAT FOR
// IPrivateDynamicsAppInterface).

// OTHERWISE, USING THE ECLIPSE FUNCTION "Organize Imports"
// FOLLOWED BY A WEB DYNPRO CODE GENERATION (E.G. PROJECT BUILD)
// WILL RESULT IN THE LOSS OF IMPORT STATEMENTS.

//@@begin imports

import com.sap.wd.dynamics.wdp.IPrivateDynamicsAppInterface;

//@@end
```

图 7-16

注：使用 Eclipse 功能 Organize Imports（菜单如图 7-17 所示），发现和放置导入声明本块所需的包。

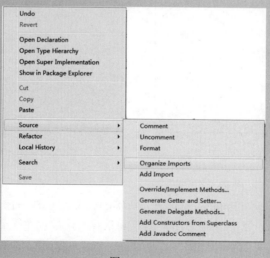

图 7-17

（5）wdDoModifyView() 方法

1）钩子方法，在显示之前调用修改视图，如图 7-18 所示。

2）是一种静态方法，以防止程序员在视图控制器类中存储对 UI 元素的引用（这将违反

MVC 规范）。

```
public static void wdDoModifyView (
  IPrivateDynamicView wdThis,
  IPrivateDynamicView.IContextNode wdContext,
  IWDView view, boolean firstTime)
{
  //@@begin wdDoModifyView
  if (firstTime) {
    IWDInputField input = (IWDInputField)
            view.getElement("someInput");
    input.setEnabled(false);
  }
  //@@end
}
```

图 7-18

（6）wdDoPostProcessing() 方法和 wdDoBeforeNavigation() 方法

1）方法 wdDoPostProcessing() 是 Context 验证过程中用于错误处理的钩子方法。

2）方法 wdDoBeforeNavigation() 是一个钩子方法，允许程序员实现自己的导航处理来覆盖标准导航。

## 7.4.2  控制器成员变量

（1）wdThis

对该控制器类生成的 Web Dynpro 对应的私有访问，用于访问整个控制器。

使用 wdThis 可获得对 Context 的访问，可以通过出站插头触发导航，可以获取动作以及启用/禁用动作、触发已声明的事件和访问通过控制器或组件使用的方法。

（2）wdContext

此控制器为 Context 的根节点。

不仅为根节点的元素提供对应的私有访问，还提供了 Context 中的所有节点（nodeXYZ()方法）及其当前选择的元素（currentXYZElement()方法）的访问方法。

它还提供了为所有节点创建新的元素（createXYZElement()方法）的方法。

（3）wdControllerAPI

wdThis.wdGetAPI() 的快捷访问的变量，表示该控制器的 Web Dynpro 对应的是通用 API。

（4）wdComponentAPI

wdThis.wdGetAPI().getComponent()的快捷访问的变量，表示控制器所属的 WebDynpro 组件的通用 API。可以用来访问消息管理器、窗体管理器、添加/删除事件处理程序等。

Web Dynpro 控制器类包含表 7-1 中预定义的成员变量：

表  7-1

| 成 员 变 量 | 类型/快捷访问 |
| --- | --- |
| wdThis | IPrivate<Controller Name> |
| wdContext | IPrivate<Contr. Name>.IContextNode |

| 成 员 变 量 | 类型/快捷访问 |
|---|---|
| wdControllerAPI | IWDViewController（视图控制器） |
| | IWDController（组件控制器） |
| | IWDComponent（组件） |
| | = wdThis.wdGetAPI() |
| wdComponentAPI | IWDComponent（组件） |
| | = wdThis.wdGetAPI().getComponent() |

在控制器构造函数中设置成员变量。这些变量的目的是为了方便地访问经常需要的类。

```
private final IPrivateDynamicsAppView wdThis;
private final IPrivateDynamicsAppView.IContextNode wdContext;
private final com.sap.tc.webdynpro.progmodel.api.IWDViewController   wdControllerAPI;
private final com.sap.tc.webdynpro.progmodel.api.IWDComponent        wdComponentAPI;
public DynamicsAppView(IPrivateDynamicsAppView wdThis) {
    this.wdThis = wdThis;
    this.wdContext = wdThis.wdGetContext();
    this.wdControllerAPI = wdThis.wdGetAPI();
    this.wdComponentAPI = wdThis.wdGetAPI().getComponent();
}
```

（5）控制器生命周期

1）视图控制器。视图控制器的生命周期由其生命周期参数控制。可能的值是"框架控制的（Framework Controlled）"或"可见时（When Visible）"。

① Framework Controlled：Web Dynpro 框架创建的视图控制器在整个应用程序中都是有生命的，通常在应用程序结束时它也一起消亡，如图 7-19 所示。

图 7-19

② When Visible：视图仅在请求视图时存在，并且一旦视图不显示到显示器，内存就会被释放。

2）组件控制器和自定义控制器。视其所在的组件而定。控制器存在时即存在，消亡时即消亡。

3）接口控制器。视其所嵌入组件的组件而定。

（6）Web Dynpro 控制器及其相关接口

对于每个 Web Dynpro 控制器类，由 Web Dynpro 框架生成不同的接口集。它们的名字以 IPrivate，IPublic 和 Iexternal 开始。

这些接口指定控制器类的不同访问级别，供给相应的用户访问信息。

对于控制器类的 IPrivate 类型生成的 Web Dynpro 接口的私有访问由成员变量 wdThis 提供（wdThis 提供对其自身功能的访问）。

注：视图控制器，全局类和私有类分别对应不同的文件，例如：MainView.Java 和

由变量 wdThis，可以通过调用 wdGetAPI() 或 wdGetAPI().getComponent() 来访问不同的通用控制器接口 IWDController、IWDViewController、IWDComponent。

通用控制器接口公开了不同的服务接口，如 IWDMessageManager，IWDWindowManager，不同类型的 IWD…信息接口，如 IWDComponentInfo、IWDApplicationInfo 的名字都由 IWD 开始，如图 7-20 所示。通过视图成员变量 wdThis 调用方法 wdGetAPI() 可以访问视图控制器服务接口，进一步调用 getViewInfo() 方法访问更多视图接口的信息。

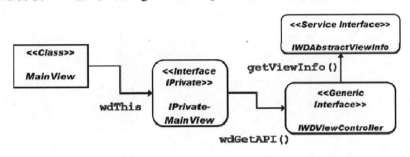

图　7-20

通用控制器接口（Generic Controller Interface）及常用的方法如图 7-21 所示。

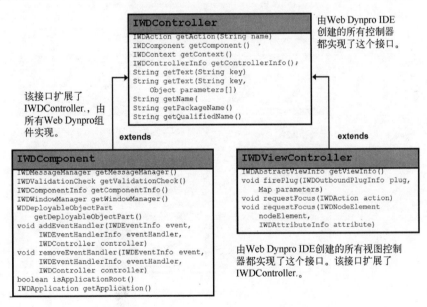

图　7-21

# 7.5　访问路径

由于用户的需求及设计的多样性，各控制器之间服务接口的访问路径也不尽相同，如图 7-22 所示，SAP Web Dynpro 提供了各种访问方法供开发人员使用。

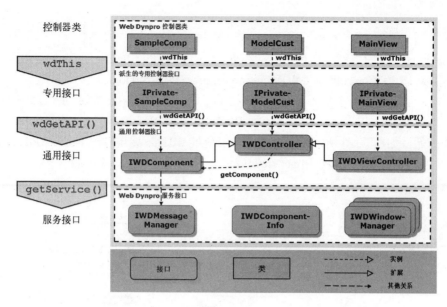

图 7-22

（1）从视图内访问消息管理器

访问路径，如图 7-23 所示。

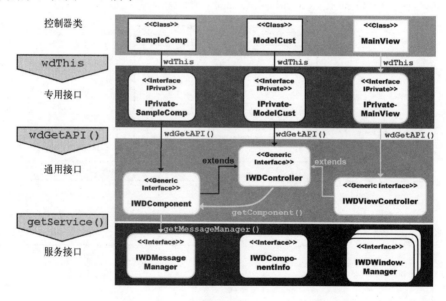

图 7-23

（2）从内部控制器访问服务接口

从内部控制器访问服务接口，无论是组件控制器、自定义控制器还是视图控制器都可以通过 wdGetAPI() 方法访问组件接口，如图 7-24 所示。

（3）从内部控制器访问视图控制器接口

通过视图控制器访问视图控制器接口，如图 7-25 所示。

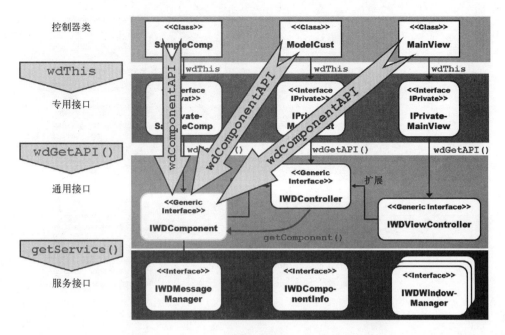

图 7-24

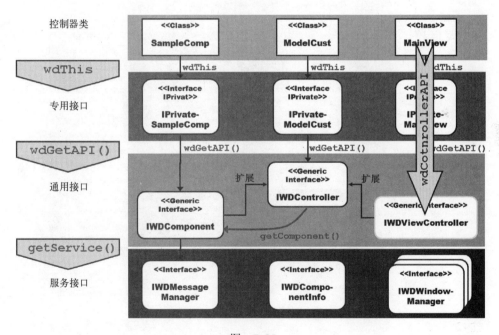

图 7-25

（4）从内部控制器访问自定义组件控制器接口

从自定义组件访问自定义组件控制器接口，如图 7-26 所示。

（5）从内部控制器访问服务接口

从组件访问控制器接口，如图 7-27 所示。

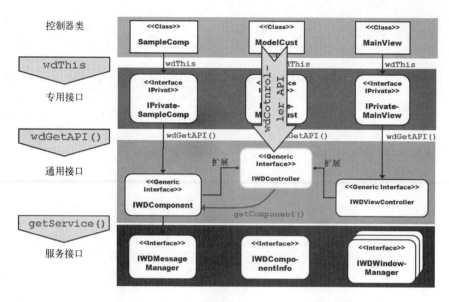

图 7-26

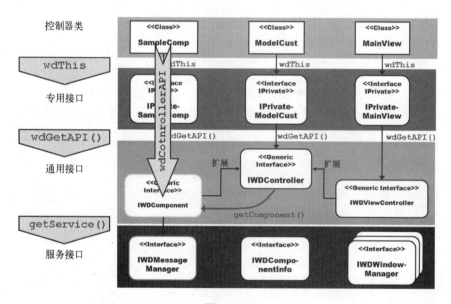

图 7-27

# 7.6 实例

实例从 Web Dynpro 组件访问的特点入手，着重练习控制器中的方法和事件的应用。

## 7.6.1 开发要点

通过组件对外部服务接口的访问，完成以下任务：
- 通过控制器中的方法实现视图中元素的值的选择。

■ 通过控制器中的事件实现视图中元素的值的赋值。

## 7.6.2 实例开发

### 1．实例 1

步骤一：建立工程，按照路径 File→New→Project，选择 Web Dynpro 选项，单击 Next 按钮，如图 7-28 所示。

图 7-28

步骤二：填入项目工程的名称 WD01_Basics_Contrillers，保留项目内容默认设置并选择项目语言，单击 Finish 按钮，如图 7-29 所示。

生成结果如图 7-30 所示。

图 7-29

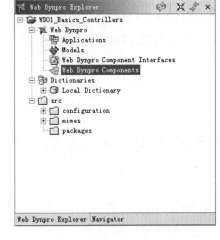

图 7-30

步骤三：选中 Web Dynpro 浏览器中树状结构 Web Dynpro Components，单击鼠标右键，按照 Create Web Dynpro Component ，创建 Web Dynpro 组件，输入组件的名称及指定包名，输入

窗体及视图名称，单击按钮 Finish，如图 7-31 所示。

生成结果如图 7-32 所示。

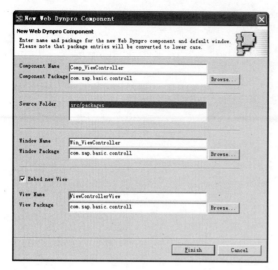

图 7-31                                    图 7-32

单击视图编辑器中的 Context 选项卡，编辑视图中的 Context，如图 7-33 所示。

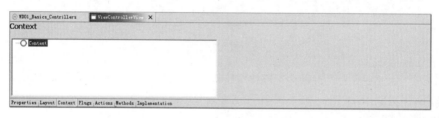

图 7-33

选中根目录 Context，单击鼠标右键，按照以下路径创建节点，如图 7-34 所示。

输入节点名称，如图 7-35 所示。

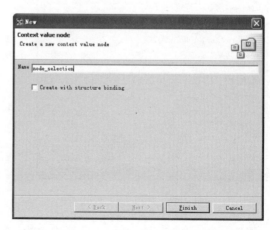

图 7-34                                    图 7-35

节点属性设置，如图 7-36 所示。

图　7-36

选中生成的 Context 节点，单击鼠标右键，按照以下路径创建节点属性，如图 7-37 所示。

在弹出的窗体中输入属性名：SELECTED，单击 Finish 按钮，如图 7-38 所示。

图　7-37　　　　　　　　　　　　　　　　　图　7-38

Context 节点属性的类型及相关设置如图 7-39 所示。

图　7-39

在大纲视图中单击 UI 元素 DefaultTextView，编辑属性 Text，如图 7-40 所示。

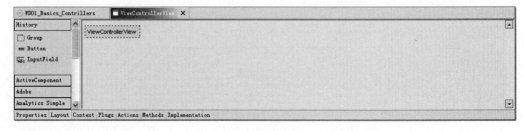

图　7-40

UI 元素 DefaultTextView 的文本及相关属性设定如图 7-41 所示。

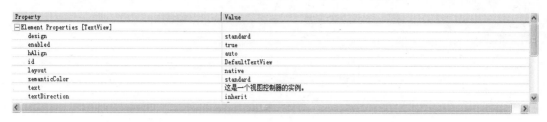

图　7-41

在大纲视图中选中根节点 RootUIElementContainer，单击鼠标右键，按照图 7-42 所示创建相关 UI 元素。

选中 Tray 项，编辑 Id 并单击 Finish 按钮，如图 7-43 所示。

图　7-42

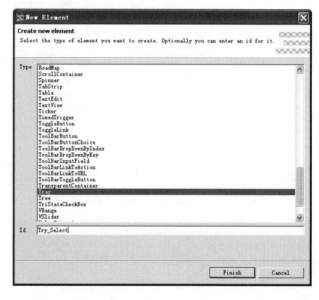

图　7-43

生成结果如图 7-44 所示。

图　7-44

编辑托盘 Tray 的 Caption 元素 Try_Select_Header 的属性，如图 7-45 所示。

选中托盘 Tray，单击鼠标右键，按照图 7-46 所示，为托盘添加工具栏。

| Property | Value |
|---|---|
| ⊟ Element Properties [Caption] | |
| enabled | true |
| id | Try_Select_Header |
| imageAlt | |
| imageFirst | true |
| imageSource | ◇ |
| text | 视图方法调用 |
| textDirection | inherit |
| tooltip | ◇ |
| visible | visible |

图　7-45

生成结果如图 7-47 所示。

图　7-46 　　　　　　　　　　　　　　　图　7-47

选中新建的工具栏，单击鼠标右键，按照图 7-48 所示，添加按钮。

选中如下类型，编辑 Id，单击 Finish 按钮，如图 7-49 所示。

图　7-48 　　　　　　　　　　　　　　　图　7-49

为按钮添加动作 Action，编辑 Action 名称及文本，单击 Finish 按钮，如图 7-50 所示。

New Action
Action properties
Enter the properties for the new action
Name
SetValue
Text
赋值
Without validation
Event handler
Use default
onActionSetValue
Use existing
New
Fire plug
<None>
New
< Back
Next >
Finish
Cancel

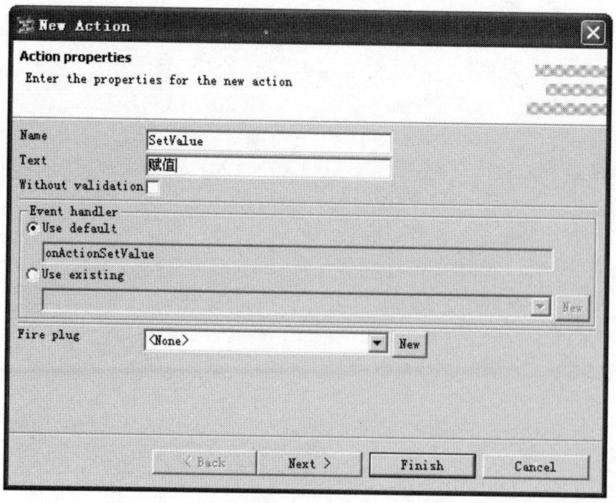

图 7-50

添加结果如图 7-51 所示。

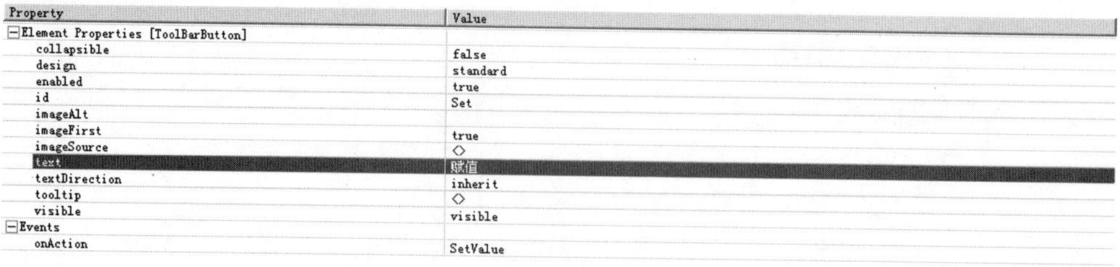

Property
Value
Element Properties [ToolBarButton]
collapsible
false
design
standard
enabled
true
id
Set
imageAlt
imageFirst
true
imageSource
<>
text
赋值
textDirection
inherit
tooltip
<>
visible
visible
Events
onAction
SetValue

图 7-51

**注：为工具栏中的按钮添加动作属性与一般按钮的操作相同。**

重复以上动作，为工具栏添加新按钮，选中类型，编辑 Id，如图 7-52 所示。

New Element
Create new element
Select the type of element you want to create. Optionally you can enter an id for it.
Type
ToolBarButton
ToolBarButtonChoice
ToolBarDropDownByIndex
ToolBarDropDownByKey
ToolBarInputField
ToolBarLinkToAction
ToolBarLinkToURL
ToolBarSeparator
ToolBarToggleButton
Id
Clear
Finish
Cancel

图 7-52

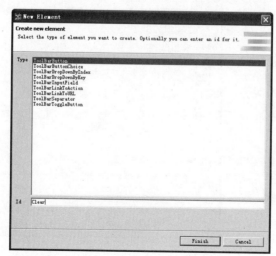

为按钮添加动作 Action，编辑 Action 名称及文本，单击 Finish 按钮，如图 7-53 所示。

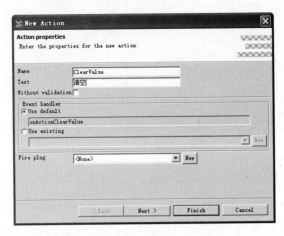

图　7-53

添加结果如图 7-54 所示。

| Property | Value |
|---|---|
| ⊟Element Properties [ToolBarButton] | |
| collapsible | false |
| design | standard |
| enabled | true |
| id | Clear |
| imageAlt | |
| imageFirst | true |
| imageSource | ◇ |
| text | 清空 |
| textDirection | inherit |
| tooltip | ◇ |
| visible | visible |
| ⊟Events | |
| onAction | ClearValue |

图　7-54

编辑结果如图 7-55 所示。

选中托盘 Try_Select，单击鼠标右键，按照图 7-56 所示，编辑视图页面。

图　7-55

图　7-56

在弹出向导的窗体上，选择 Form 类型，单击 Next 按钮，如图 7-57 所示。

选中视图节点，单击 Next 按钮，如图 7-58 所示。

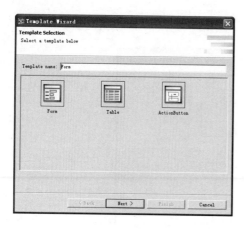
图 7-57

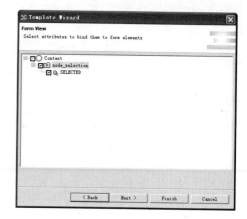
图 7-58

选择 UI 元素的类型，单击 Finish 按钮，如图 7-59 所示。
生成结果如图 7-60 所示。

图 7-59

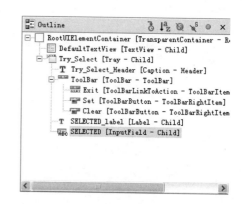
图 7-60

单击视图 Methods 选项卡，为视图添加方法，如图 7-61 所示。

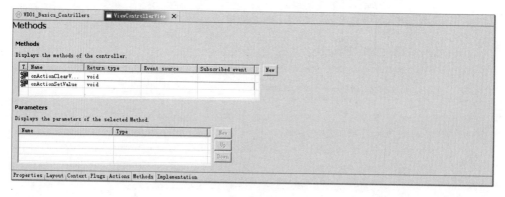
图 7-61

单击 New 按钮，在弹出的窗体中选中方法类型，单击 Next 按钮，如图 7-62 所示。
编辑方法名和返回类型，单击 Next 按钮，如图 7-63 所示。

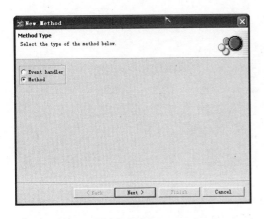

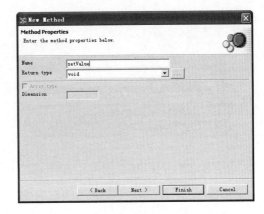

图 7-62　　　　　　　　　　　　　　　图 7-63

为方法添加参数。单击 New 按钮，如图 7-64 所示。

在弹出的窗体中编辑参数名和类型，如图 7-65 所示。

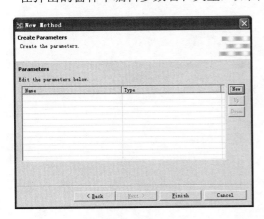

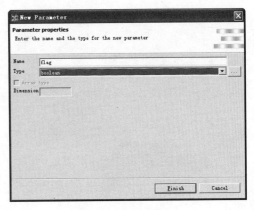

图 7-64　　　　　　　　　　　　　　　图 7-65

添加结果如图 7-66 所示，单击 Finish 按钮。

图 7-66

方法编辑结果如图 7-67 所示。

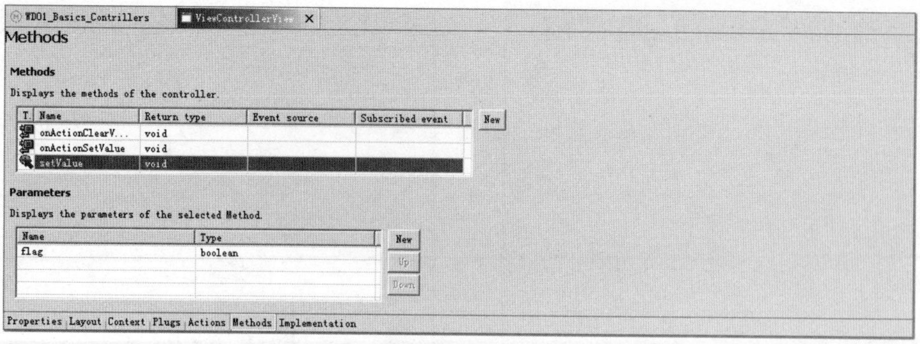

图 7-67

单击选项卡 Implementation，实装方法如下。

```
//@@begin Javadoc:setValue()
/** Declared method. */
//@@end
public void setValue( boolean flag )
{
  //@@begin setValue()
  IModifiableSimpleValueSet valueSet = wdContext.nodeNode_selection().getNodeInfo().
getAttribute("SELECTED").getModifiableSimpleType().getSVServices().getModifiableSimpleValueSet();
  //取得接口服务中 SVS 的值及变量
    if(flag == false){
    valueSet.clear();
  //清空 SVS 中的值
    }
    else{
    valueSet.put("1","Selected" );
    valueSet.put("0","Unselected" );
  //向 SVS 中赋值
    }

  //@@end
}
```

注：SVS（简单值选择器）将在第 11 章中进行介绍。

```
//@@begin Javadoc:onActionSetValue(ServerEvent)
  /** Declared validating event handler. */
  //@@end
  public void onActionSetValue(com.sap.tc.webdynpro.progmodel.api.IWDCustomEvent wdEvent )
  {
    //@@begin onActionSetValue(ServerEvent)
    wdThis.setValue(true);
    //@@end
```

152

```
    }

    //@@begin Javadoc:onActionClearValue(ServerEvent)
    /** Declared validating event handler. */
    //@@end
    public void onActionClearValue(com.sap.tc.webdynpro.progmodel.api.IWDCustomEvent wdEvent )
    {
      //@@begin onActionClearValue(ServerEvent)
       wdThis.setValue(false);
      //@@end
    }
```

步骤四：创建 Web Dynpro Application，编译、发布并执行。

（1）在 Web Dynpro 浏览器中树状节点 Application 上单击鼠标右键，按照图 7-68 所示创建 Web Dynpro Application。

图　7-68

填写 Application 名称和包名，单击 Next 按钮，如图 7-69 所示。

选中以下选项，单击 Next 按钮，如图 7-70 所示。

图　7-69

图　7-70

选中以下选项，单击 Finish 按钮，如图 7-71 所示。

（2）在 Web Dynpro 浏览器中树状节点 WD01_Basic_Context_Binding 上单击鼠标右键，按照以下路径编译 Web Dynpro 工程，如图 7-72 所示。

（3）在 Web Dynpro 浏览器中 Application 树状节点下的 WD01_Basic_Context_Binding 上单击鼠标右键，按照以下路径发布并运行，如图 7-73 所示。

图 7-71

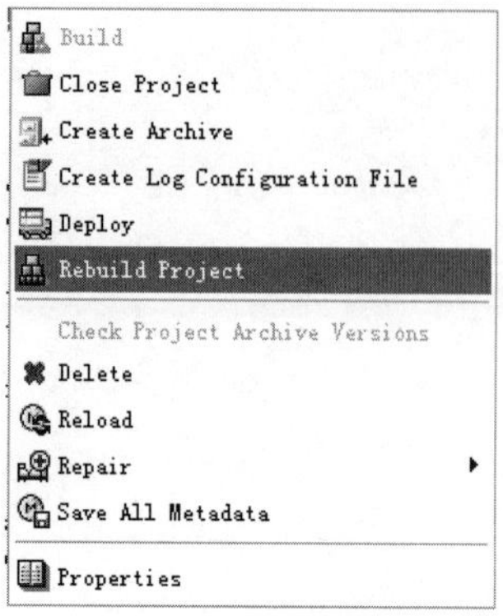

图 7-72

填写 SDM 密码，单击 OK 按钮，如图 7-74 所示。

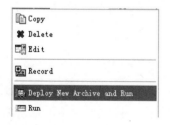

图 7-73

图 7-74

发布结果如图 7-75 所示。

图 7-75

运行结果如图 7-76 所示。

单击赋值按钮，结果如图 7-77 所示。

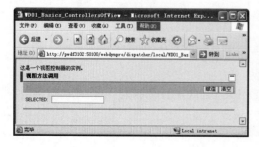

图 7-76

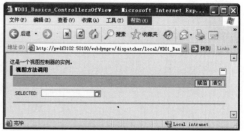

图 7-77

单击输入帮助按钮，为字段选择值，如图 7-78 所示。

赋值结果如图 7-79 所示。

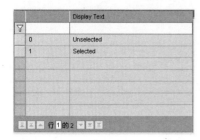

图　7-78　　　　　　　　　　　　　　图　7-79

单击清空按钮，结果如图 7-80 所示。

## 2. 实例 2

步骤一：

如图 7-81 所示，在原工程中选中组件根节点，根据向导添加新组件。

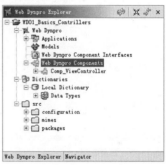

图　7-80　　　　　　　　　　　　　　图　7-81

在向导画面中填入组件名称、包、视图和窗体的名称，单击 Finish 按钮，如图 7-82 所示。

图　7-82

生成结果如图 7-83 所示。

选中 Custom Controllers 节点，右键，按照图 7-84 所示，添加自定义控制器。

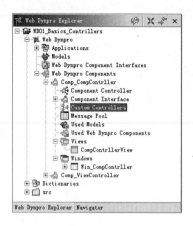

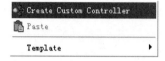

图　7-83　　　　　　　　　　　　　　　　　　　　　图　7-84

弹出向导画面，输入控制器名称和所在的包，单击 Finish 按钮，如图 7-85 所示。
添加结果如图 7-86 所示。

图　7-85　　　　　　　　　　　　　　　　　　　　　图　7-86

单击视图编辑器中的 Context 选项卡，编辑视图中的 Context，如图 7-87 所示。

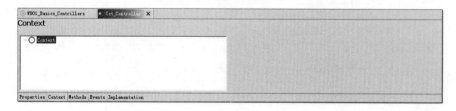

图　7-87

选中根目录 Context，单击鼠标右键，按照图 7-88 所示创建节点。

在向导页面编辑节点名称，单击 Finish 按钮，如图 7-89 所示。

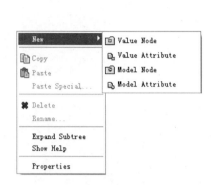

图 7-88

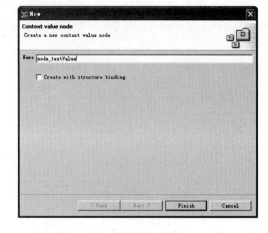

图 7-89

节点的属性如图 7-90 所示。

| Property | Value |
| --- | --- |
| cardinality | 0..n |
| collectionType | list |
| initializeLeadSelection | true |
| name | node_testValue |
| selection | 0..1 |
| singleton | true |
| structure | |
| supplyFunction | |
| technicalDocumentation | |
| typedAccessRequired | true |

图 7-90

单击节点属性的 supplyFunction 属性中的 .... 按钮，为节点添加供应函数，编辑函数名称，单击 OK 按钮，如图 7-91 所示。

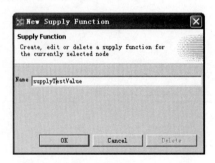

图 7-91

添加结果如图 7-92 所示。

| Property | Value |
| --- | --- |
| cardinality | 0..n |
| collectionType | list |
| initializeLeadSelection | true |
| name | node_testValue |
| selection | 0..1 |
| singleton | true |
| structure | |
| supplyFunction | supplyTestValue |
| technicalDocumentation | |
| typedAccessRequired | true |

图 7-92

选中节点，单击鼠标右键，按照图 7-93 所示向节点添加属性。

图　7-93

添加节点属性 KEY，单击 Finish 按钮，如图 7-94 所示。
添加节点属性 TEXT，单击 Finish 按钮，如图 7-95 所示。

图　7-94

图　7-95

添加结果如图 7-96 所示。

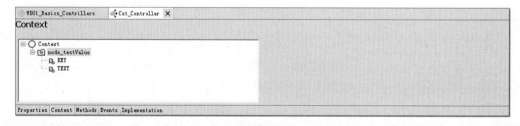

图　7-96

单击选项卡 Implementation，实装方法如下。

```java
import com.sap.basic.controll.wdp.IPublicCst_Controller.INode_testValueElement;
//@@begin Javadoc:supplyTestValue(IWDNode,IWDNodeElement)
 /**
   * Declared supply function for IPrivateCst_Controller.INode_testValueNode.
   * This method is called when the node is invalid and the collection is
   * requested. This may occur during any phase, even at the beginning to
   * initialize the node. The method is expected to fill the node
   * collection using IWDNode.bind(Collection) or
   * IWDNode.addElement(IWDNodeElement).
   *
   * @param node the node that is to be filled
   * @param parentElement The element that this node is a child of. May be
   *           <code>null</code> if there is none.
   * @see com.sap.tc.webdynpro.progmodel.api.IWDNode#bind(Collection)
   * @see com.sap.tc.webdynpro.progmodel.api.IWDNode#bind(IWDNodeElement)
   */
//@@end
 public void supplyTestValue(IPrivateCst_Controller.INode_testValueNode node,
IPrivateCst_Controller.IContextElement parentElement)
  {
    //@@begin supplyTestValue(IWDNode,IWDNodeElement)
    for(int i = 6;i>0;i--){
    INode_testValueElement valueElement = node.createNode_testValueElement();
      //声明节点元素
      valueElement.setKEY(String.valueOf(i));
      valueElement.setTEXT("CET" + String.valueOf(i));
      //向节点元素赋值
      node.addElement(valueElement);
      //节点赋值初始值 CET1~CET6
      //node.createNode_testValueElement()
    }
    //@@end
  }
```

步骤二、在 Web Dynpro 浏览器中树状节点组件控制器 Com_CompContrller 上双击，打开数据模型编辑器。单击左侧的▱▱图标放置到视图 CompContrllerView 上并拖至自定义控制器 Cst_Controller 上，如图 7-97 所示。

选中节点 node_testValue 并将其拖至右侧 Context 根节点上，如图 7-98 所示。

选中所有属性，单击 OK 按钮，如图 7-99 所示。

创建映射节点，单击 Finish 按钮。结果如图 7-100 所示。

步骤三：选中 Web Dynpro 浏览器中树状节点上的控制器 Comp_CompContrller，单击 Events 选项卡，如图 7-101 所示。

单击 New 按钮，添加事件，编辑事件名，单击 Next 按钮，如图 7-102 所示。

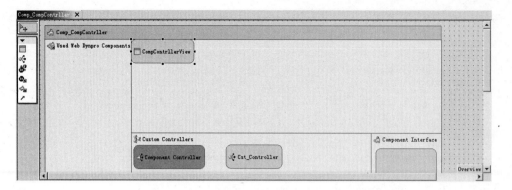

图 7-97

图 7-98

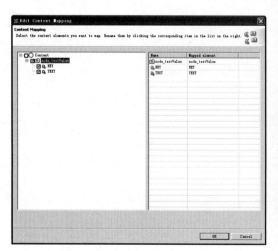

图 7-99

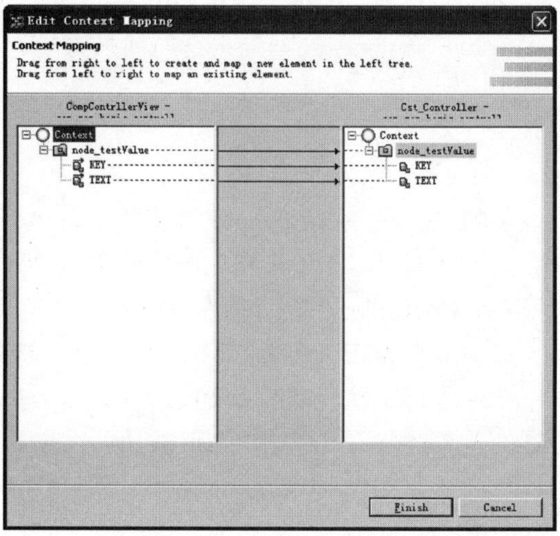

图 7-100

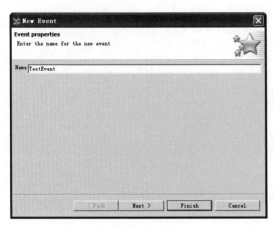

图 7-101

事件参数画面如图 7-103 所示。

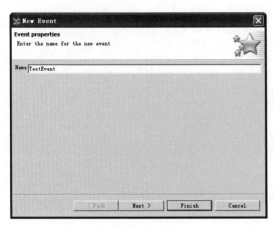

图 7-102

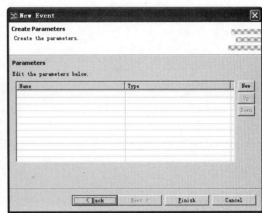

图 7-103

为事件添加参数，单击 New 按钮，弹出向导画面，编辑参数名和类型，单击 Finish 按钮，如图 7-104 所示。

添加结果如图 7-105 所示，单击 Finish 按钮。

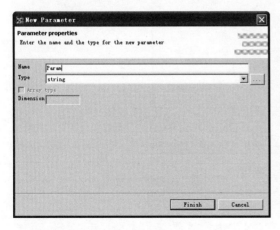

图 7-104

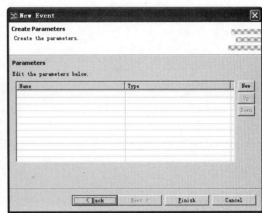

图 7-105

控制器编辑结果如图 7-106 所示。

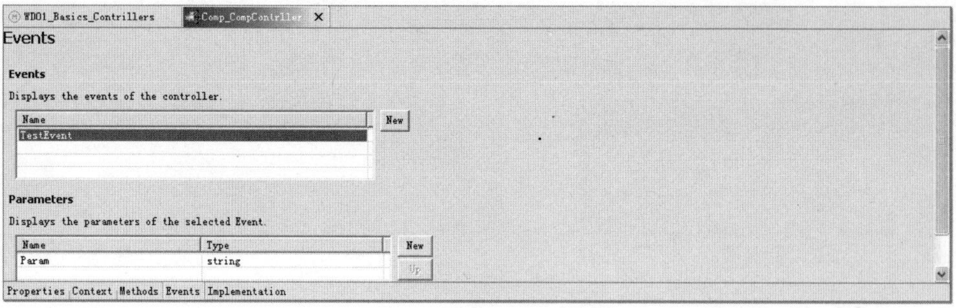

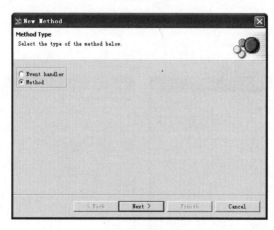

图　7-106

单击方法 Method 选项卡，为控制器创建方法，如图 7-107 所示。

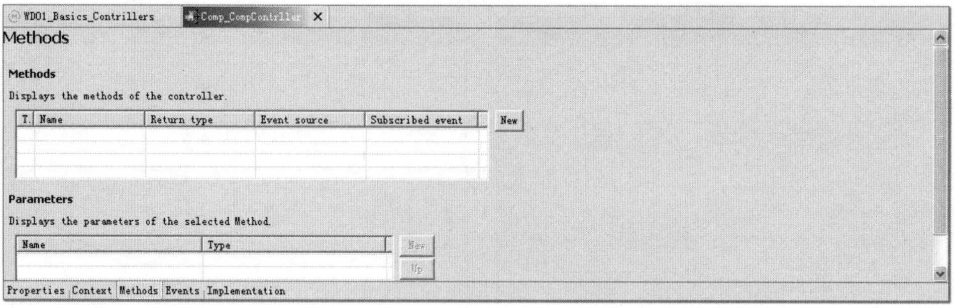

图　7-107

单击 New 按钮，在弹出的向导画面中选中如下选项，单击 Next 按钮，如图 7-108 所示。

输入方法名和返回类型，单击 Next 按钮，如图 7-109 所示。

图　7-108

方法参数画面如图 7-110 所示。

单击 New 按钮，为方法添加参数，在向导画面中编辑参数名和类型，单击 Finish 按钮，如图 7-111 所示。

参数编辑结果如图 7-112 所示，单击 Finish 按钮。

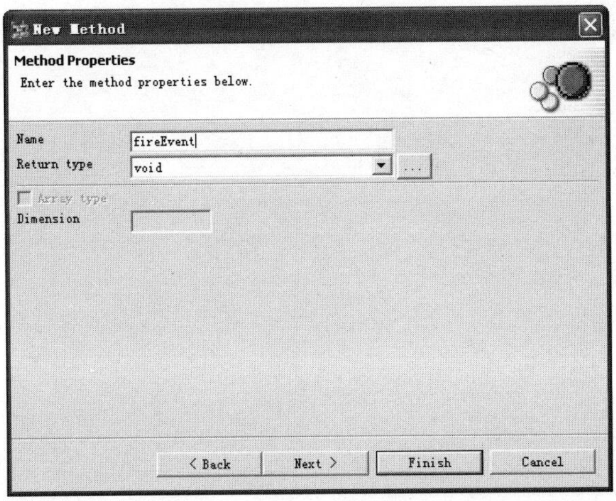


图　7-109

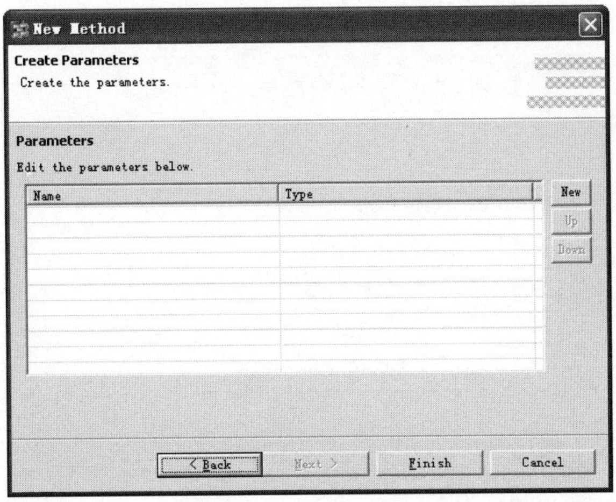


图　7-110

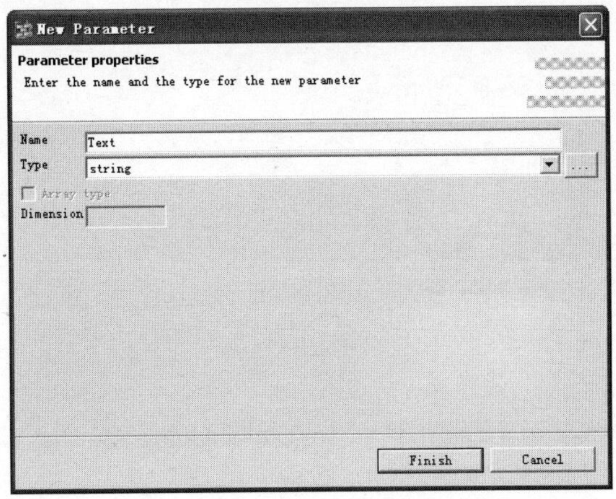


图　7-111

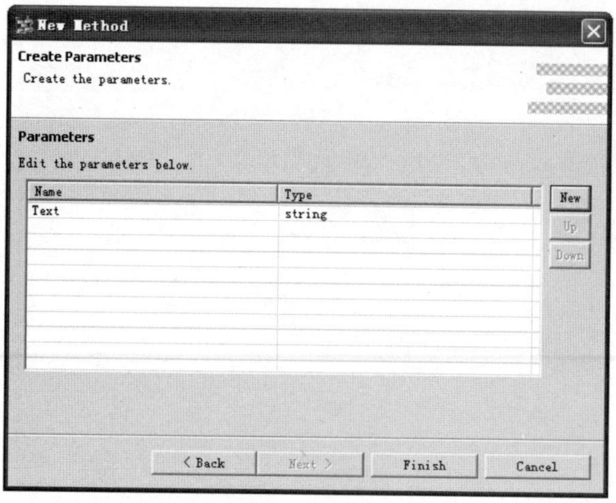

图 7-112

事件编辑结果如图 7-113 所示。

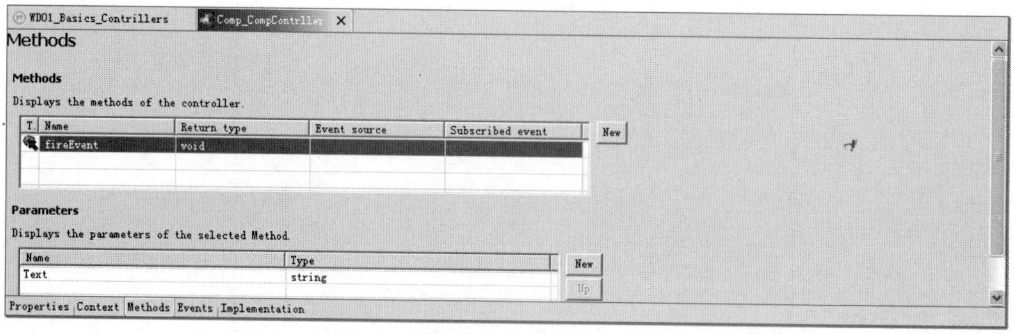

图 7-113

单击选项卡 Implementation，实装方法如下。

```
//@@begin Javadoc:fireEvent()
/** Declared method. */
//@@end
public void fireEvent( Java.lang.String Text )
{
    //@@begin fireEvent()

    wdThis.wdFireEventTestEvent(Text);
    //方法用于触发 TestEvent 事件，并传递参数
    //@@end
}
```

步骤四：在 Web Dynpro 浏览器中树状节点视图 CompContrllerView 上双击，单击视图编辑器中的 Properties 选项卡，如下图 7-114 所示。

单击 Add 按钮，添加需要的按钮，在弹出的向导画面中选中组件控制器，单击 OK 按

钮，如图 7-115 所示。

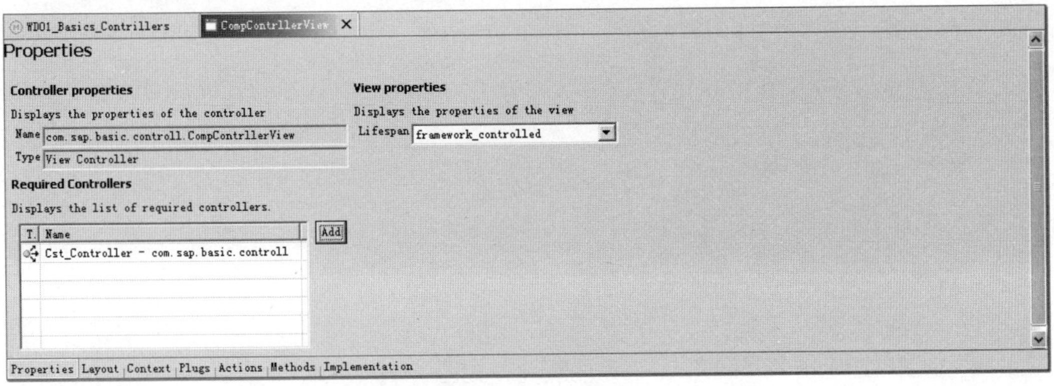

图 7-114

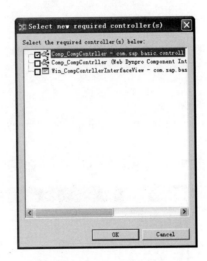

图 7-115

添加结果如图 7-116 所示。

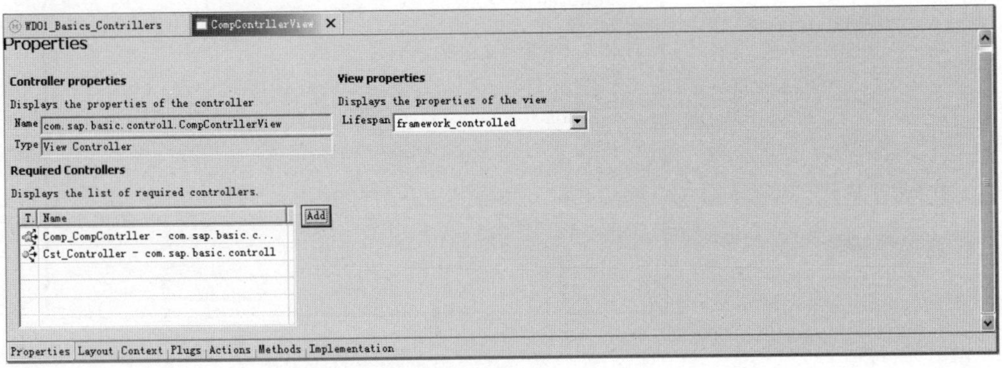

图 7-116

选中视图 Layout 选项卡，如图 7-117 所示。

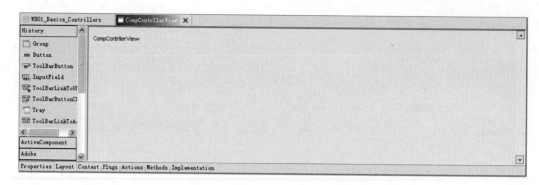

图 7-117

编辑视图中 UI 元素 DefaultTextView 的属性，如图 7-118 所示。

| Property | Value |
|---|---|
| ⊟Element Properties [TextView] | |
| design | standard |
| enabled | true |
| hAlign | auto |
| id | DefaultTextView |
| layout | native |
| semanticColor | standard |
| text | 这是一个组件应用实例。 |
| textDirection | inherit |

图 7-118

在大纲视图中选中根节点 RootUIElementContainer，单击鼠标右键，按照图 7-119 所示创建输入项。

选中 DropdownByIndex 项编辑 Id 并单击 Finish 按钮，如图 7-120 所示。

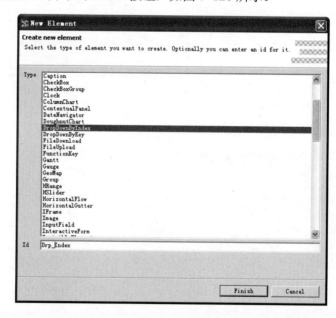

图 7-119                    图 7-120

UI 元素属性如图 7-121 所示。

单击 texts 后的 …… 按钮，为 UI 元素选择绑定的 Context 属性，在向导页面中选择如

166

下，单击 OK 按钮，如图 7-122 所示。

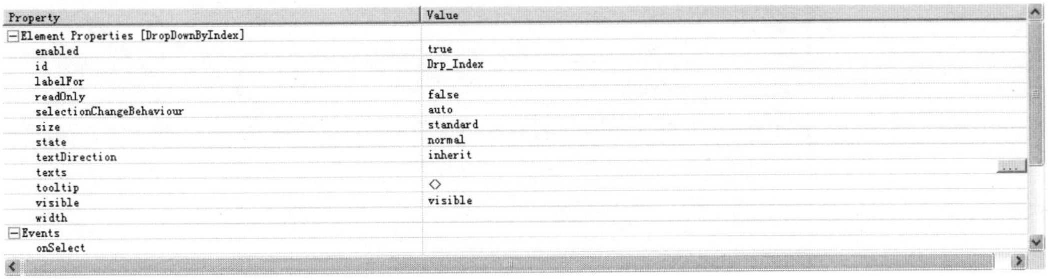

图　7-121

图　7-122

绑定结果如图 7-123 所示。

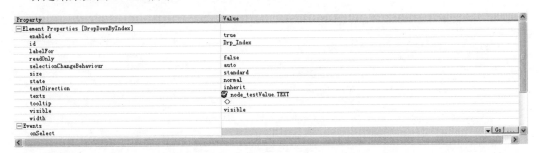

图　7-123

单击属性 onSelect 后的 ▭▭▭ 按钮，为 UI 元素添加动作 Action，在向导画面中，编辑动作名称和文本，单击 Next 按钮，如图 7-124 所示。

参数画面编辑如下，单击 Finish 按钮，如图 7-125 所示。

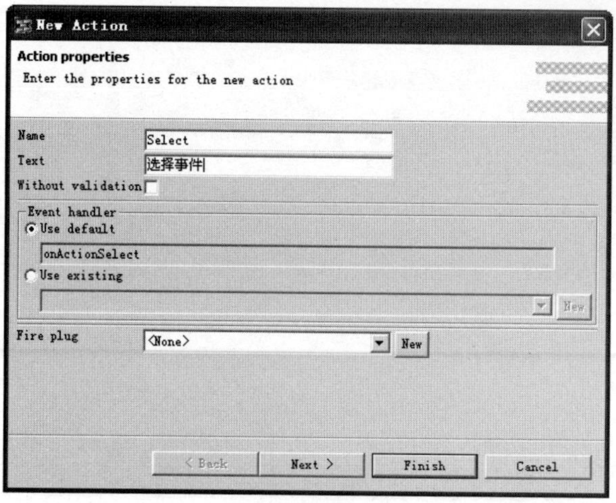

图 7-124

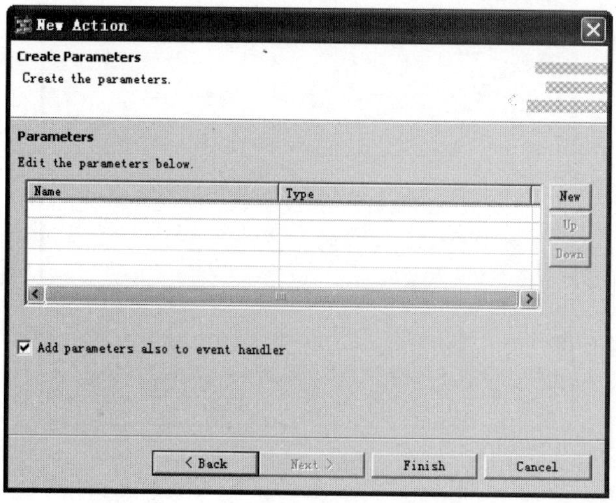

图 7-125

编辑 UI 元素动作, 如图 7-126 所示。

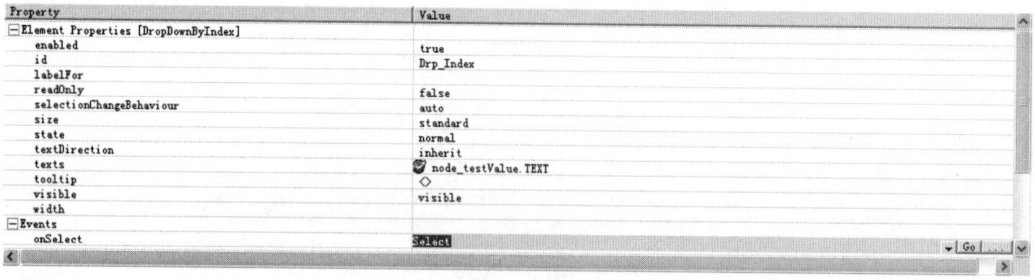

图 7-126

单击视图选项卡 Implementation, 实装代码如下。

```
//@@begin Javadoc:onActionSelect(ServerEvent)
```

```
/** Declared validating event handler. */
//@@end
public void onActionSelect(com.sap.tc.webdynpro.progmodel.api.IWDCustomEvent wdEvent )
{
  //@@begin onActionSelect(ServerEvent)
    String param = wdContext.currentNode_testValueElement().getTEXT().toString();
  //取得用户输入的文本
    wdThis.wdGetComp_CompContrllerController().fireEvent(param);
  //调用自定义方法触发事件
  //@@end
}
```

单击视图 Method 选项卡,添加事件处理程序,选中如图 7-127 所示的选项,单击 Next 按钮。

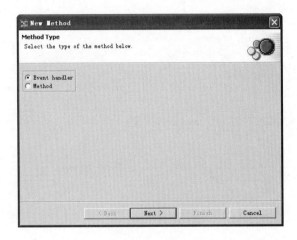

图 7-127

编辑事件处理程序名称,选定处理的事件所在的控制器和事件名,单击 Next 按钮,如图 7-128 所示。

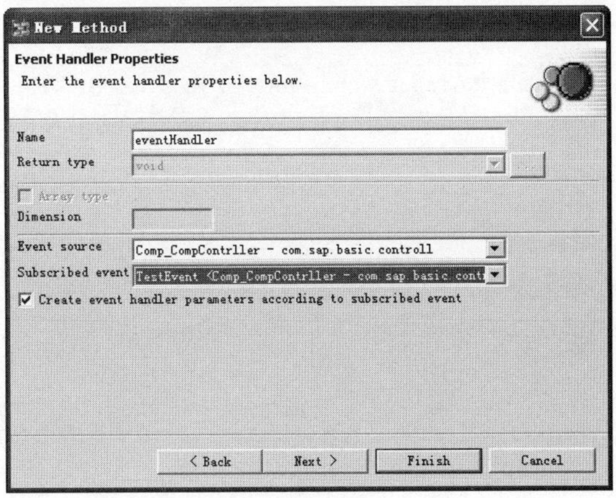

图 7-128

参数页面如图 7-129 所示，单击 Finish 按钮。

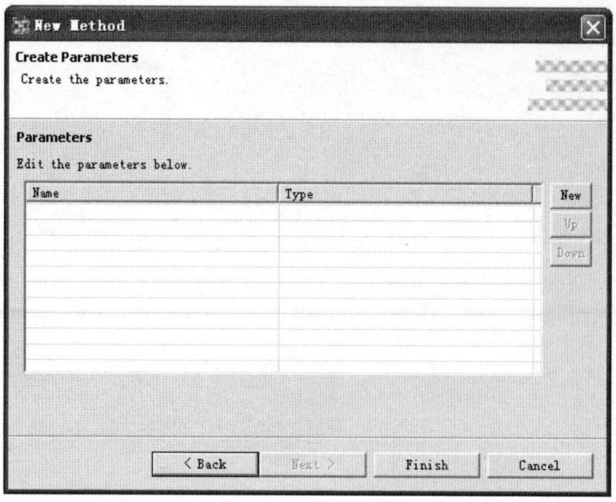

图　7-129

编辑事件处理程序，如图 7-130 所示。

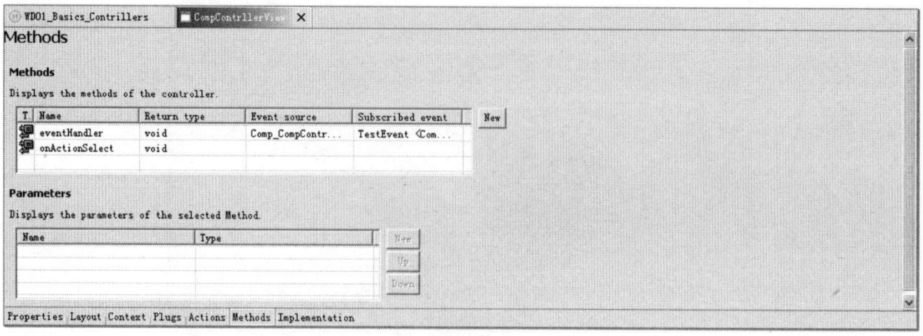

图　7-130

单击视图选项卡 Implementation，实装代码如下。

```
//@@begin Javadoc:eventHandler(ServerEvent)
/** Declared validating event handler. */
//@@end
public void eventHandler(com.sap.tc.webdynpro.progmodel.api.IWDCustomEvent wdEvent, Java.lang.String Param )
{
    //@@begin eventHandler(ServerEvent)
    IWDMessageManager messageMgr    =
    this.wdThis.wdGetAPI().getComponent().getMessageManager();
    messageMgr.reportSuccess("你选择的是" + Param );
    //弹出消息
    //@@end
}
```

步骤五：创建 Web Dynpro Application，编译、发布并执行。

（1）在 Web Dynpro 浏览器中树状节点 Application 上单击鼠标右键，按照图 7-131 所示创建 Web Dynpro Application。

填写 Application 名称和包名，单击 Next 按钮，如图 7-132 所示。

图　7-131　　　　　　　　　　　　　　　　　图　7-132

选中以下选项，单击 Next 按钮，如图 7-133 所示。

图　7-133

选中以下选项，单击 Finish 按钮，如图 7-134 所示。

（2）在 Web Dynpro 浏览器中树状节点 WD01_Basic_Context_Binding 上单击鼠标右键，
按照如图 7-135 所示编译 Web Dynpro 工程。

（3）在 Web Dynpro 浏览器中 Application 树状节点下的 WD01_Basic_Context_Binding 上
单击鼠标右键，按照如图 7-136 所示发布并运行。

填写 SDM 密码，单击 OK 按钮，如图 7-137 所示。

图 7-134

图 7-135

图 7-136

图 7-137

发布结果如图 7-138 所示。

图 7-138

运行结果如图 7-139 所示。

图 7-139

选择下拉列表，显示事件处理的消息信息，如图 7-140 所示。

图 7-140

注：Interface 在跨组件编程时使用，本例中自定义组件控制器作为使用的组件。

# 第8章 用户界面控制

Web Dynpro 提供了全面的标准用户界面控件集，所有可用的用户界面元素都可用于用户界面元素设计，编辑一个应用程序的用户界面可以通过选择使用视图设计器按钮来选择用户界面元素所在类别的 UI 元素，如图 8-1 所示。

图 8-1

## 8.1 UI 控件集

### 1. 标准 UI 控件

根据统一绘制标准定义的用户界面元素如表 8-1 所示。

表 8-1

| 按钮（Button） | 标题（Caption） | 图表（Chart） |
| --- | --- | --- |
| 复选框（Checkbox） | 下拉框（Dropdown list box） | 组（Group） |
| HTML 框架（HTML Frame） | 图像（Image） | 输入框（Input field） |
| 标签（Label） | 动作连接（Link to action） | 超文本链接（Link to URL） |
| 菜单（Menu） | 进程条（Progress Indicator） | 单选框（Radio button） |
| 路线图（Road Map） | 滚动条（Scroll bar） | 表（Table） |
| 选项卡（Tab strip） | 文本编辑(Text edit) | 文本显示(Text view) |
| 工具栏（Tool bar） | 托盘（Tray） | 树（Tree） |

**2．嵌套 UI 控件**

（1）按钮组、列表框、链接、图像、复选框组、单选按钮组

（2）图表

**3．视图设计器**

视图设计器（View Designer）是 Web Dynpro 工具，它在实现 Web Dynpro 应用程序的用户界面布局（Layout）时提供图形支持。用于界面布局逻辑的 Web Dynpro 元素是视图。

有几个标准接口元素可用，所有这些都可以通过调整适当属性来适应用户的需求。

（1）打开视图设计器

视图设计器是在导航建模器或数据建模器中创建视图之后使用的。

如图 8-2 所示，若要打开视图设计器，可在 Context 菜单中的"Web Dynpro 资源管理器""导航建模器"或"数据建模器"中的视图名称中选择"编辑"。

布局选项卡将程序员引导到右屏幕区域中的视图设计器工具。包含视图设计器的工作区域的透视图是图表视图。

如果要放大工作区域，在其中放置各个接口元素，双击编辑器中的标题栏即可。若要恢复到原来的大小，再次双击该标题栏即可。

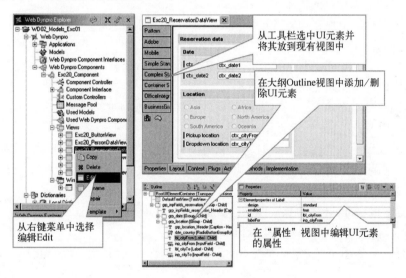

图 8-2

（2）表格 UI 元素

表格（Table）UI 元素，也称表元素，允许数据的二维显示，如图 8-3 所示，将数据在排列成行和列的单元格中显示。表 UI 元素由标题区域、Context 文本区域和页脚区域组成。当显示在屏幕上时，行选择的颜色突出显示。表 UI 元素可以包含任意数量的表列元素。

Web 用户界面上的填充表可以很容易地分两步完成：

1）将相应的 UI 元素属性绑定到 Context 元素。

2）用编程方式将值节点元素添加到 Context 值节点。

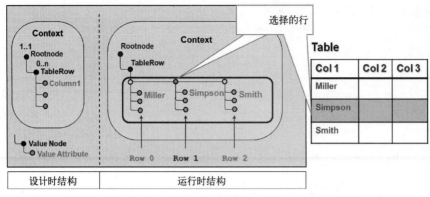

图 8-3

## 8.2 数据绑定

表从 Context 节点接收数据，也就是说，表属性数据源（dataSource）必须绑定到有多个属性的 Context 节点。

在运行时，节点集合的每个节点元素都是表行，表行的数目与节点元素的数目相同，所选表行对应于选择的节点。如果 Context 节点的选择发生变化，所选表行也会发生变化。头选择（Lead selection 有的书籍翻译为引线选择）对于可编辑的表单元起着重要的作用，因为它是由 Context 节点的头选择预定义的。如果头选择对应于该单元格，并且表单元编辑器允许编辑单元格内容，则只能编辑表单元格。

表列（TableColumn）对应于 Context 属性，并通过表列对象的聚合来描述。它们指定列的数量和顺序以及列的标题和宽度。

要显示的表单元格的内容由列的表单元格编辑器指定。表单元格编辑器只能在表单元格中显示内容，因此如果内容无法编辑，则不会造成任何差异。

应用数据绑定：

1）表控制和 Context 值节点（属性：数据源）。

2）表列控件中的单元编辑器和 Context 值属性。

3）填充表。如图 8-4 所示，图中的示例演示了如何使用关联 Context 中的数据填充表 UI。

4）创建已知类型节点元素。

如图 8-5 所示，完成节点的赋值可通过以下两种方式：

方式一：

```
//声明 Context 节点元素
IPrivate<MyView>.I<Person>Element personElement = null;
//为 Context 节点元素初始化
personElement = wdContext.currentPersonElement();
//为节点元素赋值
personElement.setFIRSTNAME("Homer");
```

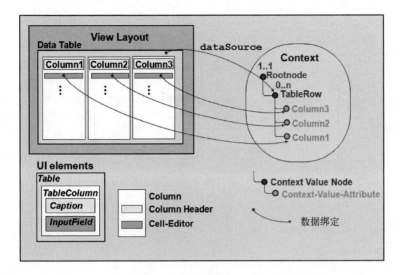
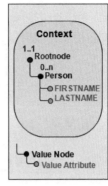

图 8-4                                       图 8-5

```
personElement.setLASTNAME("Simpson");
//将节点元素存入表格中
tableRows.add(personElement);
//将表格绑定到节点
wdContext.nodePerson().bind(tableRows);
```

方式二：

```
//声明 Context 节点元素
IPrivate<MyView>.I<Person>Element personElement = null;
//为 Context 节点元素初始化
  personElement = wdThis.wdGet<MyComponentController>().
                      wdGetContext().createPersonElement();
//为节点元素赋值
  personElement.setFIRSTNAME("Homer");
  personElement.setLASTNAME("Simpson");
//将节点元素绑定到节点
  wdThis.wdGet<MyComponentController>().
  wdGetContext().nodePerson().addElement(person);
```

（1）树和递归 Context 节点

1）树（Trees）是一种特殊的 UI 元素，绑定该 UI 元素时往往要用到递归（Recursive）Context 节点，如图 8-6 所示。

2）递归 Context 节点通过属性重复节点返回到某些上层 Context 节点。

递归节点是自动创建为非单（non-singleton）节点，并且对于父节点的每个元素都存在一次的节点。设计时递归节点设定，如图 8-7 所示。

运行结果，如图 8-8 所示。

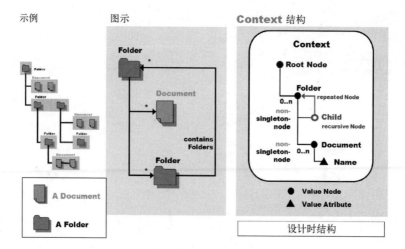

图 8-6

图 8-7

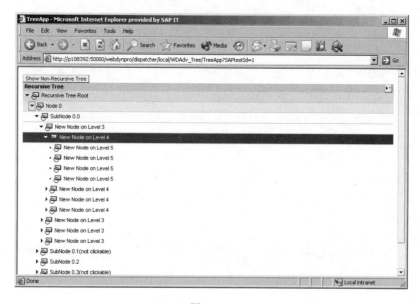

图 8-8

## 8.3 实例

本例利用表格 UI 元素，通过对表单和表格的编辑完成数据存储与显示。

### 8.3.1 开发要点

以如表 8-2 所示的数据字典为开发前提，通过对表单操作完成数据的编辑。

表 8-2

| 描 述 | 字 段 | 类 型 | 长 度 | 小 数 | 值 |
|---|---|---|---|---|---|
| 编号 | Scode | char | 5 | | 固定为 5 位 |
| 姓名 | Sname | char | 10 | | 最大为 10 位 |
| 入职日期 | Sentry | date | | | YYYY/MM/DD |
| 职位 | Sposition | char | 1 | | |
| 备考 | Snote | String | | | 最大为 200 位 |

### 8.3.2 实例开发

步骤一：建立工程，按照路径 File→New→Project，选择 Web Dynpro 选项，单击 Next 按钮，如图 8-9 所示。

图 8-9

步骤二：填入项目工程的名称 WD01_Basics_UserInterface，保留项目内容默认设置并选择项目语言，单击 Finish 按钮，如图 8-10 所示

步骤三：生成如图 8-11 所示的结果。

选中 Web Dynpro 浏览器中树状结构 Local Dictionary 下的 Simple Types，单击鼠标右键，按照图 8-12 所示，创建视图所需的节点所需的类型。

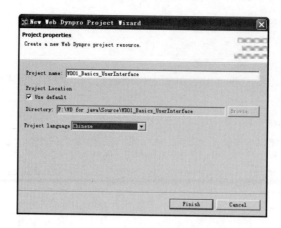

图 8-10

图 8-11

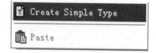

图 8-12

创建结果，如图 8-13 所示，输入类型名和包名，单击 Finish 按钮。

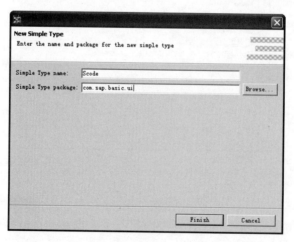

图 8-13

单击 Definition 选项卡，填写类型、描述说明和长度，如图 8-14 所示。

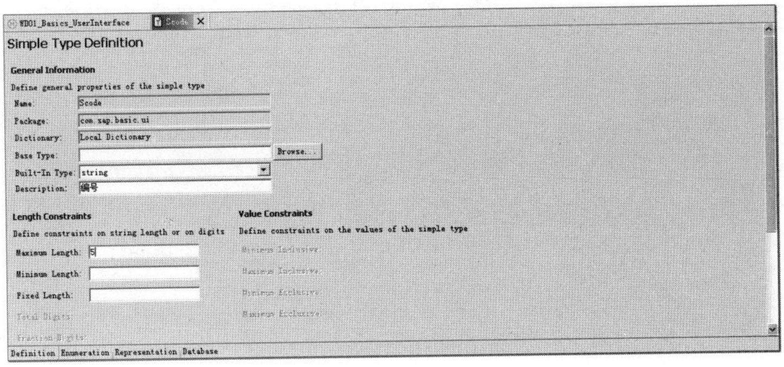

图　8-14

单击 Representation 选项卡，填写标签信息，如图 8-15 所示。

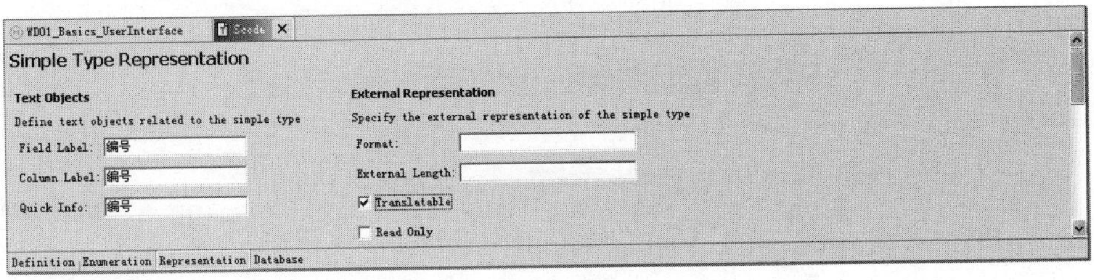

图　8-15

单击 Enumeration 选项卡，该画面用来维护类型所能输入的值，如图 8-16 所示。

图　8-16

单击 New 按钮，可以添加如下这些数据，如图 8-17 所示。

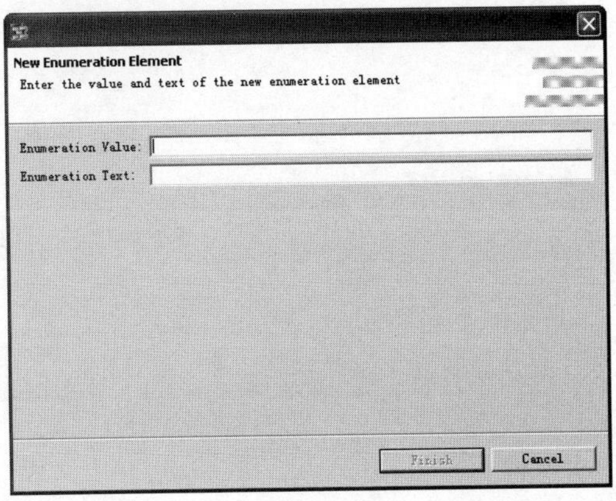

图　8-17

单击选项卡 Database，可以维护该类型所能输入的值来自哪个表格，如图 8-18 所示。

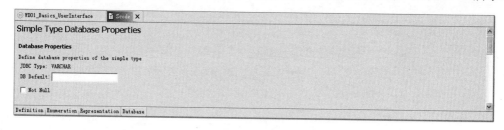

图　8-18

按照同样步骤创建类型：姓名 Sname，性别 Ssex，出生日期 Sbirth，备考 Snote。

**姓名 Sname：**

类型定义如图 8-19 所示，单击 Finish 按钮。

图　8-19

定义页面编辑如图 8-20 所示。

图　8-20

选项卡面定义如图 8-21 所示。

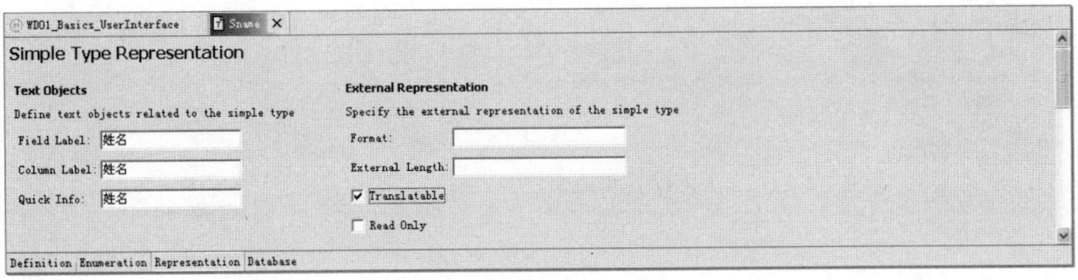

图 8-21

**入职日期 Sentry：**

类型定义如图 8-22 所示，单击 Finish 按钮。

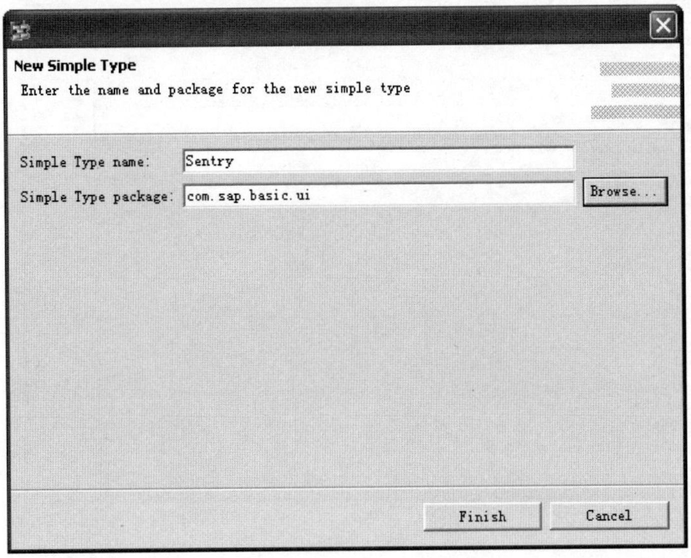

图 8-22

定义页面编辑如图 8-23 所示。

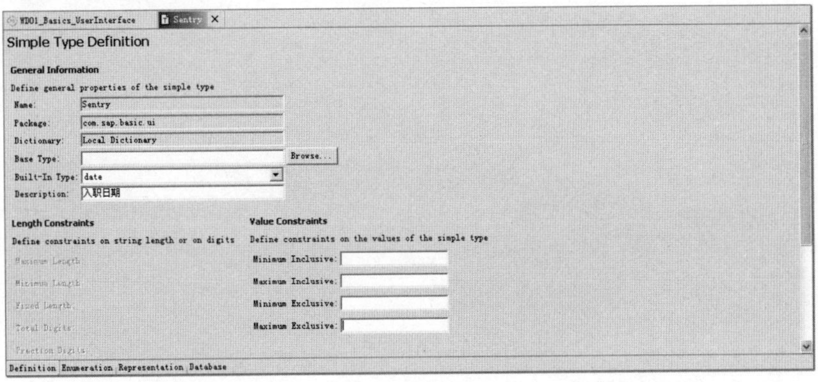

图 8-23

选项卡面定义如图 8-24 所示。

WD01_Basics_UserInterface
Sentry
Simple Type Representation
Text Objects
Define text objects related to the simple type
Field Label: 入职日期
Column Label: 入职日期
Quick Info: 入职日期
External Representation
Specify the external representation of the simple type
Format: yyyy年MM月dd日
Read Only
Definition Enumeration Representation Database

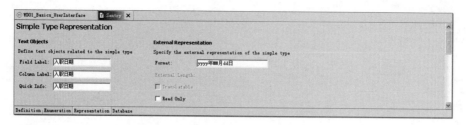

图 8-24

**职位 Sposition：**

类型定义如图 8-25 所示，单击 Finish 按钮。

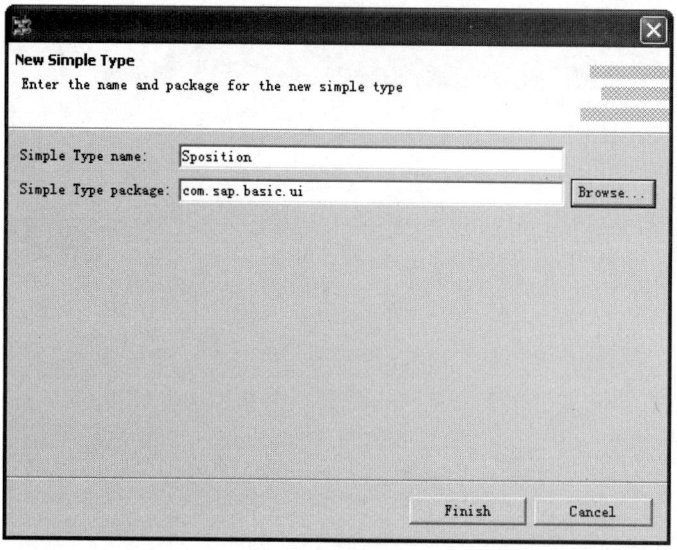

New Simple Type
Enter the name and package for the new simple type
Simple Type name: Sposition
Simple Type package: com.sap.basic.ui
Browse...
Finish
Cancel

图 8-25

定义页面编辑如图 8-26 所示。

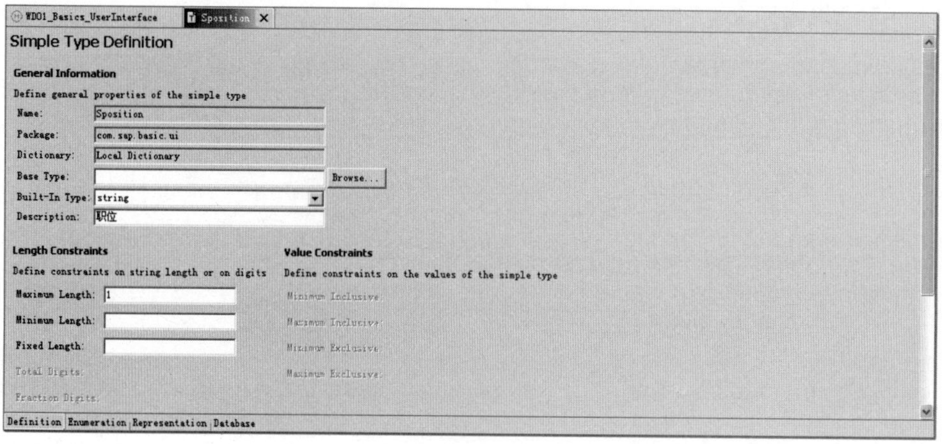

WD01_Basics_UserInterface
Sposition
Simple Type Definition
General Information
Define general properties of the simple type
Name: Sposition
Package: com.sap.basic.ui
Dictionary: Local Dictionary
Base Type:
Browse...
Built-In Type: string
Description: 职位
Length Constraints
Define constraints on string length or on digits
Maximum Length: 1
Minimum Length:
Fixed Length:
Total Digits:
Fraction Digits:
Value Constraints
Define constraints on the values of the simple type
Minimum Inclusive:
Maximum Inclusive:
Minimum Exclusive:
Maximum Exclusive:
Definition Enumeration Representation Database

图 8-26

值页面定义如图 8-27 所示。

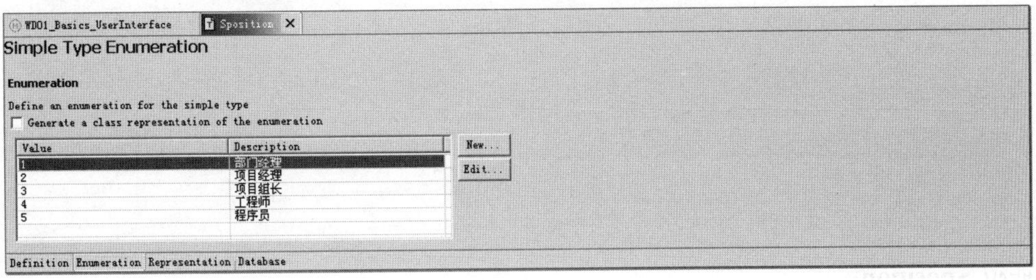

图　8-27

选项卡面定义如图 8-28 所示。

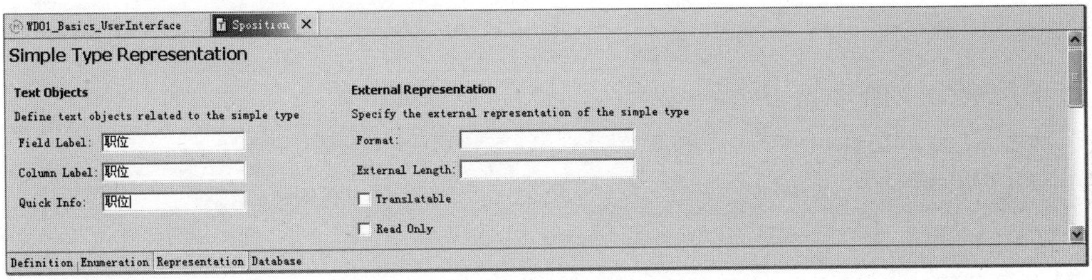

图　8-28

**备考 Snote：**

类型定义如图 8-29 所示，单击 Finish 按钮。

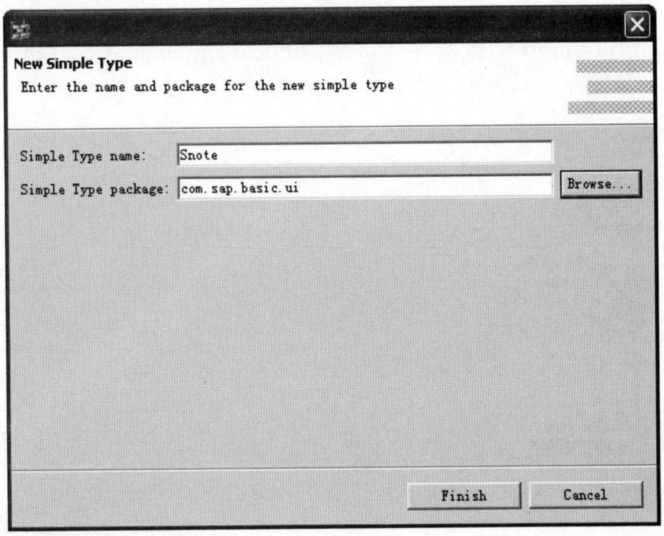

图　8-29

定义页面编辑如图 8-30 所示。

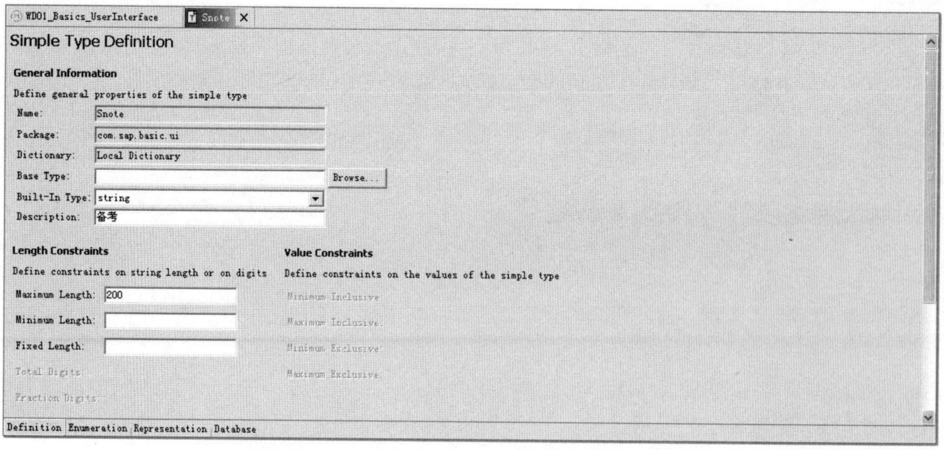

## Simple Type Definition

**General Information**

Define general properties of the simple type

Name: Snote

Package: com.sap.basic.ui

Dictionary: Local Dictionary

Base Type:                     Browse...

Built-In Type: string

Description: 备考

**Length Constraints**

Define constraints on string length or on digits

Maximum Length: 200

Minimum Length:

Fixed Length:

Total Digits:

Fraction Digits:

**Value Constraints**

Define constraints on the values of the simple type

Minimum Inclusive

Maximum Inclusive

Minimum Exclusive

Maximum Exclusive

Definition Enumeration Representation Database

图 8-30

选项卡面定义如图 8-31 所示。

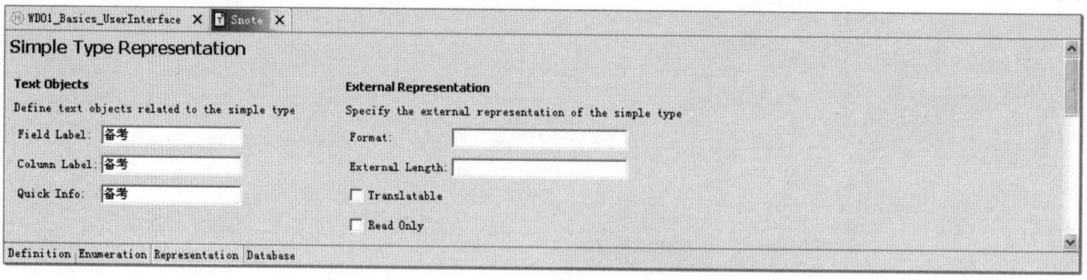

## Simple Type Representation

**Text Objects**

Define text objects related to the simple type

Field Label: 备考

Column Label: 备考

Quick Info: 备考

**External Representation**

Specify the external representation of the simple type

Format:

External Length:

☐ Translatable

☐ Read Only

Definition Enumeration Representation Database

图 8-31

生成结果如图 8-32 所示。

步骤四：选中 Web Dynpro 浏览器中树状结构 Local Dictionary 下的 Structures，单击鼠标右键，按照图 8-33 所示，创建视图所需节点的结构体。

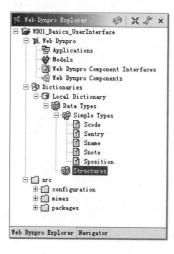

图 8-32

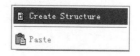

图 8-33

创建结果如图 8-34 所示，填写结构体名称和包名，单击 Finish 按钮。

图 8-34

编辑结构如图 8-35 所示。

图 8-35

结果如图 8-36 所示。

步骤五：选中 Web Dynpro 浏览器中树状结构 Web Dynpro Components，单击鼠标右键，选择 Create Web Dynpro Component ，创建 Web Dynpro 组件。编辑如图 8-37 所示，单击 Finish 按钮。

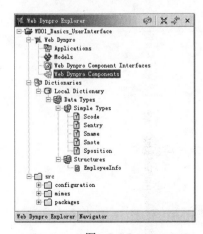

图 8-36

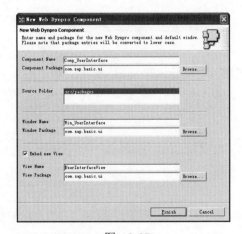

图 8-37

生成结果如图 8-38 所示。

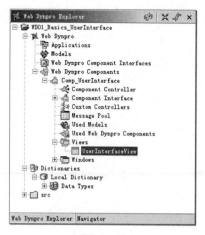

图 8-38

选中视图 UserInterfaceView 双击鼠标左键，如图 8-39 所示。

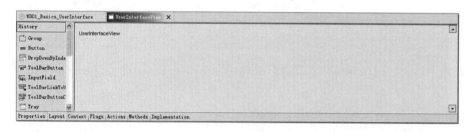

图 8-39

转到 Context 选项卡，参照数据字典结构 ImployeeInfo 创建如图 8-40 所示的节点。

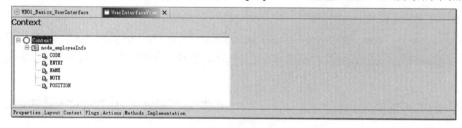

图 8-40

生成节点属性如图 8-41 所示。

| Property | Value | |
| --- | --- | --- |
| cardinality | 0..n | |
| collectionType | list | |
| initializeLeadSelection | true | |
| name | node_employeeInfo | |
| selection | 0..1 | |
| singleton | true | |
| structure | com.sap.basic.ui.EmployeeInfo | |
| supplyFunction | | |
| technicalDocumentation | | |
| typedAccessRequired | true | |

图 8-41

选中节点 node_employeeInfo，单击鼠标右键，按照图 8-42 所示，将绑定属性删掉。

注：也可以手动编辑节点属性 structure，将属性值 "com.sap.basic.ui.EmployeeInfo" 清空。

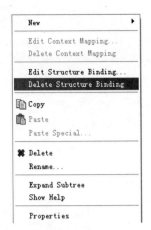

图　8-42

新增属性 Pic，属性设置如图 8-43 所示。

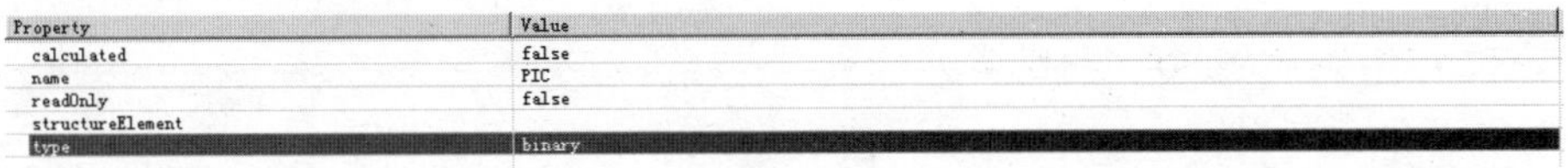

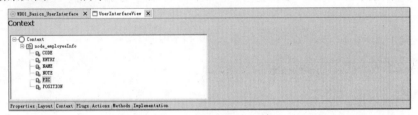

| Property | Value |
|---|---|
| calculated | false |
| name | PIC |
| readOnly | false |
| structureElement | |
| type | binary |

图　8-43

生成结果如图 8-44 所示。

图　8-44

创建新节点 node_upload，如图 8-45 所示。

图　8-45

节点属性设置如图 8-46 所示。

图　8-46

为节点添加节点属性 data 和 resource，如图 8-47 所示。

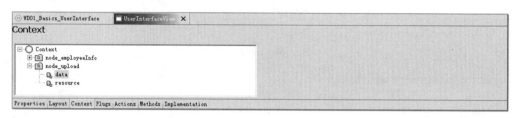

图　8-47

节点属性 data 的类型设为 binary，节点属性 resource 的类型设为 com.sap.ide.webdynpro. uielementdefinitions.Resource，可单击属性 type 后的▁▁▁按钮，通过如图 8-48 所示进行选择。

选中 Layout 选项卡，编辑视图 UI 元素，如图 8-49 所示。

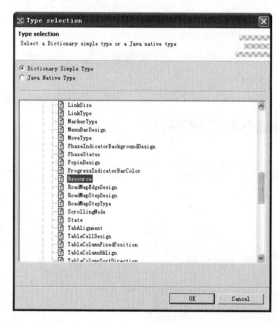

图　8-48

图　8-49

在大纲视图中单击 UI 元素 DefaultTextView，编辑属性 Text，如图 8-50 所示。

190

| Property | Value |
|---|---|
| Element Properties [TextView] | |
| design | standard |
| enabled | true |
| hAlign | auto |
| id | DefaultTextView |
| layout | native |
| semanticColor | standard |
| text | 这是一个UI的实例。 |
| textDirection | inherit |
| tooltip | ◇ |
| visible | visible |

图 8-50

在大纲视图中选中根节点 RootUIElementContainer，单击鼠标右键，按照图 8-51 所示创建 UI 元素。

选中 Group 项，编辑 Id 并单击 Finish 按钮，如图 8-52 所示。

图 8-51

图 8-52

生成结果，如图 8-53 所示。

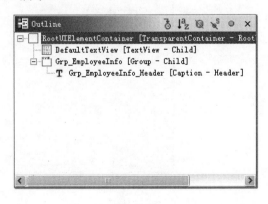

图 8-53

编辑 Group 的 Layout 和 colCount 属性，如图 8-54 所示。

Property
Value
Element Properties [Group]
accessibilityDescription
defaultButtonId
design
primarycolor
enabled
true
hasContentPadding
true
height
id
Grp_EmployeeInfo
layout
GridLayout
scrollingMode
none
tooltip
◇
visible
visible
width
Layout [GridLayout]
cellPadding
0
cellSpacing
0
colCount
2
stretchedHorizontally
true
stretchedVertically
true

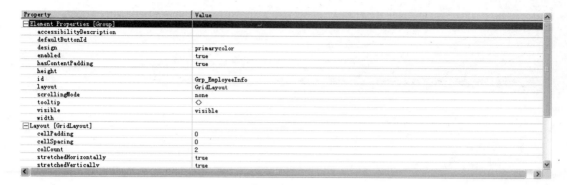

图 8-54

在大纲视图中选中节点 Grp_Employee 下的 Grp_Employee_Header 节点，编辑其 Text 属性，如图 8-55 所示。

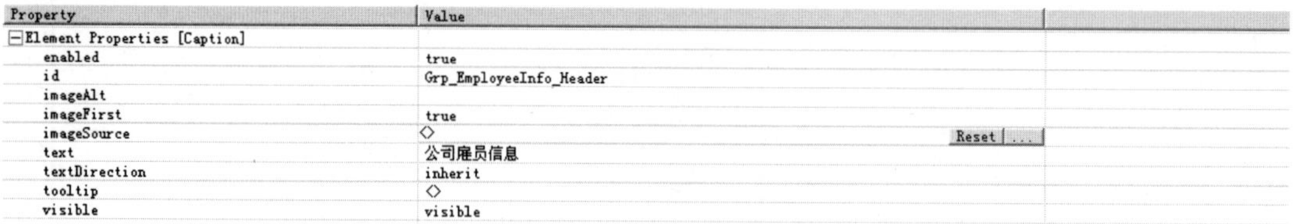

Property
Value
Element Properties [Caption]
enabled
true
id
Grp_EmployeeInfo_Header
imageAlt
imageFirst
true
imageSource
◇
Reset
text
公司雇员信息
textDirection
inherit
tooltip
◇
visible
visible

图 8-55

在大纲视图中选中节点 Grp_Employee，单击鼠标右键，按照图 8-56 所示规划画面并绑定 Context。

选中 Form，单击 Next 按钮，如图 8-57 所示。

Delete
Move Up
Move Down
Cut
Copy
Paste
Apply Template
Translatable Texts
Insert Header
Insert ToolBar
Insert Child
Show Help
Properties

图 8-56

Template Wizard
Template Selection
Select a template below
Template name: Form
Form
Table
ActionButton
< Back
Next >
Finish
Cancel

图 8-57

选中节点，单击 Next 按钮，如图 8-58 所示。

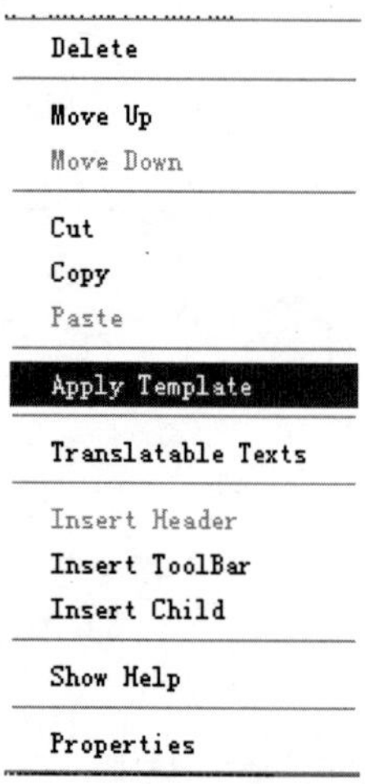

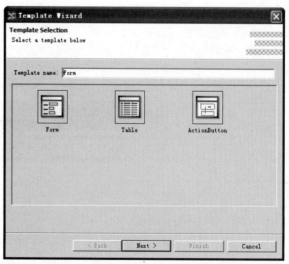

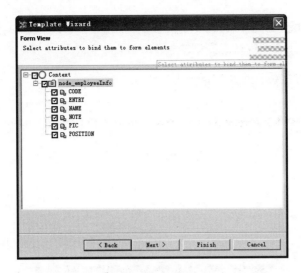

图　8-58

使用按钮 ⬆ ⬇ 调节顺序，如图 8-59 所示，单击 Finish 按钮。

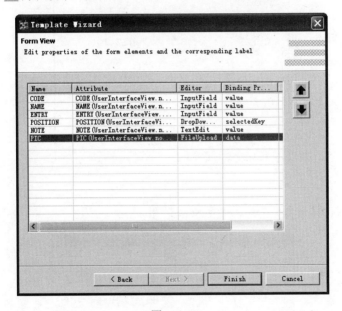

图　8-59

编辑 UI 元素 PIC 的文本属性，如图 8-60 所示。

| Property | Value |
|---|---|
| ⊟Element Properties [Label] | |
| design | standard |
| enabled | true |
| id | PIC_label |
| labelFor | PIC |
| text | 相片 |
| textDirection | inherit |
| tooltip | ◇ |
| visible | visible |
| width | |
| wrapping | false |

图　8-60

注：节点属性 PIC 没有参考的数据字典对象，相应的 text 属性需要进行编辑，如果有数据字典参照，数据字典中的文本信息会自动绑定到 text 属性。

编辑 UI 元素 PIC 的属性，绑定值改为如图 8-61 所示。

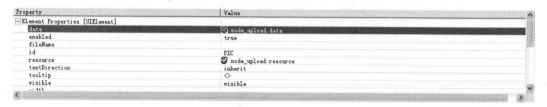

图 8-61

为页面创建按钮，选中 ActionButton，如图 8-62 所示，单击 Next 按钮。

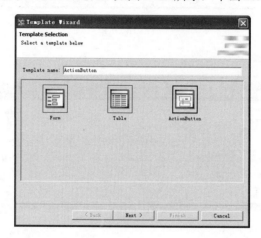

图 8-62

编辑按钮信息如图 8-63 所示，单击 Next 按钮。

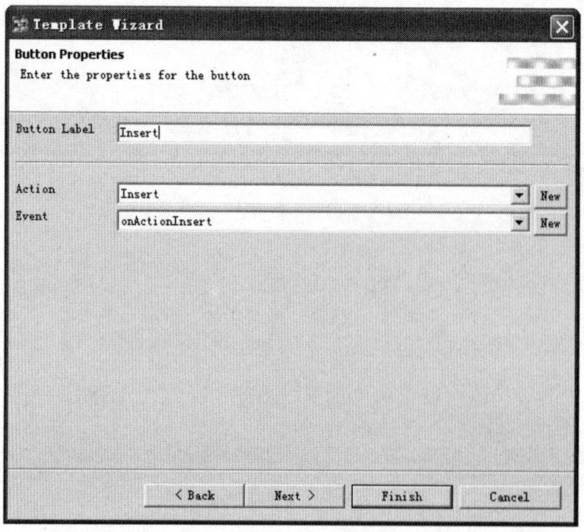

图 8-63

编辑如图 8-64 所示，单击 Finish 按钮。

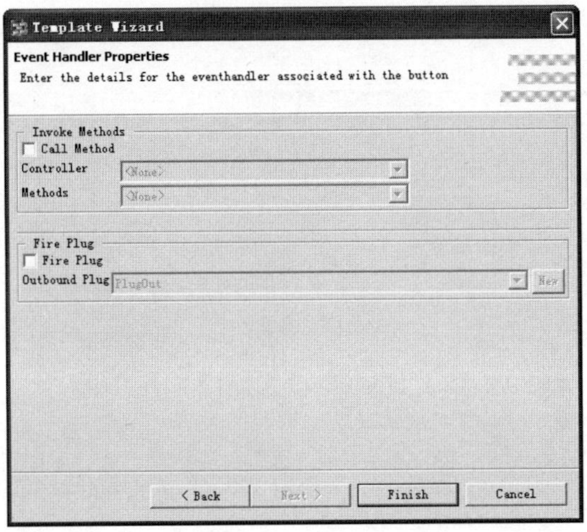

图　8-64

按钮属性编辑如图 8-65 所示.

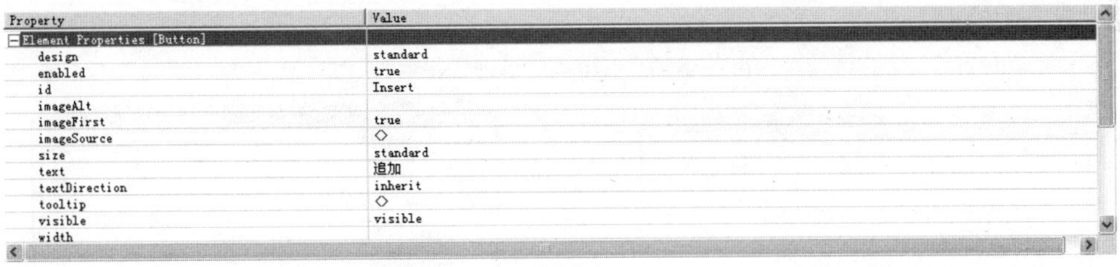

图　8-65

为视图添加 UI 元素托盘 Tray，如图 8-66 所示，单击 Finish 按钮。

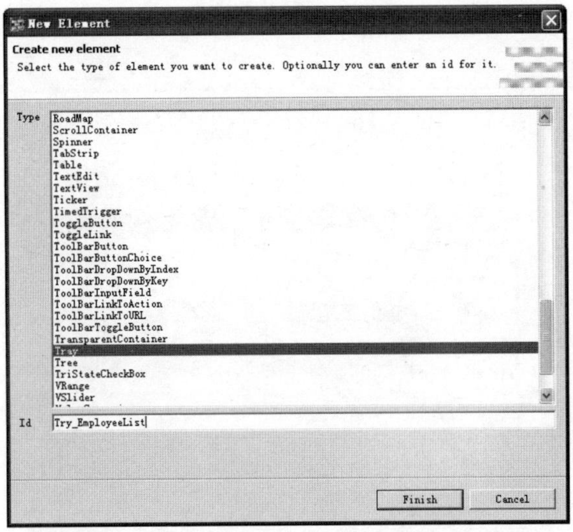

图　8-66

生成结果如图 8-67 所示。

图 8-67

托盘标题属性 Try_EmployeeList_Header 设置如图 8-68 所示。

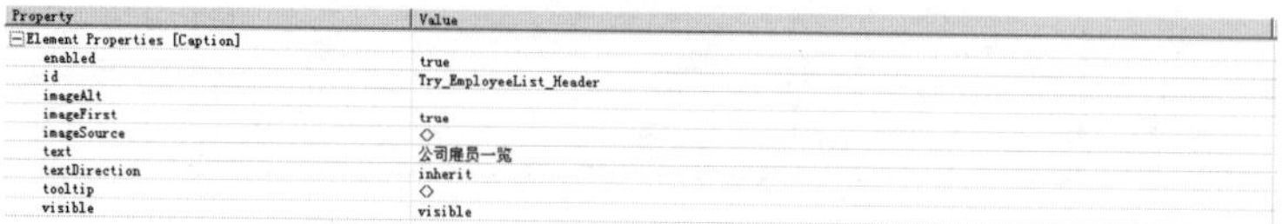

| Property | Value |
|---|---|
| ⊟Element Properties [Caption] | |
| enabled | true |
| id | Try_EmployeeList_Header |
| imageAlt | |
| imageFirst | |
| imageSource | true |
| text | ◇ |
| textDirection | 公司雇员一览 |
| tooltip | inherit |
| visible | ◇ |
| | visible |

图 8-68

选中新创建的托盘，为视图添加 UI 元素表格 Table，选中 Table，单击 Next 按钮，如图 8-69 所示。

选中 Context 节点的元素，如图 8-70 所示，单击 Next 按钮。

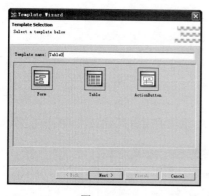

图 8-69

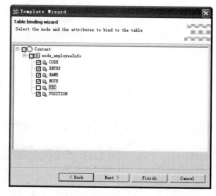

图 8-70

使用按钮 ⬆ ⬇ 调节顺序，如图 8-71 所示，单击 Finish 按钮。

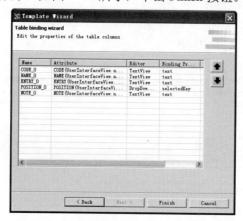

图 8-71

UI 元素 POSITION 绑定结果如图 8-72 所示。

图 8-72

新建表格如图 8-73 所示。

选中表格，按图 8-74 所示添加自定义的列。

图 8-73                                   图 8-74

添加结果如图 8-75 所示。Column_header 的 text 属性改为"相片"。

选中新建的列，单击鼠标右键，按照图 8-76 所示，向列中添加 UI 元素。

图 8-75                                   图 8-76

选中 Image，单击 Finish 按钮，如图 8-77 所示。

图　8-77

属性编辑如图 8-78 所示。

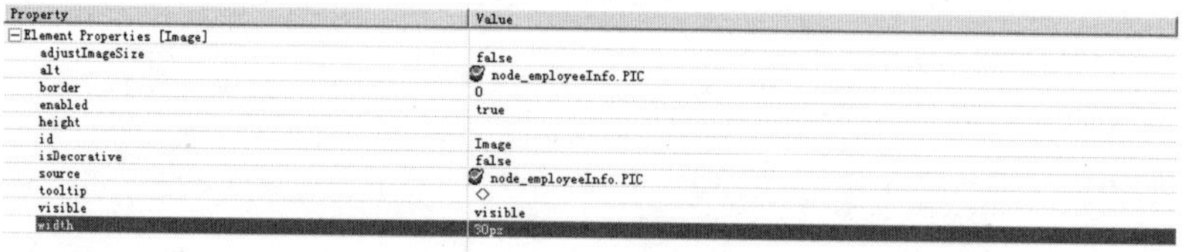

| Property | Value |
|---|---|
| ⊟Element Properties [Image] | |
| adjustImageSize | false |
| alt | node_employeeInfo.PIC |
| border | 0 |
| enabled | true |
| height | |
| id | Image |
| isDecorative | false |
| source | node_employeeInfo.PIC |
| tooltip | ◇ |
| visible | visible |
| width | 30px |

图　8-78

视图页面编辑如图 8-79 所示。

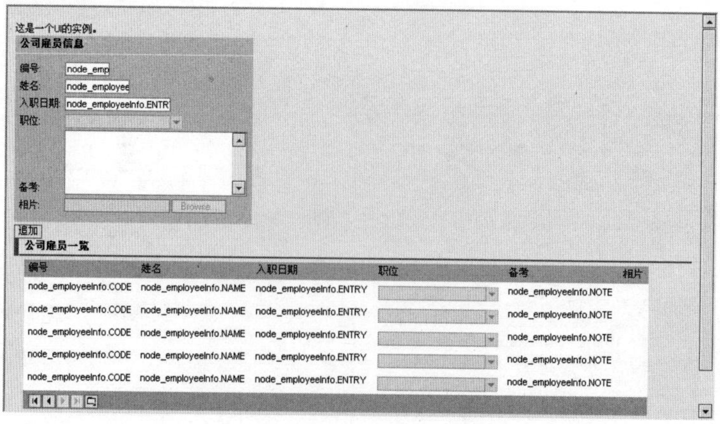

图　8-79

单击视图中的 Implementation 标签，实装代码如下。

```java
//@@begin Javadoc:wdDoInit()
    /** Hook method called to initialize controller. */
  //@@end
  public void wdDoInit()
  {
    //@@begin wdDoInit()


        wdContext.nodeNode_employeeInfo().addElement(
        wdContext.createNode_employeeInfoElement());
    //对节点进行初始化
    //@@end
  }
//@@begin Javadoc:onActionInsert(ServerEvent)
/** Declared validating event handler. */
//@@end
public void onActionInsert(
    com.sap.tc.webdynpro.progmodel.api.IWDCustomEvent wdEvent) {
    //@@begin onActionInsert(ServerEvent)
    wdContext.nodeNode_employeeInfo().moveFirst();
    //跳转到节点的第一条元素
    INode_employeeInfoElement employeeInfo =
        wdContext.nodeNode_employeeInfo().createNode_employeeInfoElement();
    //创建新的节点元素
    employeeInfo.setCODE(
        wdContext.currentNode_employeeInfoElement().getCODE());
    employeeInfo.setNAME(
        wdContext.currentNode_employeeInfoElement().getNAME());
    employeeInfo.setENTRY(
        wdContext.currentNode_employeeInfoElement().getENTRY());
    employeeInfo.setNOTE(
        wdContext.currentNode_employeeInfoElement().getNOTE());
    employeeInfo.setPOSITION(
        wdContext.currentNode_employeeInfoElement().getPOSITION());
    //将当前节点元素的值赋值到新的节点元素

    String strFile = "";
    IWDResource rsc = wdContext.currentNode_uploadElement().getResource();
    if (rsc != null) {
        strFile = rsc.getResourceName();
        String strName =
            "D:\\usr\\sap\\J2E\\JC01\\j2ee\\cluster\\server0\\temp\\webdynpro\\"
                + "web\\local\\WD01_Basics_UserInterface\\Components\\"
                + "com.sap.basic.ui.Comp_UserInterface\\"
                + strFile;
        int nLen = 0;
```

```
try {
        File fp = new File(strName);
        fp.createNewFile();
        FileOutputStream fos = new FileOutputStream(fp);
        double size = rsc.read(false).available();
        byte[] bBuffer = new byte[10485760];
        while ((nLen = rsc.read(false).read(bBuffer)) > 0) {
                fos.write(bBuffer, 0, nLen);
        }
        fos.flush();
        fos.close();
        //fos

} catch (FileNotFoundException fnfe) {
        System.err.println("File not Found!");

} catch (IOException ioe) {
        System.err.println("IO Error Found!");
}
}
//在服务器端创建上传的文件
wdContext.currentNode_uploadElement().setFileName(strFile);
employeeInfo.setPIC(strFile);
wdContext.nodeNode_employeeInfo().addElement(employeeInfo);
//将新建的元素绑定到节点
wdContext.currentNode_employeeInfoElement().setCODE("");
wdContext.currentNode_employeeInfoElement().setENTRY(null);
wdContext.currentNode_employeeInfoElement().setNAME("");
wdContext.currentNode_employeeInfoElement().setNOTE("");
wdContext.currentNode_employeeInfoElement().setPIC("");
wdContext.currentNode_employeeInfoElement().setPOSITION("");
strFile = "";
//清空当前节点元素
//@@end
}
```

步骤六：创建 Web Dynpro Application，编译、发布并执行。

1）在 Web Dynpro 浏览器中树状节点 Application 上单击鼠标右键，按照如图 8-80 所示，创建 Web Dynpro Application。

图 8-80

填写 Application 名称和包名，单击 Next 按钮，如图 8-81 所示。

图 8-81

选中以下选项，单击 Next 按钮，如图 8-82 所示。

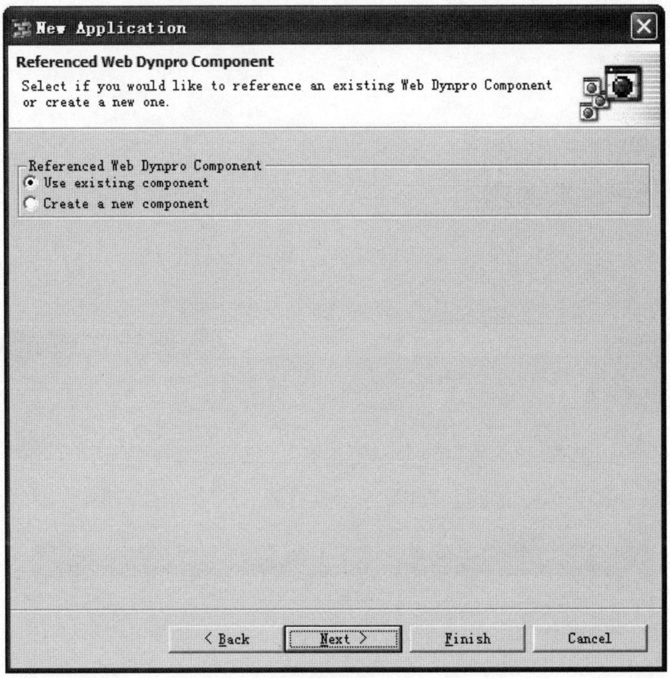

图 8-82

选中以下选项，单击 Finish 按钮，如图 8-83 所示。

图 8-83

2）在 Web Dynpro 浏览器中树状节点 WD01_Basic_Context_Binding 上单击鼠标右键，按照图 8-84 所示路径编译 Web Dynpro 工程。

3）在 Web Dynpro 浏览器中 Application 树状节点下的 WD01_Basic_Context_Binding 上单击鼠标右键，按照图 8-85 所示路径发布并运行。

图 8-84

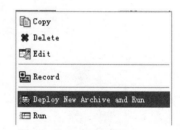

图 8-85

填写 SDM 密码，单击 OK 按钮，如图 8-86 所示。

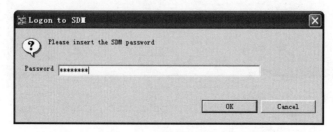

图 8-86

发布结果如图 8-87 所示。

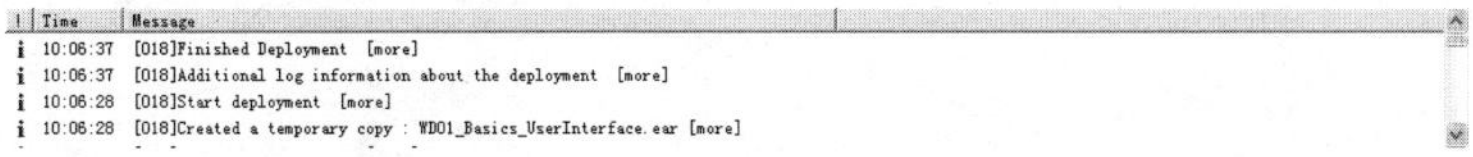

图　8-87

运行结果如图 8-88 所示。

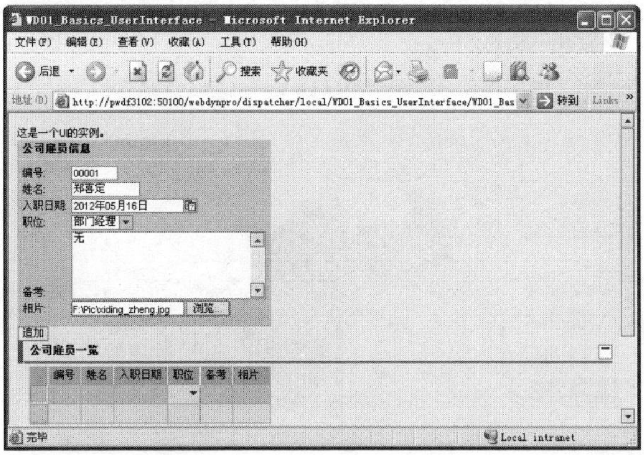

图　8-88

编辑输入信息，单击追加按钮，结果如图 8-89 所示。

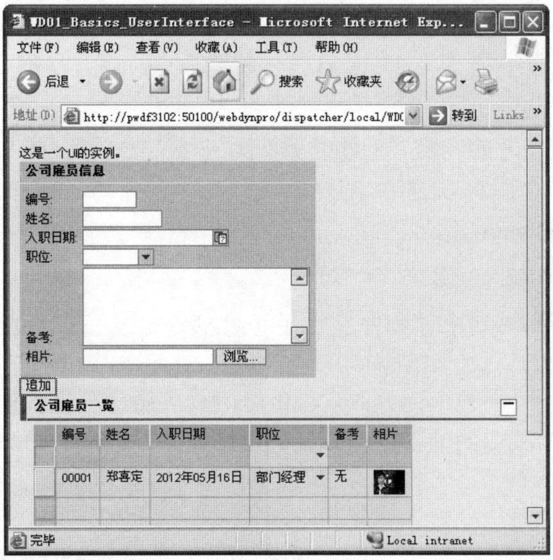

图　8-89

注：上传的图像可以在 SAP AS 的 D:\usr\sap\J2E\JC01\j2ee\cluster\server0\temp\webdynpro\pool 目录中找到。

# 第9章 用户界面模型

Web Dynpro 可以分为客户端和服务器端（Web Dynpro 运行时服务）两部分，服务器端的 Web Dynpro 运行时服务是 Web Dynpro 应用的容器。

如图 9-1 所示，Web Dynpro 应用程序可以通过浏览器中的 URL 来显示一个 Web Dynpro 应用程序组件（通过接口视图显示）。

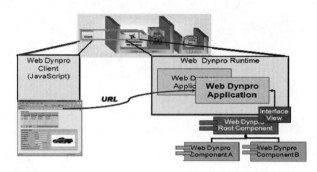

图：9-1

根组件可以聚集额外的 Web Dynpro 组件。

Web Dynpro 应用程序是 Web Dynpro 组件的输入点，而且是唯一可以通过 URL 寻址的 Web Dynpro 实体。

界面视图和应用程序之间经常（但不总是）具有一对一的关系。

通过定义多个事务代码可以访问 ABAP 模块池中的功能，同样，通过定义多个应用程序可以访问单个 Web Dynpro 组件的功能，每个应用程序寻址不同的界面视图或界面视图不同的入站插头。

要定义 Web Dynpro 应用程序，必须指定以下要素：

1）要调用的组件：该组件称为根组件。

2）将使用根组件的界面视图：界面视图的缺省视图定义了缺省视图集合。

3）将用作指定界面视图的输入点的入站插头（此入站插头必须为启动类型）。

## 9.1 基本术语

### 1. 用户界面模型的概念

Web Dynpro 用户界面模型（Modelling User Interface）可以组建不同的结构化视图以及视图容器。如图 9-2 所示，在 NWDS 中关联的用户界面模型如下：

（1）窗体

表示 Web Dynpro 组件内的浏览器窗体，包含视图组织。

（2）组件接口视图

在视图级别之上，对外部嵌入的 Web Dynpro 组件的可视化表示。内部窗体和组件接口视图之间的 1:1 关系用于外部使用。

（3）视图集

预定义的一组多个视图布局（如 T 布局、网格布局）。包含视图区域，也称为单元格，可以嵌套。

（4）视图区域

视图集内的矩形区域，也称为单元格，宽度和高度可以在设计时设置，用于嵌入视图容器。

（5）视图容器 UI 元素

特殊的 UI 元素用于嵌入视图和内部视图集，在视图布局中使用额外的布局机制。

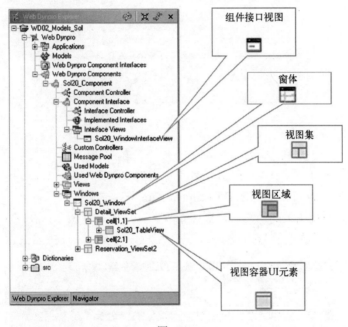

图 9-2

## 2．用户界面模型的作用

如图 9-3 所示，在 Web Dynpro 中相关 UI 部件的作用如下。

（1）窗体的作用

在组件内部，窗体包含视图组织，窗体将多个视图和视图集组合在一起。窗体总是包含一个或多个视图，这些视图由导航链接进行连接。

（2）视图的作用

视图属于组件，并包含结构化的 UI 元素集。如果视图已嵌入窗体中，则浏览器中只能显示该视图。

（3）视图集/视图区域的作用

视图集基于一定的布局来结构化被包含的视图区域，视图嵌入到这些视图区域中。

（4）视图容器 UI 元素的作用

特殊的 UI 元素，直接嵌入另一个视图。

（5）组件接口视图的作用

组件的外部视觉表示。嵌入器（组件窗体、视图）可以像传统视图一样使用。

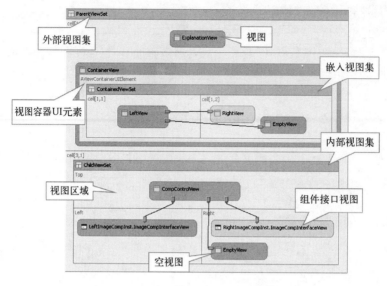

图　9-3

（6）问答演示应用程序的作用

程序员可以在 SAP　NetWeaver 开发者工作室的安装路径中找到问答演示 QueDemo 应用程序，例如 C:\Program Files\SAP\JDT\eclipse\examples。

该程序利用 T 型视图集的结构，内嵌三个视图，如图 9-4 所示，在这个简短的问答应用程序中，程序员可以了解基于 Web Dynpro 的应用程序开发的一些主要概念。

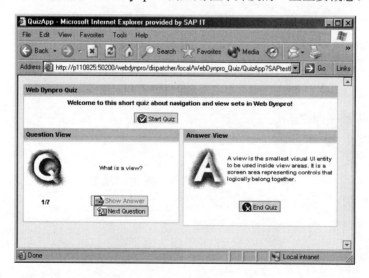

图　9-4

Web Dynpro 编程模型包括以下方面：

1）创建具有多个视图和导航结构的 Web Dynpro 应用程序。

2）使用动作和事件处理程序（动作事件处理程序、入站插头事件处理程序）完成需求。

3）从属性资源包（元数据）中读取数据并将其存储在 Web Dynpro 的 Context 中（值节点、值节点元素）。

4）在视图控制器和组件控制器之间使用 Context 映射来划分数据。

5）在运行时操纵 UI 元素属性进行数据绑定。

## 9.2  视图集

视图集提供了一个可视化框架，其中预定义的单元可以在设计时嵌入所需的视图。

在设计、实现或显示 Web Dynpro 应用程序的用户界面时，使用视图集是特别有利的，包括以下几个方面：

1）在屏幕上可提供显示多个视图的结构化选项。

2）在设计用户界面时可提供有效支持。

3）使用预定义区域对后期布局进行更改具有一定的可能性。

4）在 Web Dynpro 窗体中重用视图。

在运行时，只能在视图区域中显示一个视图。最初显示的默认视图是视图区域顶部的欢迎（Welcome）视图，其余两个视图区域的默认视图是空（Empty）视图，如图 9-5。

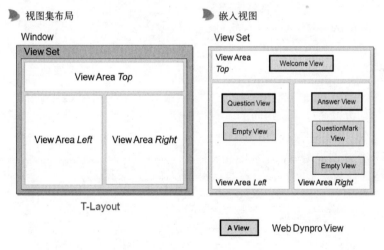

图  9-5

（1）视图程序集

图 9-6 所示，将视图和空视图分配给三个视图区域顶部、左侧和右侧指定所有可能的视图程序集，可以同时显示在窗体中的视图的可能组合。在此示例中，以下视图程序集是默认视图程序集。

顶部视图区域：欢迎视图；左侧视图区域：空视图；右侧视图区域：空视图。

通过指定视图区域中的可能视图，在此示例中确定在运行时最多有六个不同的视图程序集，视图程序集是视图集内视图的不同组合。

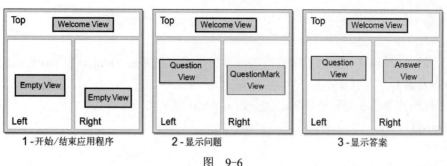

图 9-6

（2）视图集和导航链接

图 9-7 所示，导航链接是属于视图 A 的出站插头和目标视图 B 的入站插头之间的关联。从一个视图集到另一个视图集的转换是通过导航链接完成的。程序员可以指派多个导航链接到一个单独的出站插头。出站插头定义了一个事件，该事件可以触发一个视图集到另一个视图集的更改。

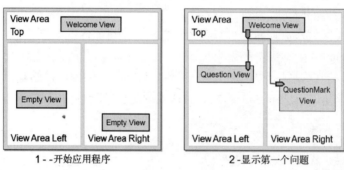

图 9-7

（3）视图组合

视图组合包括可以通过导航访问的所有视图集。通过指定一个或多个导航链接建立从一个视图集到另一个视图集的改变。

图 9-8 所示，欢迎视图与问题视图和疑问标记视图相关联；问题视图与答案视图和疑问标记视图相关联；而答案视图与欢迎视图和两个空视图相关联。

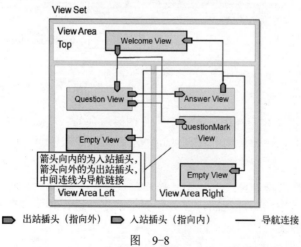

图 9-8

208

此视图组合使用户能够使用导航链接访问六个可能的视图组合中的三个：

顶部视图区域：欢迎视图-> 欢迎视图->欢迎视图

左侧视图区域：空视图->问题视图->问题视图

右侧视图区域：空视图->疑问标记视图->答案视图

通过导航链接到达的视图集的合集称为视图合成（View Composition），如图 9-9 所示。

既可以可视化嵌入 Web Dynpro 组件（将视图嵌入到视图容器中），也可以通过组件使用，将 Web Dynpro 组件通过使用组件接口视图的可视化界面嵌入到视图组件中。即，将组件接口视图作为视图嵌入到其他组件的视图容器中。

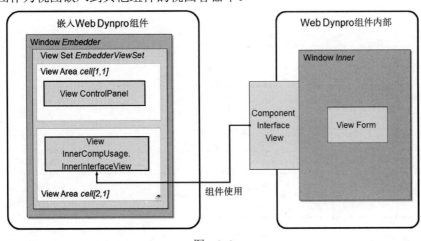

图    9-9

（4）嵌入组件

图 9-10 所示，可以通过声明组件使用的方式来嵌入组件。一个组件可以通过嵌入方式，在几个实例中使用。

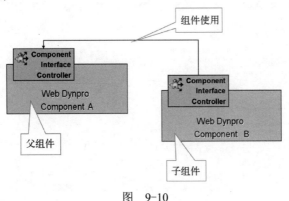

图    9-10

（5）组件接口控制器

控制器交互（事件、导航、Context 映射、方法调用）是通过组件接口控制器完成的。

## 9.3  实例

通过视图集的框架完成视图与视图间的关联。

### 9.3.1　开发要点

通过如表 9-1 和表 9-2 所示的数据，完成数据层次间的跳转。

表　9-1

| 描述 | 字段 | 类型 | 长度 | 小数 | 值 |
|------|------|------|------|------|------|
| 编号 | Scode | char | 5 | | 固定为 5 位 |
| 姓名 | Sname | char | 10 | | 最大为 10 位 |
| 出生日期 | Sbirthay | date | | | YYYY/MM/DD |
| 性别 | Ssex | char | 1 | | |
| 备考 | Snote | String | | | 最大为 200 位 |

表　9-2

| 描述 | 字段 | 类型 | 长度 | 小数 | 值 |
|------|------|------|------|------|------|
| 编号 | Scode | char | 5 | | 固定为 5 位 |
| 姓名 | Sname | char | 10 | | 最大为 10 位 |
| 入职日期 | Sentry | date | | | YYYY/MM/DD |
| 职位 | Sposition | char | 1 | | |
| 备考 | Snote | String | | | 最大为 200 位 |

### 9.3.2　实例开发

步骤一：建立工程，按照路径 File→New→Project，选择 Web Dynpro 分类，单击按钮 Next，如图 9-11 所示。

图　9-11

步骤二：填入项目工程的名称 WD01_Basics_Context_Binding，保留项目内容默认设置并选择项目语言，单击 Finish 按钮，如图 9-12 所示。

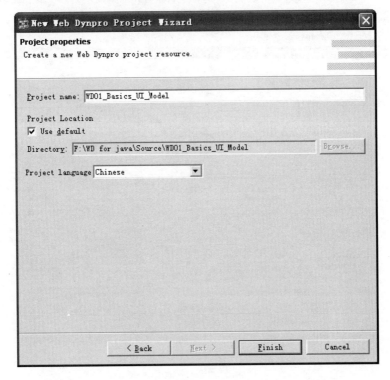

图 9-12

生成结果，如图 9-13 所示。

步骤三：创建 Web Dynpro 组件。

展开 Web Dynpro 节点并选中 Web Dynpro Components，单击鼠标右键，按照图 9-14 所示，创建 Web Dynpro 组件。

图 9-13　　　　　　　　　　　　图 9-14

在向导画面中填入组件名称，包、视图和窗体的名称，单击 Finish 按钮，如图 9-15 所示。

图　9-15

> **注：** 这里把 Embed new View 选项去掉，将不生成默认的视图。

生成结果如图 9-16 所示。

图　9-16

步骤四：创建视图集及视图。

在 Web Dynpro 浏览器中树状节点 Win_Navigation 上双击，打开导航建模工具，如图 9-17所示。

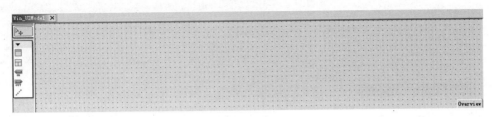

图 9-17

单击左侧的标签□创建视图集，如图 9-18 所示，单击 Finish 按钮。

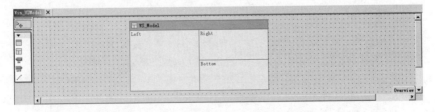

图 9-18

生成结果如图 9-19 所示。

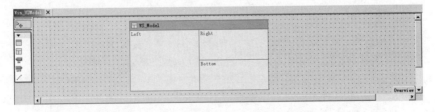

图 9-19

选中 Left 单击鼠标右键，按照图 9-20 所示，嵌入新视图。

注：本步骤也可通过选中 Left 一侧后单击标签□实现。

213

选择 Embed new View 选项，单击 Next 按钮，如图 9-21 所示。

图 9-20

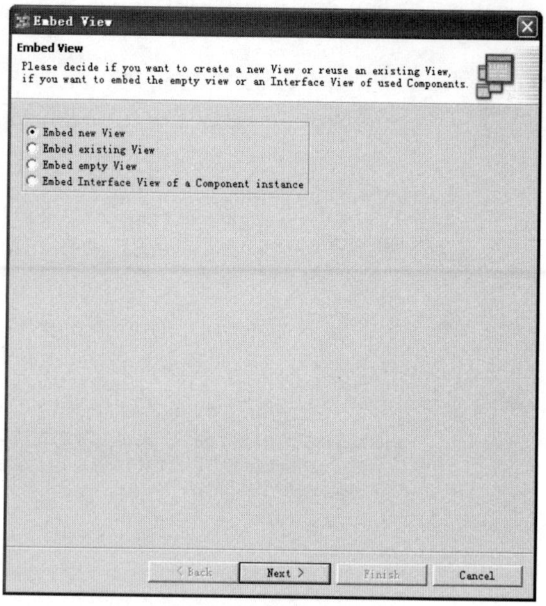

图 9-21

新视图编辑如图 9-22 所示，单击 Finish 按钮。

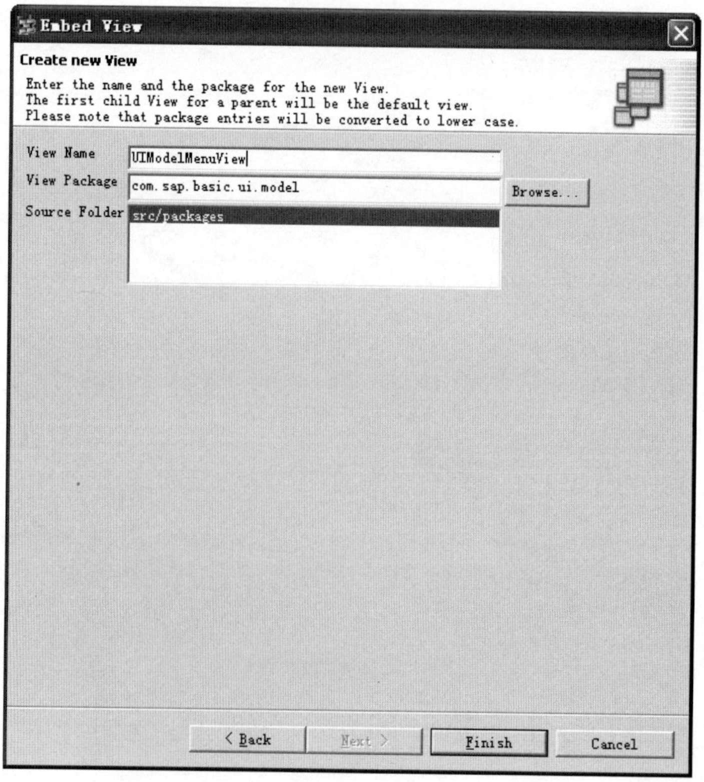

图 9-22

按照相同步骤，选中 Right 一侧，编辑嵌入视图，如图 9-23、图 9-24 所示。

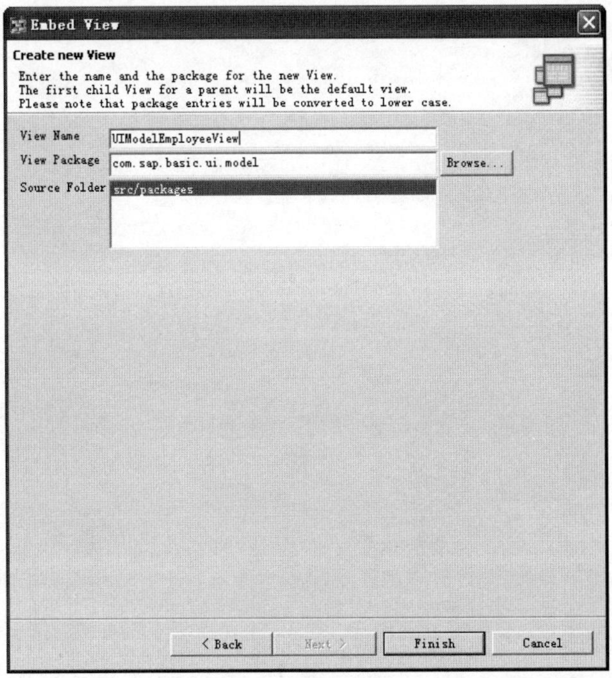

图 9-23

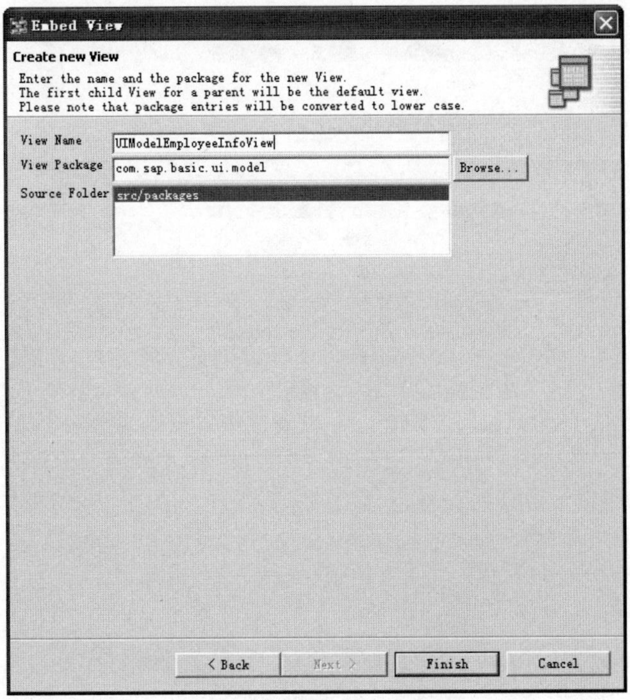

图 9-24

按照相同步骤，选中 bottom 一侧，嵌入视图，如图 9-25、图 9-26 所示。

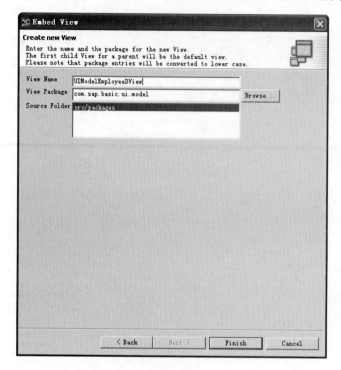

图　9-25

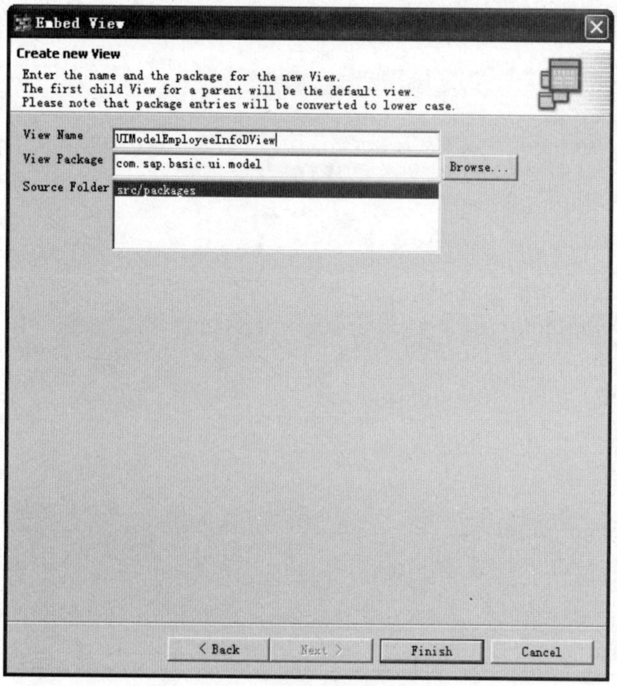

图　9-26

设定 UIModelEmployeeView 及 UIModelEmployeeDView 的 Default 属性为 False，编辑结果如图 9-27 所示。

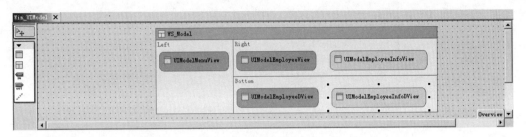

图　9-27

步骤五：编辑出入站插头和导航链接，为视图创建出站和入站插头及各视图之间的导航。

选中视图，单击鼠标右键，用如图 9-28 所示的菜单创建入站和出站插头。

注：一个出站插头可以对应多个入站插头，一个入站插头也可以对应多个出站插头，即视图可以导向任何其他视图，也可以接受从其他视图过来的导航。

图　9-28

单击 ⬛ 标签按钮，拖至左侧视图 UIModelMenuView，为视图创建出站插头，编辑结果如图 9-29 所示，单击 Finish 按钮。

为视图 UIModelEmployeeDView 创建入站插头 InFromEmployee，并创建视图 UIModelEmployeeView 到视图 UIModelEmployeeDView 的导航。

在左侧视图单击标签按钮 ⬛，拖至左侧视图 UIModelEmployeeView 及 UIModelEmployeeInfoView，为视图创建入站插头，编辑结果如图 9-30 所示，单击 Finish 按钮。

创建视图 UIModelMenuView 到视图 UIModelEmployeeView 和视图 UIModel EmployeeInfoView 的导航。

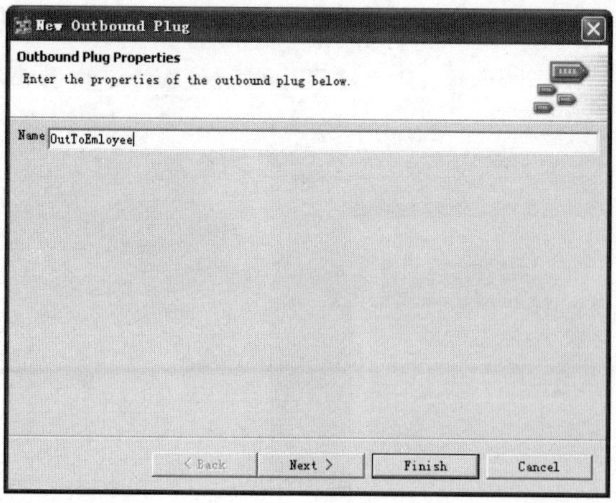

图 9-29

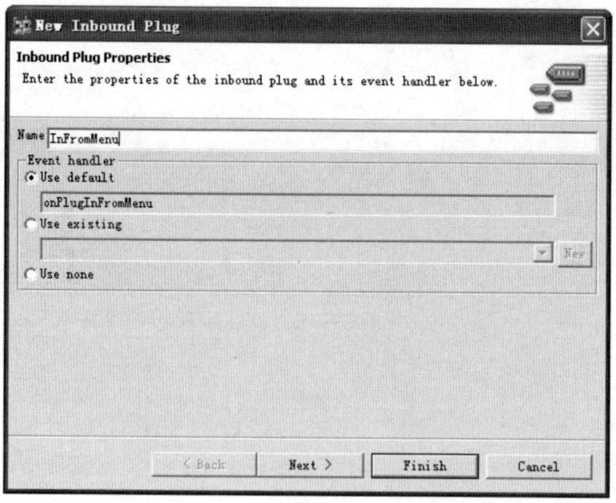

图 9-30

单击 ⬛ 标签按钮，拖至左侧视图 UIModelMenuView，为视图创建出站插头，编辑结果如图 9-31 所示，单击 Finish 按钮。

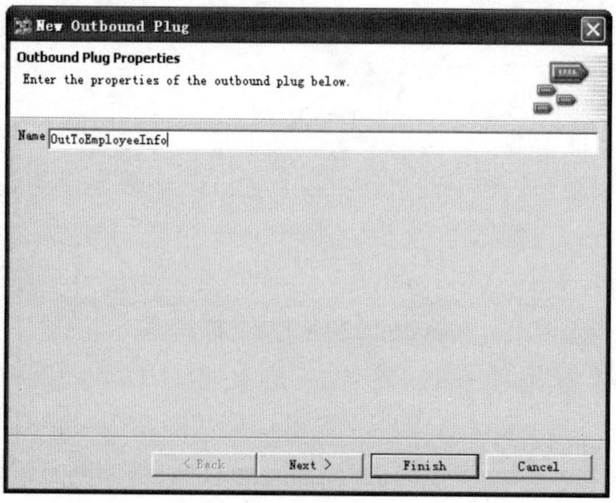

图 9-31

单击 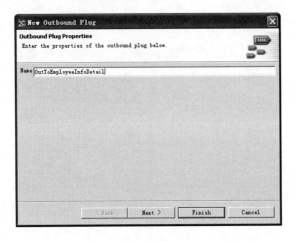 标签按钮，拖至左侧视图 UIModelEmployeeInfoView，为视图创建出站插头，编辑结果如图 9-32 所示，单击 Finish 按钮。

图 9-32

为视图 UIModelEmployeeInfoDView 创建入站插头 InFromEmployeeInfo，并创建视图 UIModelEmployeeInfoView 到视图 UIModelEmployeeInfoDView 的导航。

编辑结果如图 9-33 所示。

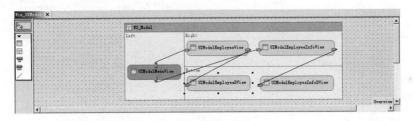

图 9-33

步骤六：创建如图 9-34 所示的数据字典。

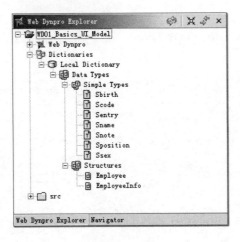

图 9-34

步骤七：创建节点并完成映射。

在组件控制器的 Context 选项卡中创建节点，如图 9-35 所示。

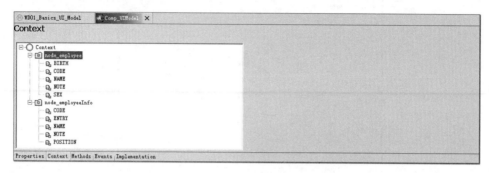

图　9-35

节点 node_employee 供应函数 supplyFunction 属性值设定如图 9-36 所示。

| Property | Value |
|---|---|
| collectionType | list |
| initializeLeadSelection | true |
| name | nodes_employee |
| selection | 0..1 |
| singleton | true |
| structure | com.sap.basic.ui.model.Employee |
| supplyFunction | supplyEmployee |
| technicalDocumentation | |

图　9-36

节点 node_employee Info 供应函数 supplyFunction 属性值设定如图 9-37 所示。

| Property | Value |
|---|---|
| collectionType | list |
| initializeLeadSelection | true |
| name | node_employeeInfo |
| selection | 0..1 |
| singleton | true |
| structure | com.sap.basic.ui.model.EmployeeInfo |
| supplyFunction | supplyEmployeeInfo |
| technicalDocumentation | |

图　9-37

单击组件控制器的选项卡 Implementation，实装供应函数如下。

supplyEmployee 函数：

```
        public void supplyEmployee(IPrivateComp_UIModel.INode_employeeNode node, IPrivateComp_UIModel.
IContextElement parentElement)
        {
            //@@begin supplyEmployee(IWDNode,IWDNodeElement)
            try {
                File csv = new File("E:\\WDJava\\Employee.csv");
                // CSV 数据文件
                BufferedReader br = new BufferedReader(new FileReader(csv));
                // 声明阅读器
                String line = "";
                // 声明文件行
```

220

```java
            INode_employeeElement employee = null;
            // 声明节点元素
            br.readLine();
            //读取一条
            while ((line = br.readLine()) != null) {
                // 读取文件直至最后一行
                StringTokenizer st = new StringTokenizer(line, ",");
                // 将文件行按逗号分隔，并将分隔后的数据放置到数组中
                employee = node.createNode_employeeElement();
                // 为节点元素赋值
                for (int i = 0; i < 5; i++) {
                    String strNext = st.nextToken();
                    // 读取数组中的数据
                    switch (i) {
                        case 0 :
                            employee.setCODE(strNext);
                        case 1 :
                            employee.setNAME(strNext);
                        case 2 :
                            employee.setSEX(strNext);
                        case 3 :
                            {
                                DateFormat dateFormat =
                                    new SimpleDateFormat("yyyyMMdd");
                                Date date = null;
                                try {
                                    date =
                                        new Date(
                                            dateFormat
                                                .parse(strNext)
                                                .getTime());
                                } catch (ParseException e1) {
                                    // TODO Auto-generated catch block
                                    e1.printStackTrace();
                                }
                                employee.setBIRTH(date);
                            }
                        case 4 :
                            employee.setNOTE(strNext);
                            //为节点元素赋值
                    }
                }
                node.addElement(employee);
                System.out.println();
            }
            br.close();
```

```
            } catch (FileNotFoundException e) {
                // File 对象的创建过程中的异常捕获
                e.printStackTrace();
            } catch (IOException e) {
                // BufferedReader 在关闭对象捕捉异常
                e.printStackTrace();
            }
        //@@end
    }
```

supplyEmployeeInfo 函数：

```
        public void supplyEmployeeInfo(IPrivateComp_UIModel.INode_employeeInfoNode node,IPrivate Comp_
UIModel.IContextElement parentElement)
        {
            //@@begin supplyEmployeeInfo(IWDNode,IWDNodeElement)
            try {
                File csv = new File("E:\\WDJava\\EmployeeInfo.csv");
                // 打开 CSV 数据文件
                BufferedReader br = new BufferedReader(new FileReader(csv));
                // 声明阅读器
                String line = "";
                // 声明文件行
                INode_employeeInfoElement employeeInfo = null;
                // 声明节点元素
                br.readLine();
                // 读取一条
                while ((line = br.readLine()) != null) {
                    // 读取文件直至最后一行
                    StringTokenizer st = new StringTokenizer(line,",");
                        // 将文件行按逗号分隔，并将分隔后的数据放置到数组中
                    employeeInfo = node.createNode_employeeInfoElement();
                    // 为节点元素赋值
                    for (int i = 0; i < 5; i++) {
                        String strNext = st.nextToken();
                        // 读取数组中的数据
                        switch (i) {
                            case 0 :
                                    employeeInfo.setCODE(strNext);
                            case 1 :
                                    employeeInfo.setNAME(strNext);
                            case 2 :
                                {
                                    DateFormat dateFormat =
                                        new SimpleDateFormat("yyyyMMdd");
                                    Date date = null;
                                    try {
```

```
                                                date =
                                                    new Date(
                                                        dateFormat
                                                            .parse(strNext)
                                                            .getTime());
                                } catch (ParseException e1) {
                                    // TODO Auto-generated catch block
                                    e1.printStackTrace();
                                }
                                employeeInfo.setENTRY(date);
                        }
                    case 3 :
                            employeeInfo.setPOSITION(strNext);
                    case 4 :
                            employeeInfo.setNOTE(strNext);
                //为节点元素赋值
                    }
                }
                node.addElement(employeeInfo);
                System.out.println();
            }
            br.close();
        } catch (FileNotFoundException e) {
            // File 对象在创建过程中的异常捕获
            e.printStackTrace();
        } catch (IOException e) {
            // BufferedReader 在关闭对象时捕捉异常
            e.printStackTrace();
        }

    //@@end
}
```

在数据建模工具中，映射组件控制器节点 node_Employee 和 node_empoyeeInfo 到各视图控制器，如图 9-38 所示。

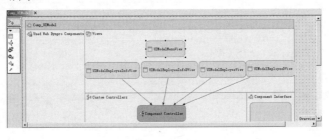

图　9-38

步骤八：编辑各视图。

在数据建模工具中，双击视图 UIModelMenuView，转到 Context 选项卡，设定根节点属性为 singleton，如图 9-39 所示。

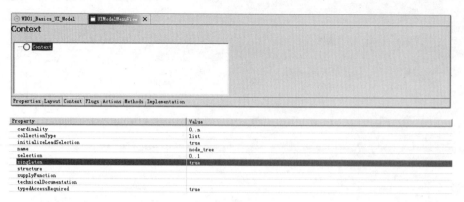

图　9-39

定义节点 node_tree，并在其下定义节点属性 MenuItem，在根节点 node_tree 上单击鼠标右键，按照如图 9-40 所示的菜单路径创建递归节点。

递归节点 sun_tree 创建如图 9-41 所示，单击 Finish 按钮。

图　9-40

图　9-41

递归节点属性设定如图 9-42 所示。

图　9-42

视图 Context 节点如图 9-43 所示。

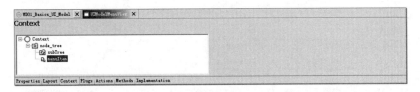

图　9-43

单击视图 Layout 选项卡，编辑页面（编辑默认的 TextView 元素的 text 属性）如图 9-44 所示。

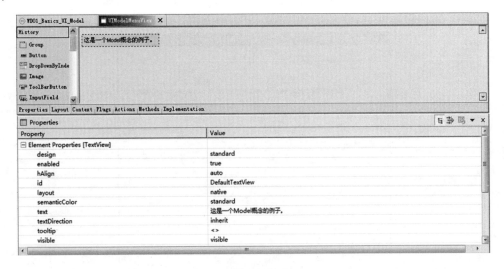

图　9-44

在页面中添加 UI 元素 Tree，编辑如图 9-45 所示，单击 Finish 按钮。

图　9-45

UI 元素 Tree_Menu 设定如图 9-46 所示。

图　9-46

选中 UI 元素 Tree_Menu，单击鼠标右键，为元素创建节点元素，单击 Finish 按钮，如图 9-47 所示。

图　9-47

元素属性设定如图 9-48 所示。

图　9-48

单击视图的 Implemention 选项卡，代码实装如下。
wdDoInit 函数:

```
//@@begin Javadoc:wdDoInit()
/** Hook method called to initialize controller. */
//@@end
public void wdDoInit()
{
```

```
//@@begin wdDoInit()
INode_treeElement level1element;
for (int i = 0; i < 2; i++) {
    level1element = wdContext.createNode_treeElement();
    if (i == 0) {
        level1element.setMenuItem("雇员信息");
    } else {
        level1element.setMenuItem("雇员公司信息");
    }
    wdContext.nodeNode_tree().addElement(level1element);
    for (int j = 0; j < 1; j++) {
        INode_treeElement level2element =
            level1element.nodeSubTree().createNode_treeElement();
        if (i == 0) {
            level2element.setMenuItem("显示 Pinfo");
        } else {
            level2element.setMenuItem("显示 Cinfo");
        }
        level1element.nodeSubTree().addElement(level2element);
    }
}
//@@end
}
```

onActionDisplay 事件处理:

```
//@@begin Javadoc:onActionDisplay(ServerEvent)
/** Declared validating event handler. */
//@@end
public void onActionDisplay(com.sap.tc.webdynpro.progmodel.api.IWDCustomEvent wdEvent )
{
    //@@begin onActionDisplay(ServerEvent)
    String  str = wdContext.currentNode_treeElement().nodeSubTree().currentNode_treeElement().
getMenuItem();
    if(str.charAt(2) == 'C')
    {
    wdThis.wdFirePlugOutToEmployeeInfo();
    }
    else
    {
    wdThis.wdFirePlugOutToEmployee();
    }
    //@@end
}
```

选中 UIModelEmployeeView,如图 9-49 所示。

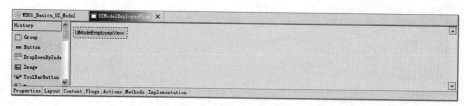

图 9-49

编辑 DefaultTextView 的 text 属性为 "雇员信息"；并为视图创建 UI 元素托盘 Tray，如图 9-50 所示，单击 Finish 按钮。

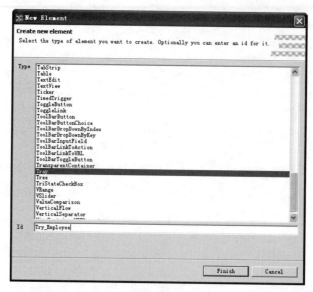

图 9-50

在 UI 元素 Try_Employee 中添加 UI 元素表格 Table，选中节点 node_Employee，节点属性对应的 UI 元素，编辑如图 9-51 所示。

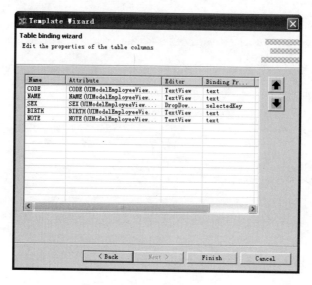

图 9-51

UI 元素 Table 的属性设定如图 9-52 所示。

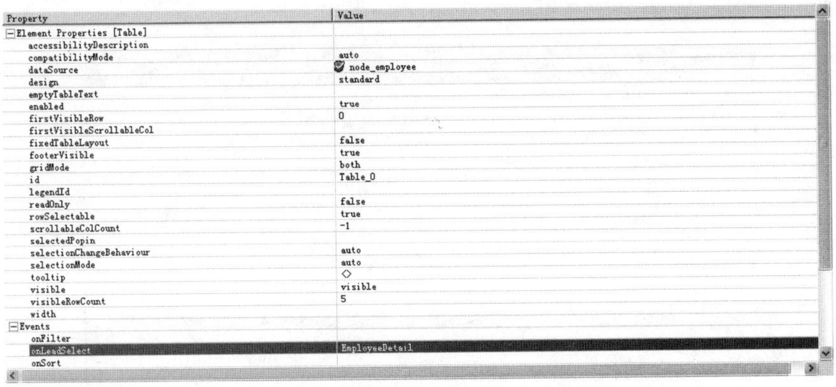

图　9-52

属性 onLeadSelect 的属性 EmployeeDetail 对应的动作 Action 定义如图 9-53 所示。

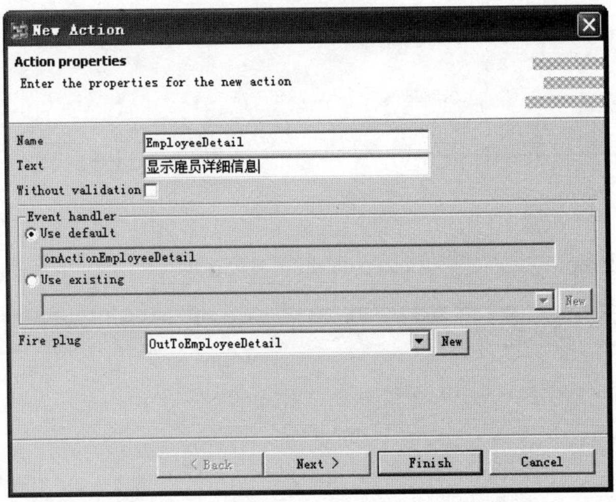

图　9-53

视图 Layout 页面编辑结果如图 9-54 所示。

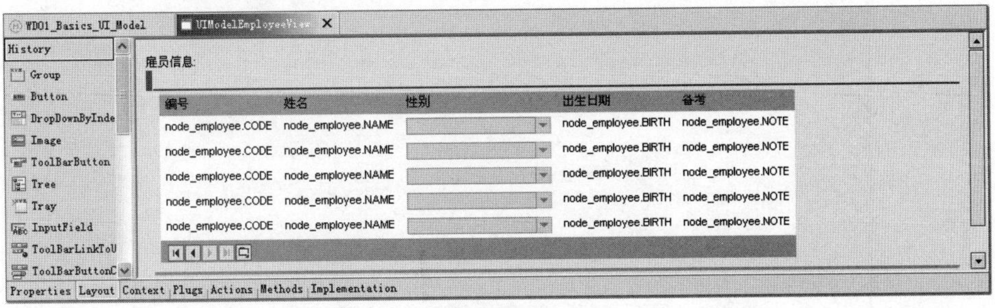

图　9-54

注：将性别 readonly 属性设为 True。

选中视图 UIModelEmployeeDView，编辑 DefaultTextView 的 text 属性为"雇员信息"，并为视图创建 UI 元素组 Group，如图 9-55 所示，单击 Finish 按钮。

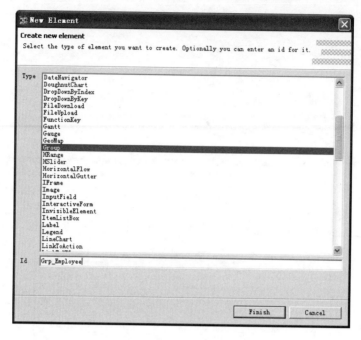

图　9-55

在 UI 元素 Grp_Employee 中编辑 Form，如图 9-56 所示。

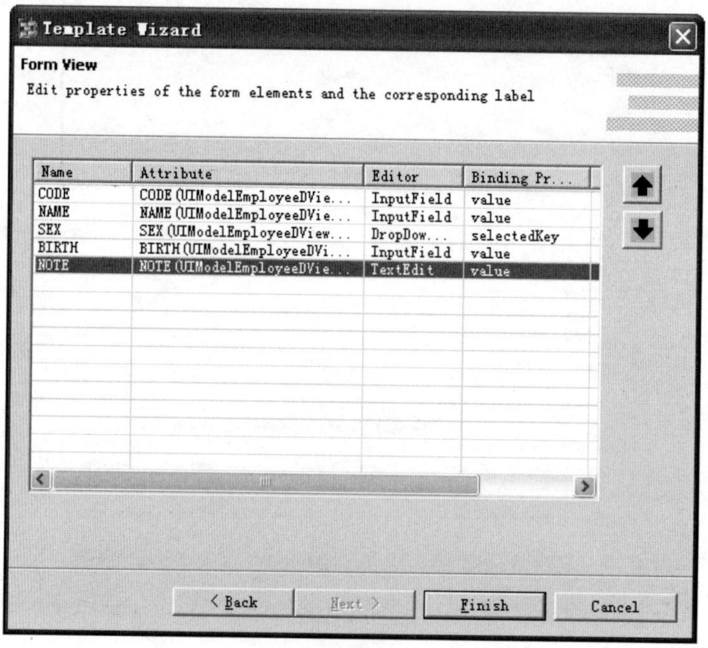

图　9-56

视图 Layout 页面编辑结果如图 9-57 所示。

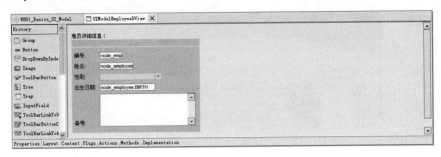

图　9-57

选中 UIModelEmployeeInfoView，如图 9-58 所示。

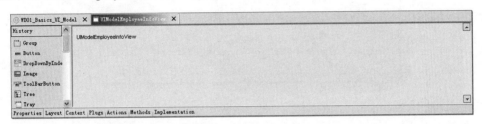

图　9-58

编辑 UI 元素 DefaultTextView 的 text 属性为"雇员公司信息"；并为视图创建 UI 元素托盘 Tray，如图 9-59 所示，单击 Finish 按钮。

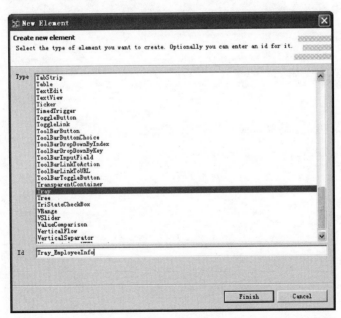

图　9-59

在 UI 元素 Tray_EmployeeInfo 中添加 UI 元素表格 Table。在 UI 元素表格 Table，选中节点 node_EmployeeInfo，节点属性对应的 UI 元素，编辑如图 9-60 所示。单击按钮 Finish，确

认设置。

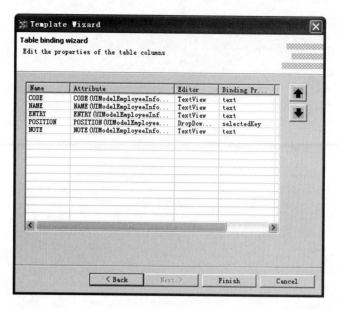

图 9-60

视图 Layout 页面编辑结果如图 9-61 所示。

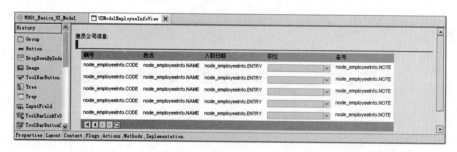

图 9-61

将职位 readOnly 属性设为 false，如图 9-62 所示。

| Property | Value |
|---|---|
| Element Properties [Table] | |
| accessibilityDescription | |
| compatibilityMode | auto |
| dataSource | node_employeeInfo |
| design | standard |
| emptyTableText | |
| enabled | true |
| firstVisibleRow | 0 |
| firstVisibleScrollableCol | |
| fixedTableLayout | false |
| footerVisible | true |
| gridMode | both |
| id | Table_0 |
| legendId | |
| readOnly | false |
| rowSelectable | true |
| scrollableColCount | -1 |
| selectedTopin | |
| selectionChangeBehaviour | auto |
| selectionMode | auto |
| tooltip | ◇ |
| visible | visible |
| visibleRowCount | 5 |
| width | |
| Events | |
| onFilter | |
| onLeadSelect | DisplayEmployeeInfo |

图 9-62

232

属性 onLeadSelect 的属性 DisplayEmployeaInfo 对应的动作 Action 定义如图 9-63 所示。

图　9-63

选中 UIModelEmployeeInfoDView，如图 9-64 所示。

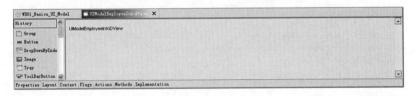

图　9-64

编辑 DefaultTextView 的 text 属性为"雇员公司详细信息"；并为视图创建 UI 元素组 Group，如图 9-65 所示，单击 Finish 按钮。

图　9-65

在 UI 元素 Grp_EmployeeInfo 中编辑 Form，如图 9-66 所示。

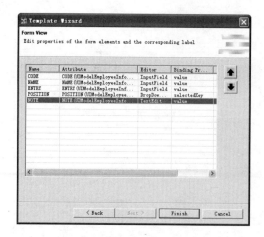

图 9-66

视图 Layout 页面编辑结果如图 9-67 所示。

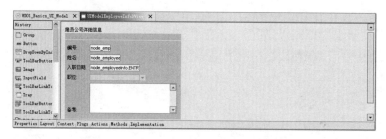

图 9-67

步骤九：创建 Web Dynpro Application，编译、发布并执行。

1）在 Web Dynpro 浏览器中树状节点 Application 上单击鼠标右键，按照图 9-68 所示创建 Web Dynpro Application。

填写 Application 名称和包名，如图 9-69 所示，单击 Next 按钮。

图 9-68

图 9-69

选中如图 9-70 所示的选项，单击 Next 按钮。

图　9-70

选中图 9-71 所示的选项，单击 Finish 按钮。

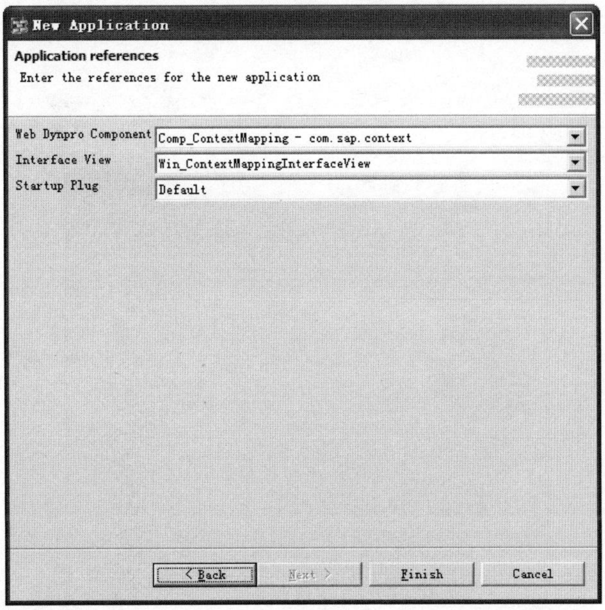

图　9-71

2）在 Web Dynpro 浏览器中树状节点 WD01_Basic_Context_Binding 上单击鼠标右键，按照图 9-72 所示编译 Web Dynpro 工程。

3）在 Web Dynpro 浏览器中 Application 树状节点下的 WD01_Basic_Context_Binding 上

单击鼠标右键，按照图 9-73 所示发布并运行。

图　9-72　　　　　　　　　　　　　　　　　　图　9-73

填写 SDM 密码，如图 9-74 所示，单击 OK 按钮。

图　9-74

发布结果如图 9-75 所示。

图　9-75

运行结果如图 9-76 所示。

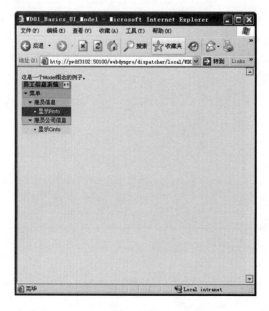

图　9-76

单击菜单项"显示 Pinfo"，显示如图 9-77 所示。

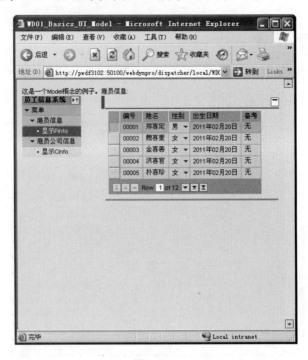

图 9-77

单击表格中的某一条记录，显示如图 9-78 所示。

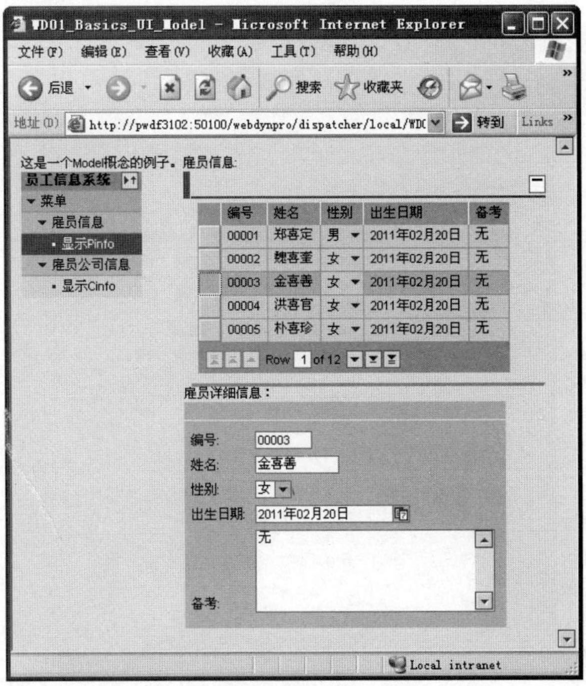

图 9-78

选择菜单项"显示CInfo"，显示如图9-79所示。

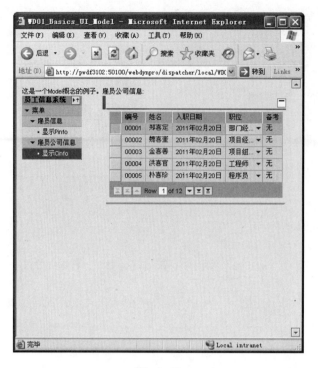

图 9-79

单击表格中的某一条记录，显示如图9-80所示。

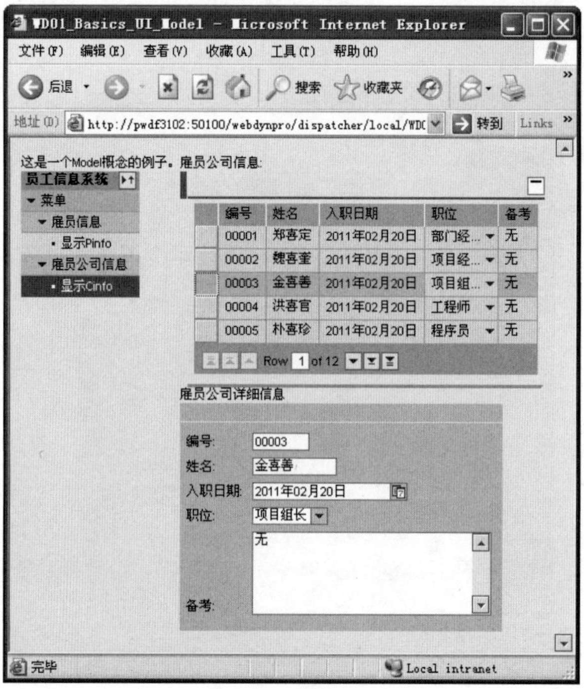

图 9-80

程序中 csv 文件格式如图 9-81、图 9-82 所示。

图　9-81

图　9-82

# 第10章　错误消息处理

消息处理主要处理人机交互，以不同类型的消息表示不同的信息级别和信息内容。
完成人机交互，需要用到以下技术：

1）消息编辑器（Message Editor）。

2）抛出消息的函数（IWDMessageManager-API）。

## 10.1　消息编辑器

在 SAP NetWeaver 开发工作室中，使用消息编辑器创建并编辑要在屏幕上显示的消息。
还可以使消息编辑以声明方式创建只能在运行时显示的文本（类似 ABAP 中的文本元素）。
为此使用的消息类型是文本（Message Type 为"Text"）。

在 SAP NetWeaver 开发工作室中，消息由 Web Dynpro 工具提供创建向导。开发人员可
以更改、添加或删除消息，其中的类型既可以是标准的（Message Type 为"Standard"），也
可以是错误的（Message Type 为"Error"），可以是警告（Message Type 为"Warning"），也
可以是文本（Message Type 为"Text"）。

使用消息编辑器创建并编辑要在屏幕上显示的消息。如图 10-1 所示。

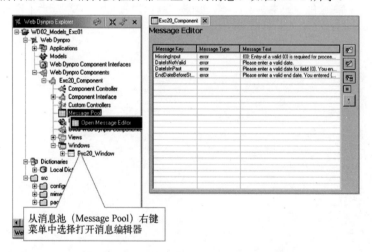

图　10-1

使用消息时需要指定一个消息的关键字、定义的消息类型和消息的文本。三种消息类型
（错误，警告，和标准）需要预先定义。在运行时，不同类型的信息在 Web 浏览器中显示，
例如，显示错误、警告或标准的特定图标，如图 10-2 所示。消息文本可以包含参数，这些
参数的格式符合 java.text.MessageFormat 类规范。

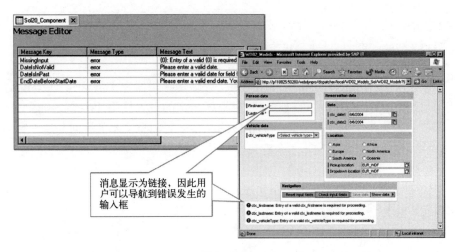

图 10-2

## 10.2 抛出消息的函数

消息管理器提供了许多方法,这些方法生成不同的错误消息,并允许不同的用户交互来纠正错误。

该接口 IWDMessageManager 中的方法传递错误信息的键字抛出和报告消息。该键字作为 IMessage<Web Dynpro component name>.Java 中的类型为 IWDMessage 的常量。

如果参照 Context 报告消息,则将会标记绑定到 Context 元素的 UI 元素为红色(错误)、黄色(警告)或绿色(标准)。

如果 raisePendingException()方法检查到报告给例外管理器的任何例外和异常仍保存在例外管理器中。如果仍然存在至少一个异常,则此方法不返回。

**1. 相关 APIs**

1)基于字符串的方法:reportWarning(), reportSuccess(), reportSuccess()。

2)参照 Context 的方法:reportInvalidContextAttributeException()。

3)消息 APIs:通过接口 IMessages<ComponentName>使用定义在组件级别的信息 reportInvalidContextAttributeException();raiseMessage() (不返回调用者);reportMessage() (返回给调用者,报告多个消息)。

**2. 常用方法**

1)访问消息管理器。IWDMessageManager messageMgr = wdThis.wdGetAPI().getComponent().getMessageManager();

2)报告一个简单的消息。messageMgr.reportMessage(<msg key>, <params>, <cancelNavigation>);

3)根据 Context 报告消息(该方法用于用户错误录入时,抛出错误并标记 UI 元素)。messageMgr.reportContextAttributeMessage(<context element>, <attributes>, <msg key>, <params>, <chancelNavigation>);

4)获取 Context 属性的信息。IWDAttributeInfo attributeInfo = wdContext.getNodeInfo().getAttribute(fieldName);

5）检查存储消息的异常管理器（该方法用于检查当前用户输入是否完整）。wdThis. wdGetAPI().getComponent().getMessageManager().raisePendingException();

**3．消息编辑器**

一个 Java 类 IMessage<ComponentName>是在使用编辑器定义消息时生成的。这个类作为常量包含每个消息。消息文本可以在运行时根据定义的设置使用 IWDMessageManager 接口输出。这里必须为每个定义的消息传递相应的参数。对消息文本的访问是基于键字的，在不同语言的翻译过程中，消息文本本身存储在单独的文件中。

**4．示例**

在信息编辑器中，该例使用 MissingInput 关键字定义错误类型消息。消息文本包含输入字段的标签文本作为参数，此参数标记为{ 0 },如图 10-3 所示。

开发人员可以在视图控制器的实现中使用接口 IWDMessageManager 的方法 reportContextAttributeMessage()来显示自定义消息。消息作为一个名为 MISSING_INPUT 的常量包含在生成的 IMessageSimpleErrors 接口中。参数{0}的值在数组{"Argument"}中传递。

在运行时，可以使用 IWDMessageManager 接口。

（1）消息定义

| Message Key | Message Type | Message Text |
| --- | --- | --- |
| MissingInput | error | {0}: Entry of a valid {0} is required for proceeding. |
| DateIsNotValid | error | Please enter a valid date. |
| DateIsInPast | error | Please enter a valid date for field {0}. You entered {1}, v |
| EndDateBeforeStartD... | error | Please enter a valid end date. You entered {0}, which la |

图　10-3

（2）消息操作

1）IWDMessageManager messageMgr =

this.wdThis.wdGetAPI().getComponent(). getMessageManager();

取得消息管理器。

2）Object attributeValue =

this.wdContext.currentContextElement().getAttributeValue(fieldname);

取得 Context 节点属性的值。

3）IWDAttributeInfo attributeInfo =

this.wdContext.getNodeInfo().getAttribute(fieldname);

取得 Context 节点属性的信息。

4）messageMgr.reportContextAttributeMessage(

**this**.wdContext.currentContextElement(),

attributeInfo,

IMessageSol20_Component.MISSING_INPUT,

**new** Object[] {"Argument"},

**true**);

抛出错误信息。

## 10.3 实例

### 10.3.1 开发要点

以不同方式抛出消息。

### 10.3.2 实例开发

步骤一：创建 Web Dynpro 工程。

利用向导创建 Web Dynpro 工程，命名 WD01_Basics_MessageReport，单击 Finish 按钮，如图 10-4 所示。

图　10-4

生成结果如图 10-5 所示。

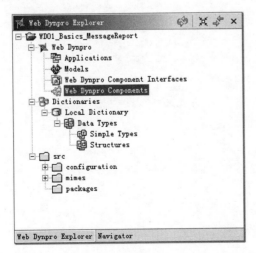

图　10-5

步骤二：创建 Web Dynpro 组件。

输入 Web Dynpro 组件的名称 Comp_MessageReport 和指定包名，将生成 Java 类（如 com.sap.basic.message），输入窗体及视图名称，单击 Finish 按钮，如图 10-6 所示。

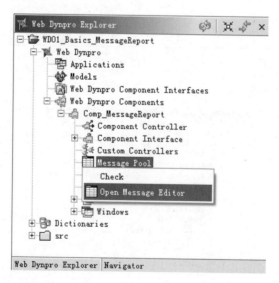

图 10-6

生成结果如图 10-7 所示。

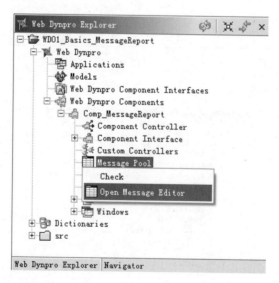

图 10-7

步骤三：编辑 Message 文本。

按照如图 10-7 所示，打开消息编辑器，如图 10-8 所示。

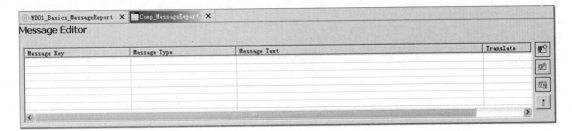

图　10-8

单击按钮新建消息，编辑消息的关键字、消息的类型、消息文本，如图 10-9、图 10-10
所示。

**Edit Message**

Edit the message contents here.

| | |
|---|---|
| Message Key | MissingInputs |
| Message Type | standard |
| Message Text Type | not_specified |
| Message Text | {0}为必须输入框！ |
| Translate | ☑ |

OK　　Cancel

图　10-9

**New Message**

Edit the message contents here.

| | |
|---|---|
| Message Key | MissingInputt |
| Message Type | text |
| Message Text Type | caption |
| Message Text | 这是一个Message实例。 |
| Translate | ☐ |

OK　　Cancel

图　10-10

注：消息类型分为以下几种。
- standard
- warning
- error
- text

245

编辑结果如图 10-11 所示。

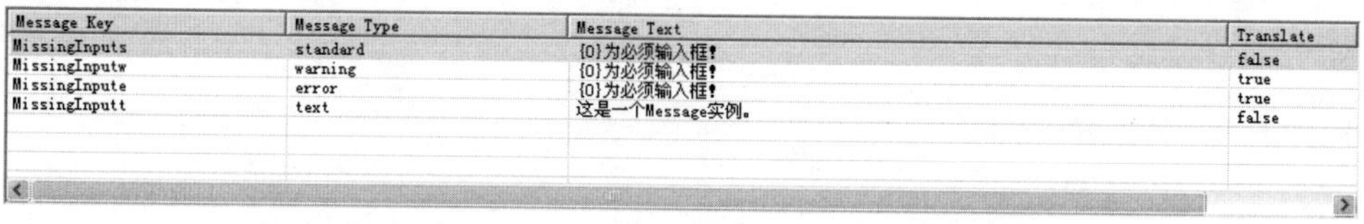

| Message Key | Message Type | Message Text | Translate |
|---|---|---|---|
| MissingInputs | standard | [0]为必须输入框！ | false |
| MissingInputw | warning | [0]为必须输入框！ | true |
| MissingInpute | error | [0]为必须输入框！ | true |
| MissingInputt | text | 这是一个Message实例。 | false |
| | | | |
| | | | |

图 10-11

步骤四：编辑视图 Layout。

向视图中添加 UI 元素，编辑如图 10-12 所示，单击 Finish 按钮。

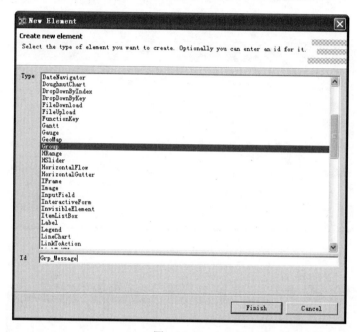

图 10-12

向 UI 元素 Grp_Message 中添加表单 Form，编辑如图 10-13 所示。

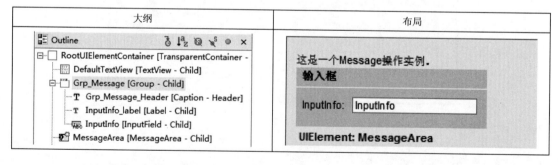

图 10-13

向 UI 元素 Grp_Message 中添加按钮 SMessage，ReportWMessage，ReportEMessage。向导参照如图 10-14 所示。

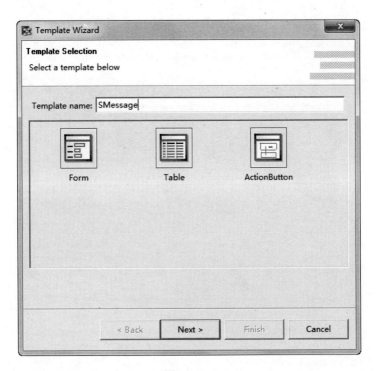

图 10-14

选中 ActionButton 图标，单击 Next 按钮，如图 10-15 所示。

单击 Next 按钮，如图 10-16 所示。

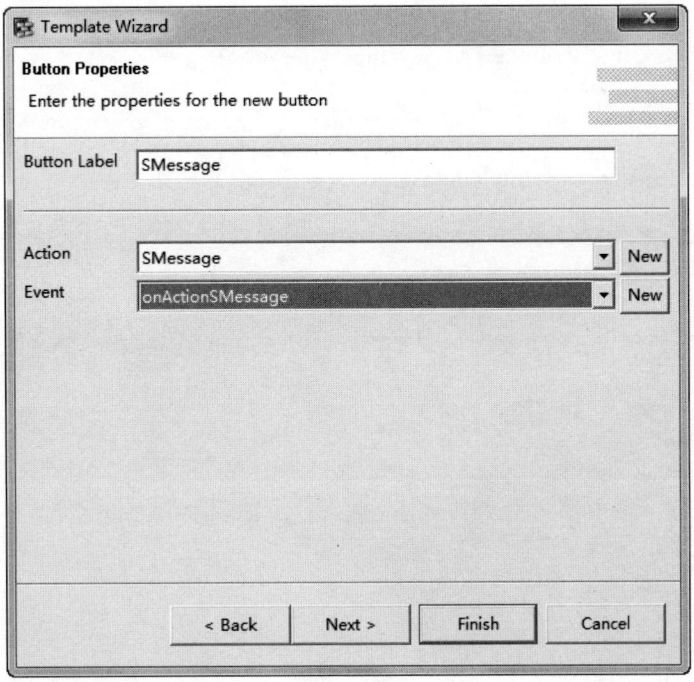

图 10-15

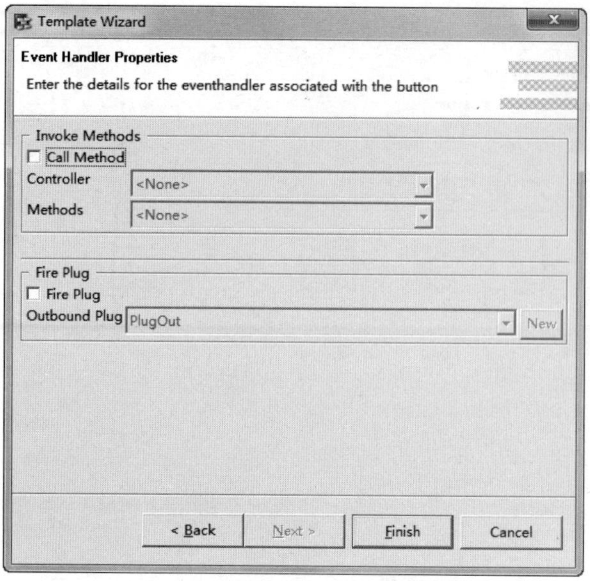

图 10-16

单击 Finish 按钮，按照以上步骤分别创建按钮 ReportWMessage，ReportEMessage，最终布局编辑如图 10-17 所示.

图 10-17

步骤五：单击视图选项卡 Implemetention，按钮实装方法如下：

```
//@@begin javadoc:onActionSMessage(ServerEvent)
  /** Declared validating event handler. */
//@@end
public void onActionSMessage(com.sap.tc.webdynpro.progmodel.api.IWDCustomEvent wdEvent )
{
  //@@begin onActionSMessage(ServerEvent)
  //取得消息管理器
  IWDMessageManager messageMgr    =
      this.wdThis.wdGetAPI().getComponent().getMessageManager();
  //取得 Context 节点属性"InputInfo"的信息
  IWDAttributeInfo attributeInfo =
      this.wdContext.getNodeInfo().getAttribute("InputInfo");
  //取得 Context 节点属性"InputInfo"的值
  String str = wdContext.currentContextElement().getInputInfo();
  if(str == null)
  //如果取到空值
```

```
        {
            messageMgr.reportMessage(IMessageComp_MessageReport.MISSING_INPUTS,new
                Object[] {"InputInfo"},true);
        }
    //@@end
    }
//@@begin javadoc:onActionReportWMessage(ServerEvent)
    /** Declared validating event handler. */
    //@@end
    public void onActionReportWMessage(com.sap.tc.webdynpro.progmodel.api.IWDCustomEvent wdEvent )
    {
        //@@begin onActionReportWMessage(ServerEvent)
        IWDMessageManager messageMgr    =
            this.wdThis.wdGetAPI().getComponent().getMessageManager();

        IWDAttributeInfo attributeInfo =
            this.wdContext.getNodeInfo().getAttribute("InputInfo");

        String str = wdContext.currentContextElement().getInputInfo();
        if(str == null)
        {
            messageMgr.raiseMessage(IMessageComp_MessageReport.MISSING_INPUTW,new    Object[]
                {"InputInfo"},true);
        }
        //@@end
    }
//@@begin javadoc:onActionReportEMessage(ServerEvent)
    /** Declared validating event handler. */
    //@@end
    public void onActionReportEMessage(com.sap.tc.webdynpro.progmodel.api.IWDCustomEvent wdEvent )
    {
        //@@begin onActionReportEMessage(ServerEvent)
        IWDMessageManager messageMgr    =
            this.wdThis.wdGetAPI().getComponent().getMessageManager();

        IWDAttributeInfo attributeInfo =
                this.wdContext.getNodeInfo().getAttribute("InputInfo");

        String str = wdContext.currentContextElement().getInputInfo();
        if(str == null)
        {

    messageMgr.reportContextAttributeMessage(wdContext.currentContextElement(),attributeInfo,IMessage
Comp_MessageReport.MISSING_INPUTE,new Object[] {"InputInfo"},true);
        }
        //@@end
    }
```

步骤六：创建 Web Dynpro Application，编译、发布并执行。

1）创建 Web Dynpro 应用如图 10-18 所示，单击 Next 按钮。

选中如图 10-19 所示的选项，单击 Next 按钮。

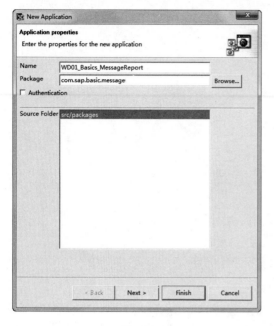
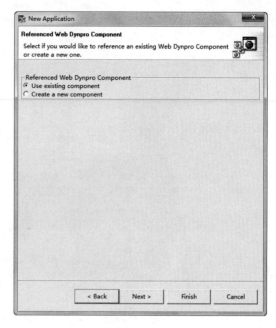

图　10-18　　　　　　　　　　　　　　　　　　　图　10-19

选中如图 10-20 所示的选项，单击 Finish 按钮。

图　10-20

2）在 Web Dynpro 浏览器中树状节点 WD01_Basic_Context_Binding 上单击鼠标右键，按照图 10-21 所示编译 Web Dynpro 工程。

3）在 Web Dynpro 浏览器中 Application 树状节点下的 WD01_Basic_Context_Binding 上单击鼠标右键，按照如图 10-22 所示，发布并运行。

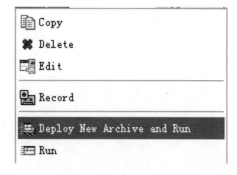

图 10-21                                    图 10-22

填写 SDM 密码，如图 10-23 所示，单击 OK 按钮。

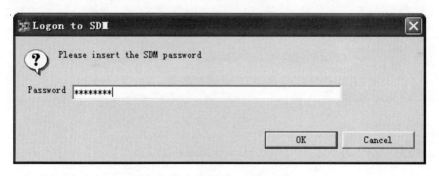

图 10-23

发布结果如图 10-24 所示。

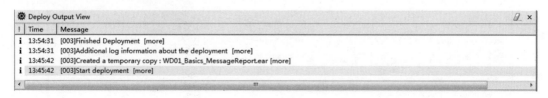

图 10-24

运行结果如图 10-25 所示。

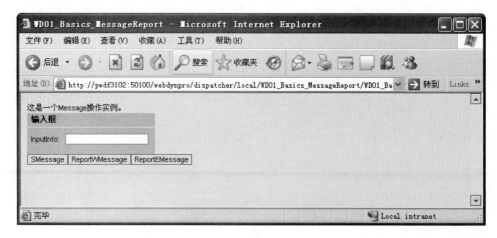

图 10-25

单击 SMessage 按钮，显示消息如图 10-26 所示。

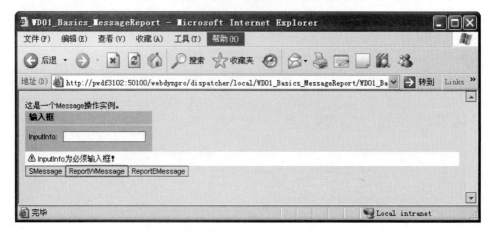

图 10-26

单击 ReportWMessage 按钮，显示消息如图 10-27 所示。

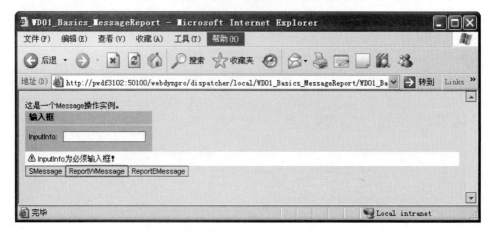

图 10-27

单击 ReportEMessage 按钮，显示消息如图 10-28 所示。

图 10-28

# 第11章　一般用户界面服务

对于用户界面元素的服务，延续了 SAP 原有的设计，常用的搜索帮助有。

（1）通用的 UI 服务

Web Dynpro 运行时环境为应用程序开发提供通用的 UI 服务。这些 UI 服务使程序员可以容易地创建常量值帮助，例如，国家或邮政编码的帮助。

（2）简单值选择器

当将下拉列表框（DropdownByKey）UI 元素绑定到类型为简单类型的值属性（与 ABAP 数据字典中的域值类似）时，如图 11-1 所示，可以使用简单值选择器（Simple Value Selector，简称 SVS）作为下拉列表框来显示一组常量。简单值选择器对于常数值的小集合（最多 30 个条目）特别有用。

（3）扩展值选择器

扩展值选择器（Extended Value Selector，简称 EVS）基于输入字段 UI 元素绑定到包含值集的简单类型的 Context 值属性，如图 11-2 所示。

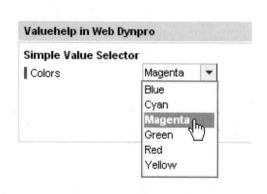

图　11-1　　　　　　　　　　　　　　　　　　图　11-2

如果由于简单数据类型的简单类型中有大量常量，下拉列表框太长，则应该使用扩展值选择器。此值选择器可以在常规输入字段下面的特殊对话框中显示大量的常量。扩展值选择器还提供排序功能和搜索功能（类似于 ABAP 数据字典中的搜索帮助）。此值选择器的主要概念是将常量绑定到输入字段或下拉列表框 UI 元素。常数包含在简单数据类型的简单类型中，并且值属性具有相同的类型。除了运行时的值属性的动态数据类型修改外，应用程序开发人员只要实现涉及的声明。

SVS 和 EVS 这两种类型的 ValueHelp 都可以基于动态修改的数据类型。

（4）对象值选择器

在许多应用场景中，需要一种附加类型的 ValueHelp 来搜索某种对象而不是常量值。例如，想寻找一个航空公司 ID，为了找到这个 ID，用户想输入一些相关数据，如出发和到达机场或航班日期的搜索数据。搜索结果（匹配对象）显示在表格中，并且在选择数据之后，该 ID（或其他值）被自动转移到相应的输入字段。为此，Web Dynpro 提供了一种称为对象值选择器（Object Value Selector，简称 OVS）的第三种通用价值帮助服务，这与 ABAP 中的 OVS 如出一辙。如图 11-3 所示。

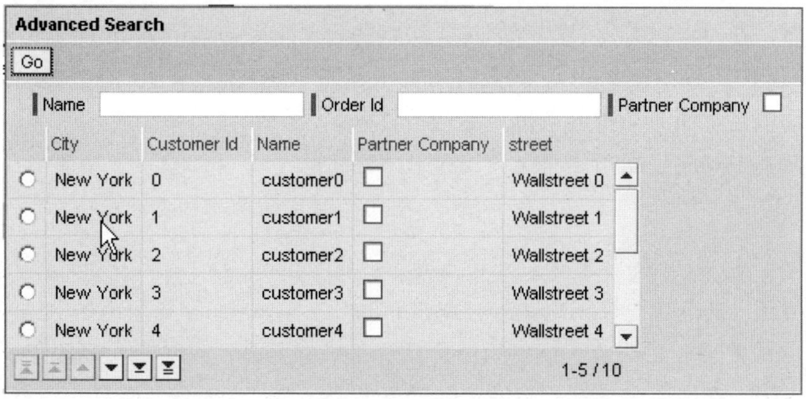

图 11-3

与简单值选择器和扩展值选择器相反，对象值选择器并不完全基于声明性方法。为了将复杂的 ValueHelp 嵌入到 Web Dynpro 应用程序中，程序员必须在相关的对象值选择器自定义控制器中实现一些代码行。作为编程工作的折中，Web Dynpro 运行时自动呈现通用的对象值选择器 UI 元素，如图 11-4 所示。

这个用户界面是基于一种特殊的对象值选择器，核心部件属于 Web Dynpro Java 运行环境。

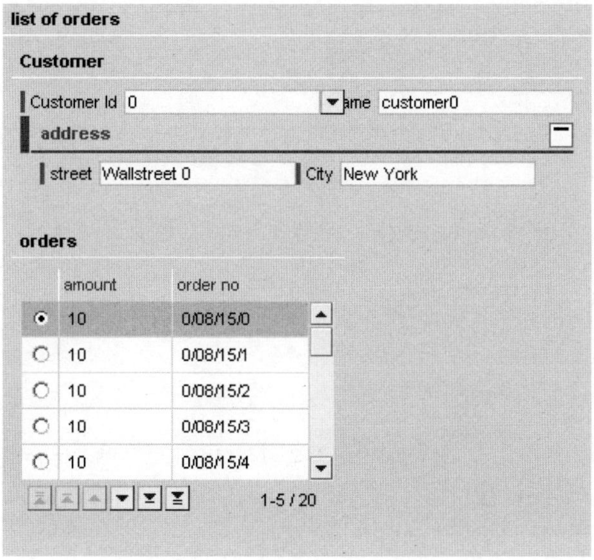

图 11-4

255

## 11.1 简易静态值的数据集实现

（1）通用值帮助服务

在设计时，在 Java 字典中，一个简单的数据类型指定为一个属性值的简单类型。如果下拉列表框 UI 元素的 selectedKey 属性绑定到该属性，则下拉列表框（即简单值选择器）将在运行时自动填充视图布局中的条目。这些条目存储在值属性的数据类型中。值集是键值的列表。在源文本中始终使用与语言无关的键值，而依赖于语言的显示文本显示在下拉列表框中，如图 11-5 所示。

**注**：视图 Context 中没有数据绑定用以显示的值。UI 元素只有选定的属性被绑定，所有其他信息都由属性的数据类型所定义的值提供。

这是在用户界面上显示值属性（简单类型的类型信息，例如常量或标签文本）的元数据的一种简单方法。在这个示例中，在运行时静态定义值属性的数据类型。

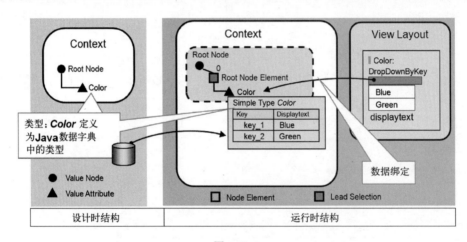

图 11-5

下拉列表框 UI 元素的 selectedKey 属性绑定的是简单类型的 Context 属性的值类型（Java 字典）。

下拉列表框会自动填充显示出简单类型的元数据中的显示文本。

（2）动态值的集合

如果要显示的值的集合（Dataset）在设计时不存在（只有根据用户的输入才能确定），则必须在运行时动态取得。出于这个原因，Web Dynpro 应用程序的编程模型 API 可以修改单个给定数据类型的 Context 属性。

为了在 Context 中表示值集，可以在其元数据中使用动态修改值属性的数据类型来保存值集以提供键入的值。

## 11.2　扩展值动态值的数据集实现

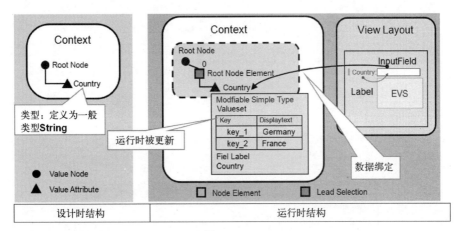

图　11-6

例子：修改 Context 值属性的数据类型。

在该示例中，使用扩展值选择器，其中常量数据集在设计时不是静态可用的，仅在运行时可用。

视图控制器的初始化会在运行时，动态修改值属性 Country 的静态声明的数据类型。

> **注：**数据类型字符串的修改仅影响一个值属性，即使在其他地方多次使用相同的类型。

除了常量集之外，本例还设置了 FieldLabor 属性，然后将其自动显示在国家输入字段前面的标签 UI 元素中。这要求在设计时将国家（Country）输入字段的名称分配给标签 UI 元素的 LabelFor 属性。由于此输入字段绑定到值属性，因此可以使用修改后的数据类型简单类型的值属性元数据来确定要在运行时显示的标签文本。

```
public void wdDoInit() {
  //@@begin wdDoInit()
  // Modify SimpleType of context value attribute named Country
  IWDAttributeInfo attributeInfo =
    wdContext.getNodeInfo().getAttribute("Country");
  ISimpleTypeModifiable countryType =
    attributeInfo.getModifiableSimpleType();
  countryType.setFieldLabel("Country");
  IModifiableSimpleValueSet valueSet =
    automakerType.getSVServices().getModifiableSimpeValueSet();
  valueSet.put("DE", "Germany");
  valueSet.put("GB", "Great Britain");
  valueSet.put("US", "United States");
  valueSet.put("ALL", "All");
  wdContext.currentContextElement().setCountry("ALL");
  //@@end
}
```

## 11.3 实例

### 11.3.1 开发要点

以扩展值选择器形式实现简单的输入帮助。

### 11.3.2 实例开发

步骤一：创建 Web Dynpro 工程。

利用向导创建 Web Dynpro 工程，命名为 WD01_Basics_UIServices，单击 Finish 按钮，如图 11-7 所示。

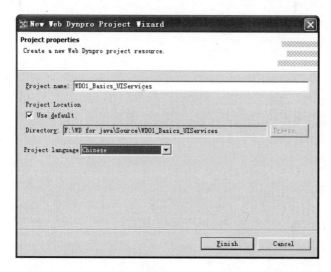

图　11-7

生成工程结果如图 11-8 所示。

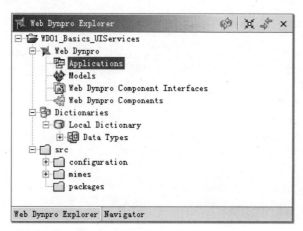

图　11-8

步骤二：创建 Web Dynpro Application。

展开 Web Dynpro 节点并打开 Web Dynpro Application 的右键菜单，按照图 11-9 所示，创建 Web Dynpro 应用。

填写 Application 名称和包名，单击 Next 按钮，如图 11-10 所示。

图 11-9

图 11-10

选中以下选项，单击 Next 按钮，如图 11-11 所示。

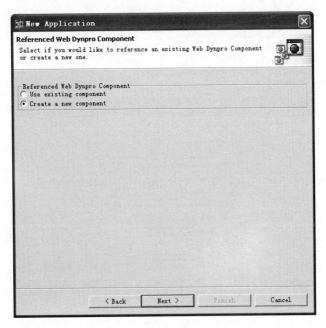

图 11-11

在向导画面中填入组件名称及包、视图和窗体的名称，单击 Finish 按钮，如图 11-12 所示。

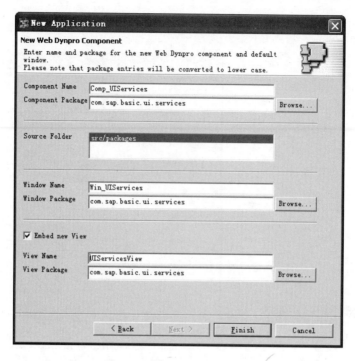

图 11-12

生成工程结果如图 11-13 所示。

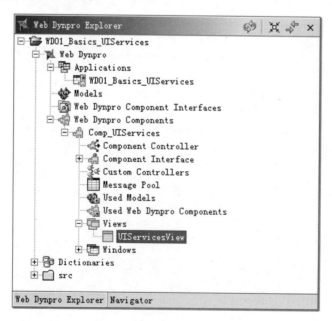

图 11-13

步骤三：创建视图 Context 属性。

选中生成的视图 UIServicesView，如图 11-14 所示。

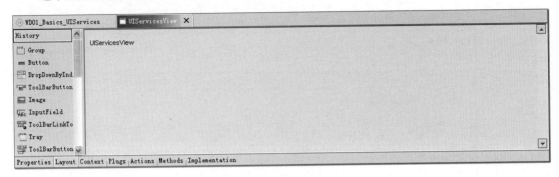

图 11-14

单击 Context 选项卡，创建 Context 属性，如图 11-15 所示。

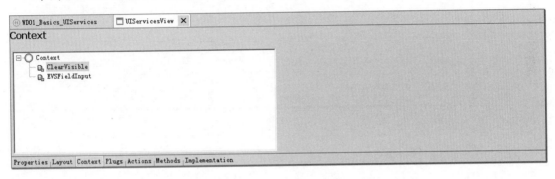

图 11-15

注：Context 属性 ClearVisible 的类型为：com.sap.ide.webdynpro.uielementdefinitions.Visibility。

步骤四：编辑视图 Layout 画面。

在视图 Layout 选项卡的右下角，选中 Form 下的 Context 节点，拖向 Layout 页面中，如图 11-16 所示。

图 11-16

261

选中节点，单击 Next 按钮，如图 11-17 所示。

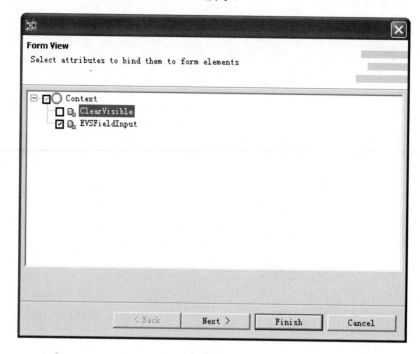

图　11-17

编辑如图 11-8 所示，单击 Finish 按钮。

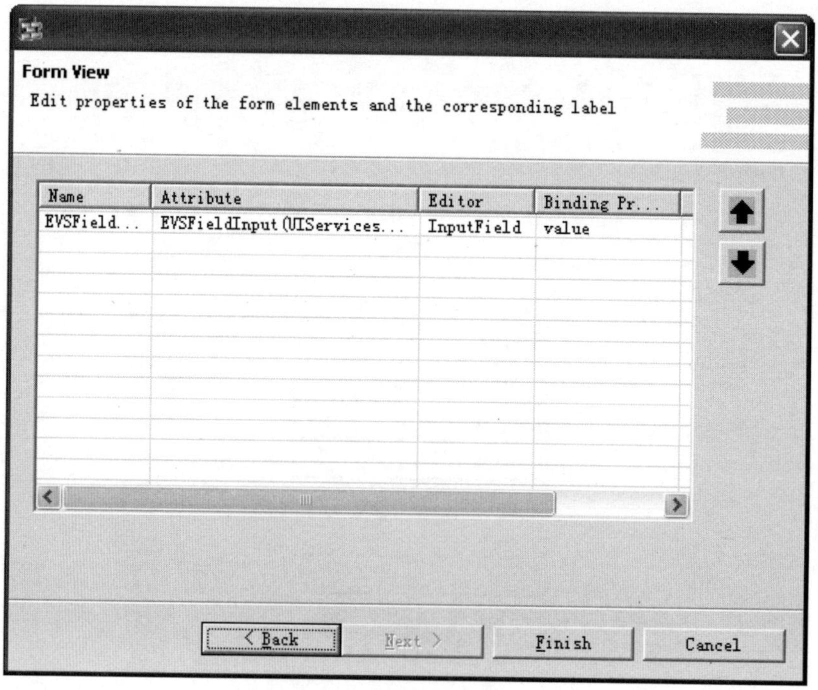

图　11-18

编辑结果如图 11-19 所示。

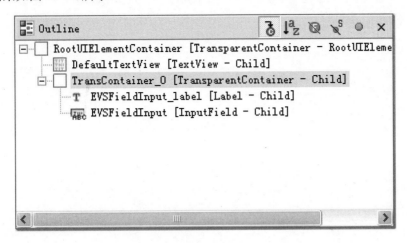

图　11-19

创建动作，选中 ActionButton，单击 Next 按钮，如图 11-20 所示。

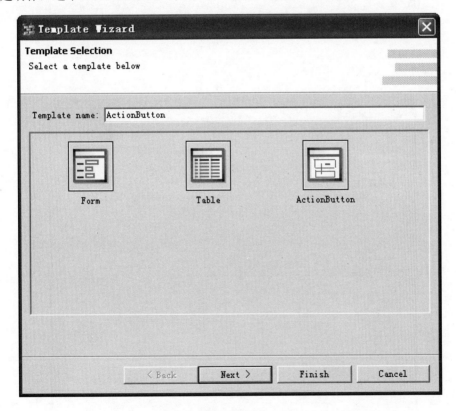

图　11-20

编辑按钮文本、动作和事件，单击 Next 按钮，如图 11-21 所示。

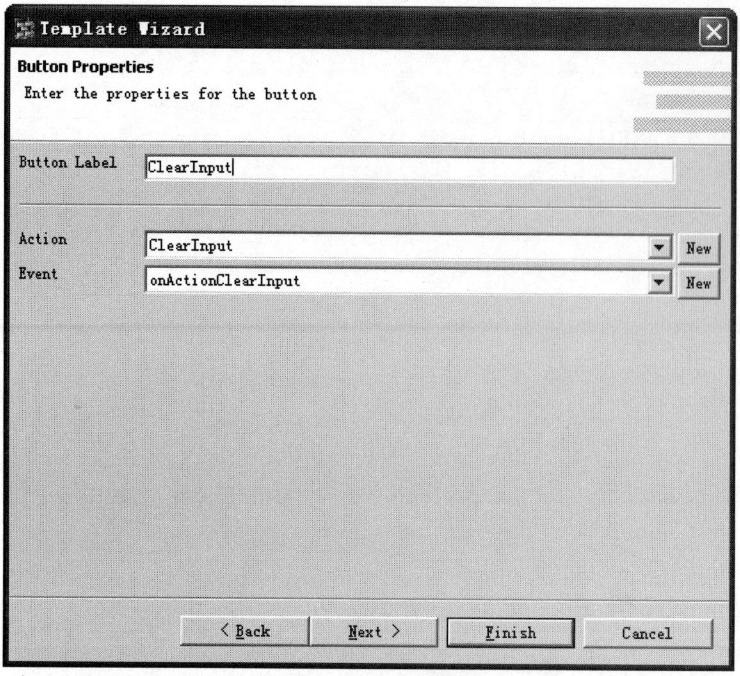


图 11-21

编辑事件属性，如图 11-22 所示，单击 Finish 按钮。

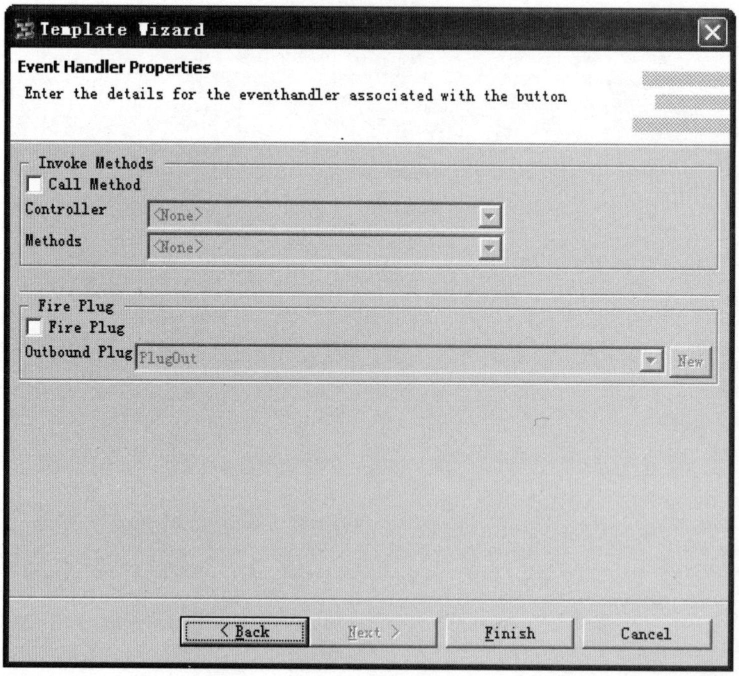


图 11-22

按钮属性设定如图 11-23 所示。

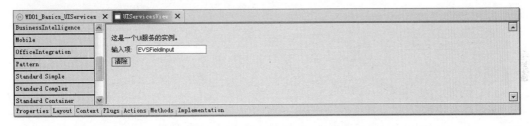

| Property | Value |
|---|---|
| ⊟Element Properties [Button] | |
| design | standard |
| enabled | true |
| id | ClearInput |
| imageAlt | |
| imageFirst | true |
| imageSource | ◇ |
| size | standard |
| text | 清除 |
| textDirection | inherit |
| tooltip | ◇ |
| visible | ClearVisible |
| width | |
| ⊟Events | |
| onAction | ClearInput |
| ⊟Layout Data [FlowData] | |

图 11-23

注：visible 属性设定为 Context 属性 ClearVisible 的值。

编辑结果，如图 11-24 所示。

图 11-24

步骤五：编辑代码实现功能。

单击选项卡 Implementation，编辑代码如下：

```
    public static void wdDoModifyView(IPrivateUIServicesView wdThis, IPrivateUIServicesView. IContextNode
wdContext, com.sap.tc.webdynpro.progmodel.api.IWDView view, boolean firstTime)
    {
    //@@begin wdDoModifyView
        IWDInputField input =
            (IWDInputField) view.getElement(
                IPrivateUIServicesView.IContextElement.EVS_FIELD_INPUT);
        if (firstTime) {
            input.setLength(20);
            //input.setReadOnly(false);
            IModifiableSimpleValueSet inputValueSet =
                wdContext
                    .getNodeInfo()
                    .getAttribute(
                        IPrivateUIServicesView.IContextElement.EVS_FIELD_INPUT)
                    .getModifiableSimpleType()
                    .getSVServices()
                    .getModifiableSimpleValueSet();
            for (int i = 1; i <= 4; i++) {
                String key = String.valueOf(i);
                String text = "CET" + key;
```

```
                                    inputValueSet.put(key, text);
                            }

                    }
                    String inputValue = input.getValue();
                    if (inputValue == "" || inputValue == null) {
                            wdContext.currentContextElement().setClearVisible(
                                    WDVisibility.NONE);
                            input.setReadOnly(false);
                    } else {
                            input.setReadOnly(true);
                            wdContext.currentContextElement().setClearVisible(
                                    WDVisibility.VISIBLE);
                    }
            //@@end
        }
        public void onActionClearInput(com.sap.tc.webdynpro.progmodel.api.IWDCustomEvent wdEvent )
        {
            //@@begin onActionClearInput(ServerEvent)
                    wdContext.currentContextElement().setClearVisible(WDVisibility.NONE);
                    wdContext.currentContextElement().setEVSFieldInput("");
            //@@end
        }
```

步骤六：保存、编译、发布项目并运行 Application。

发布结果如图 11-25 所示。

| ! | Time | Message |
|---|------|---------|
| i | 11:15:32 | [010]Finished Deployment [more] |
| i | 11:15:32 | [010]Additional log information about the deployment [... |
| i | 11:15:24 | [010]Created a temporary copy : WD01_Basics_UIServices.... |
| i | 11:15:24 | [010]Start deployment [more] |

图　11-25

运行结果如图 11-26 所示。

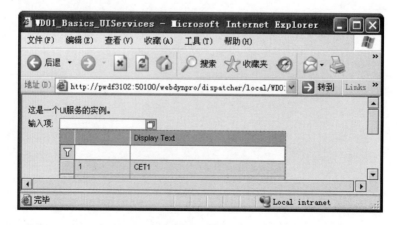

图　11-26

输入值如图 11-27 所示。

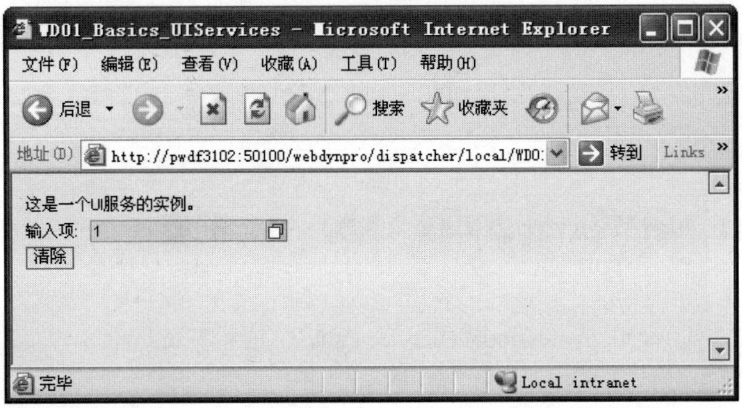


图 11-27

单击清除按钮，结果如图 11-28 所示。

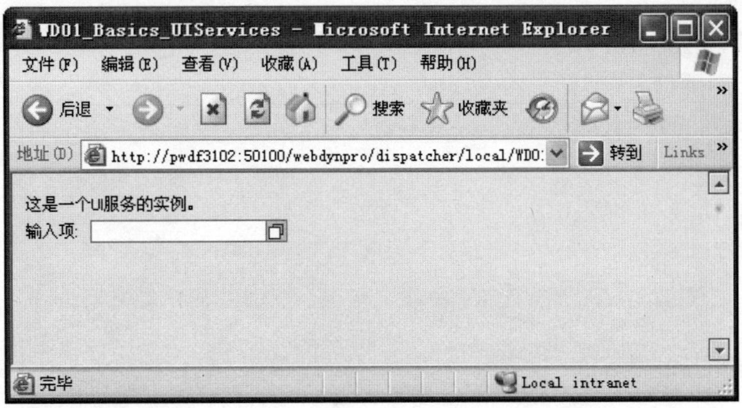


图 11-28

# 附　　录

## 附录 A　SAP NetWeaver 2004s（7.0）安装配置指南

**1．安装前提**

操作系统: Windows XP Professional (Service Pack 2) 或者 Windows Server 2003 或者 Windows Vista；

主机名不能超过 13 个字符；

NTFS 文件系统；

Internet Explorer 5.5 以上版本或者 Firefox 1.0 以上版本；

至少 1 GB RAM；

奔腾Ⅲ处理器 1.1 GHz 以上；

25 GB 以上的硬盘；

分辨率在 1024×768 像素以上。

**2．安装**

（1）安装 JDK1.4 并下载 JCE

步骤一：在如图 A-1 所示的路径下，双击 j2sdk-1_4_2_09-windows-i586-p.exe 文件。

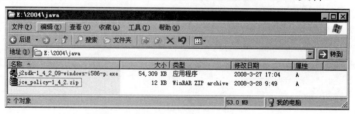

图　A-1

步骤二：在弹出的窗体中单击 Next 按钮，如图 A-2 所示。

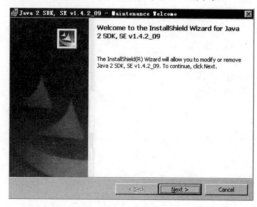

图　A-2

步骤三：选中 I accept the terms in the license agreement 选项，单击 Next 按钮，如图 A-3 所示。

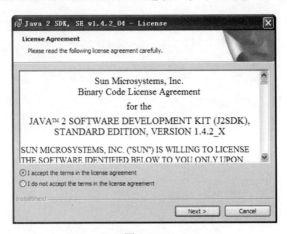

图 A-3

步骤四：确认安装路径及安装组件，单击 Next 按钮，如图 A-4 所示。

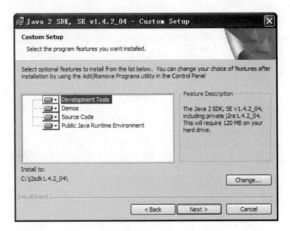

图 A-4

步骤五：选中相关复选框，单击 Install 按钮，如图 A-5 所示。

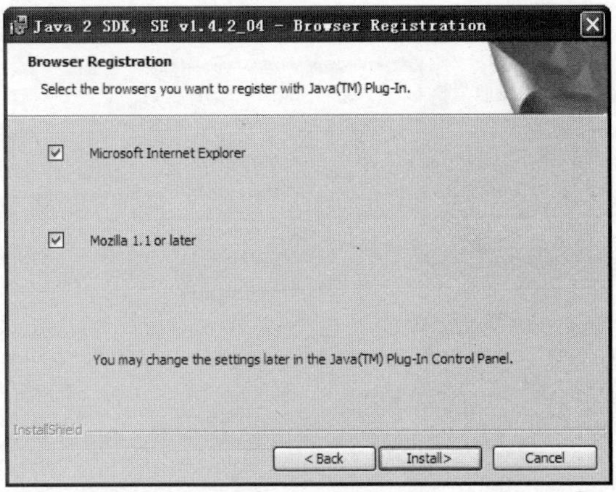

图 A-5

安装 SDK 如图 A-6 所示。

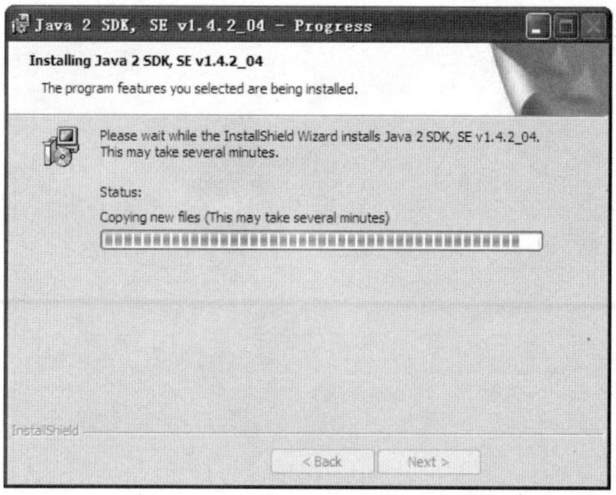

图　A-6

安装 JRE 如图 A-7 所示。

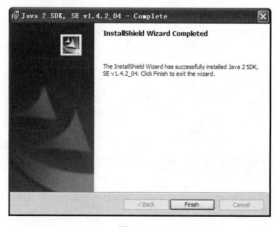

图　A-7

步骤六：单击 Finish 按钮，如图 A-8 所示，完成安装。

图　A-8

（2）安装 SAP NW2004s

步骤一：在如图 A-9 所示路径下，双击 文件。

图　A-9

步骤二：在弹出的窗体中，选中 Installation，单击 Next 按钮，如图 A-10 所示。

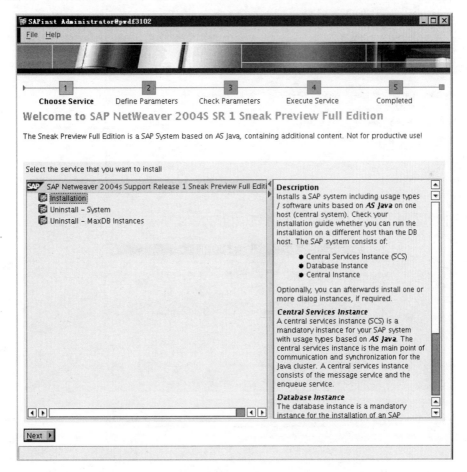

图　A-10

步骤三：选中 I have read and agree to this license. ☑复选框，单击 Next 按钮，如图 A-11 所示。

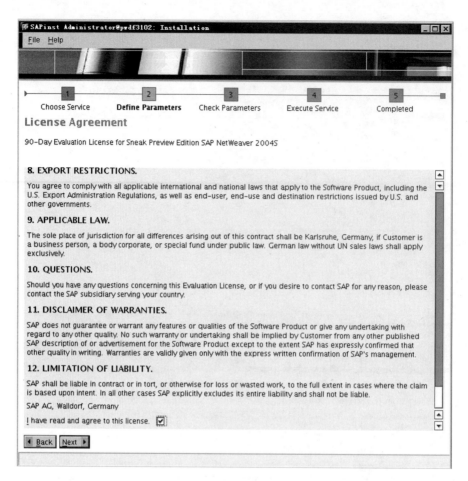

图　A-11

步骤四：在弹出的窗体中单击 OK 按钮，如图 A-12 所示。

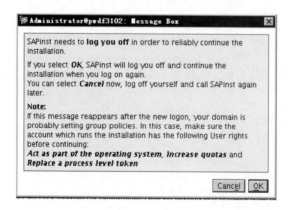

图　A-12

步骤五：选定 JDK 的安装路径，单击 Next 按钮，如图 A-13 所示。

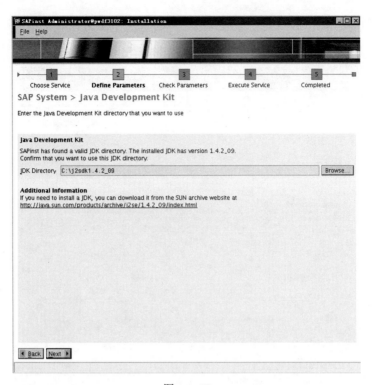

图　A-13

步骤六：选定 JCE 的保存路径，单击 Next 按钮，如图 A-14 所示。

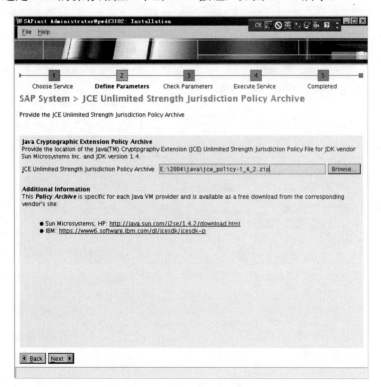

图　A-14

步骤七：填入数据库 ID 并选定安装路径，单击 Next 按钮，如图 A-15 所示。

图　A-15

步骤八：填写主密码，单击 Next 按钮（用来登录数据库），如图 A-16 所示。

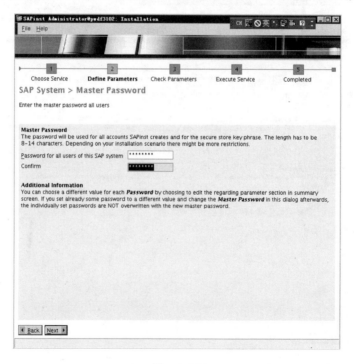

图　A-16

步骤九：选中Use domain of current user选项（网络应用），单击 Next 按钮，如图 A-17 所示。

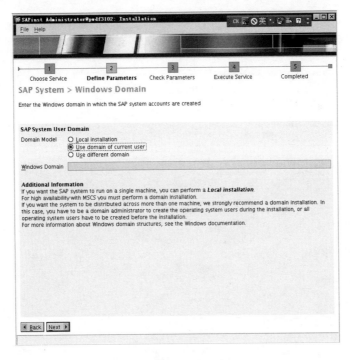

图　A-17

步骤十：填写系统管理员密码（用于登录操作系统），单击 Next 按钮，如图 A-18 所示。

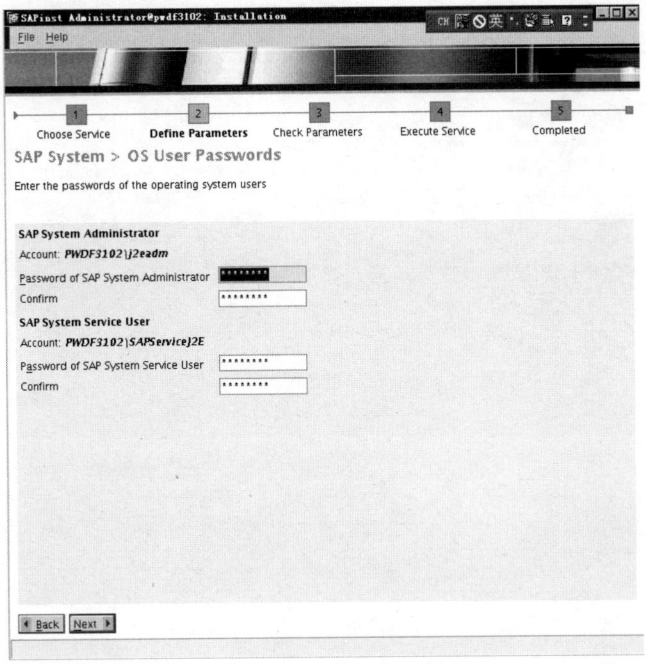

图　A-18

步骤十一：填写数据库参数，单击 Next 按钮，如图 A-19 所示。

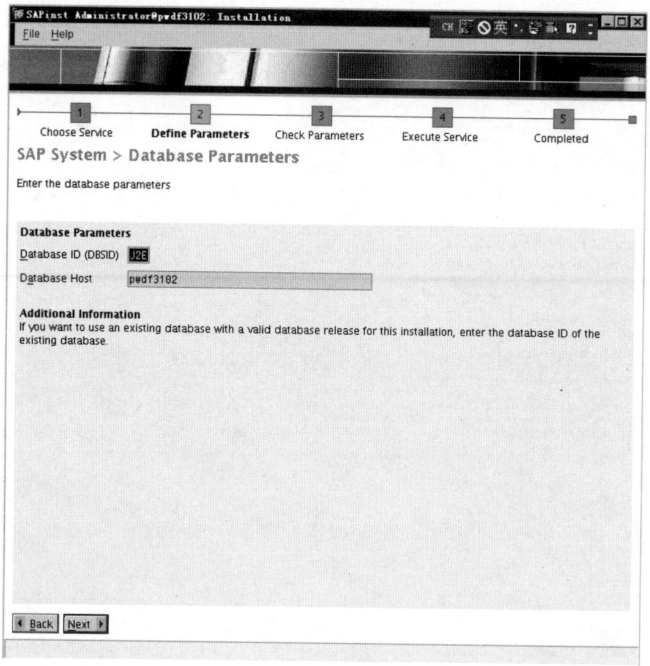

图　A-19

步骤十二：填写数据库安装路径，单击 Next 按钮，如图 A-20 所示。

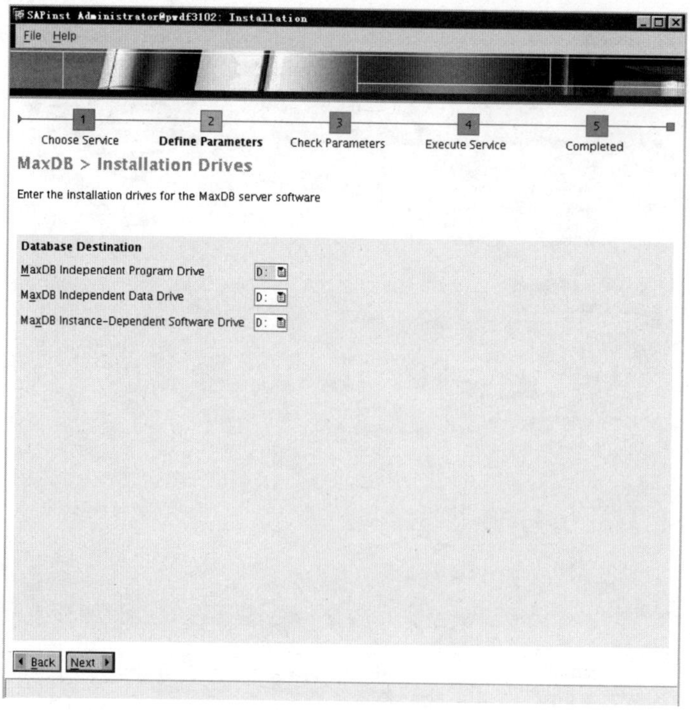

图　A-20

步骤十三：填写数据库系统管理员密码，单击 Next 按钮，如图 A-21 所示。

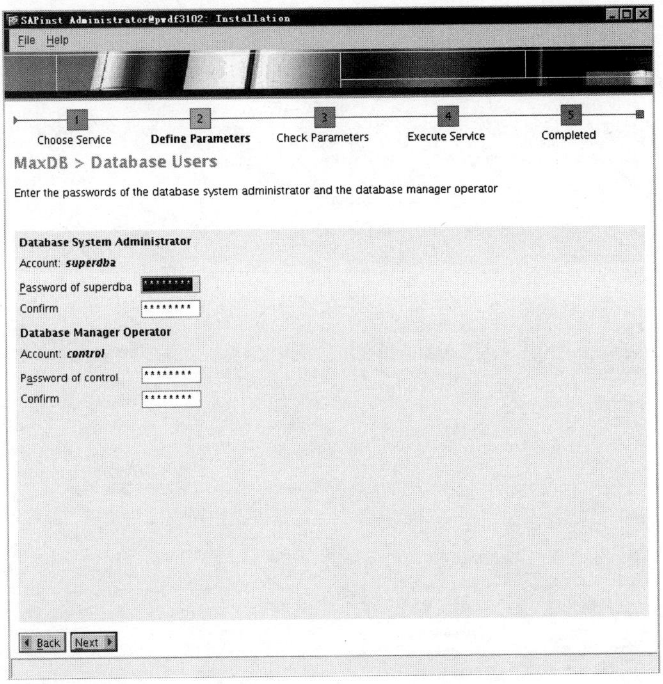

图　A-21

步骤十四：填写数据库相关参数，单击 Next 按钮，如图 A-22 所示。

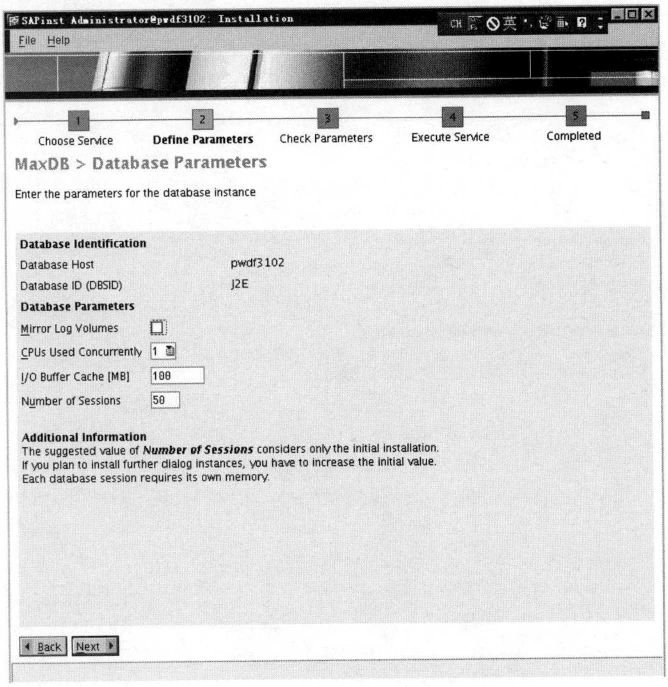

图　A-22

步骤十五：填写数据库日志文件路径，单击 Next 按钮，如图 A-23 所示。

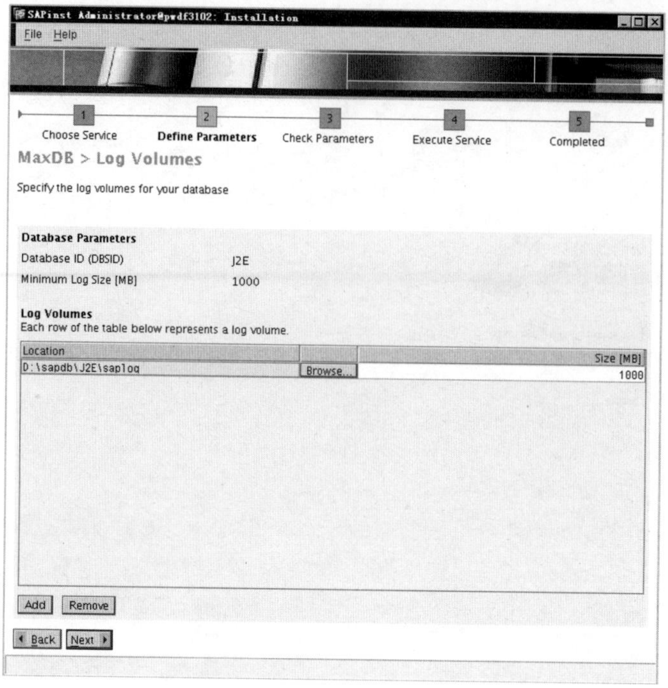

图　A-23

步骤十六：填写数据库卷宗路径，单击 Next 按钮，如图 A-24 所示。

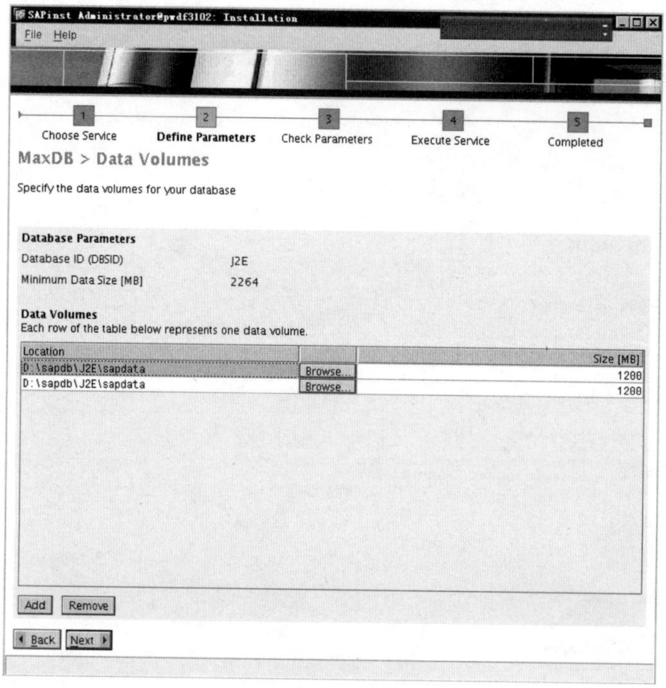

图　A-24

步骤十七：填写 Java 数据库架构参数，单击 Next 按钮，如图 A-25 所示。

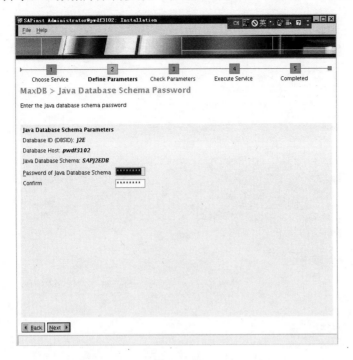

图　A-25

步骤十八：填写安全性相关参数，单击 Next 按钮，如图 A-26 所示。

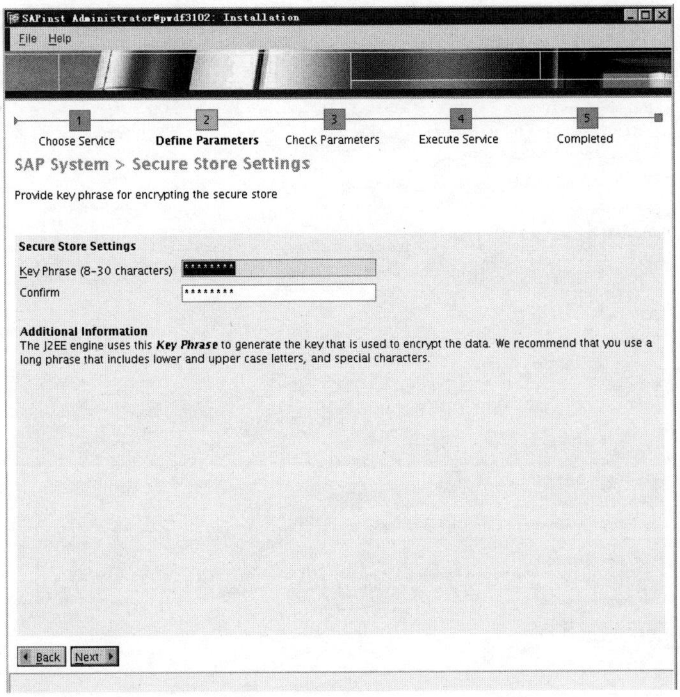

图　A-26

步骤十九：选中 <u>Create statistics after the import ends</u> 选项，单击 Next 按钮，如图 A-27 所示。

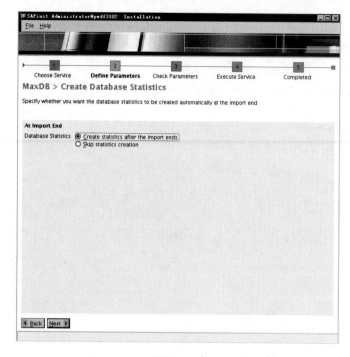

图　A-27

步骤二十：填写 SCS 实例系统编码，单击 Next 按钮，如图 A-28 所示。

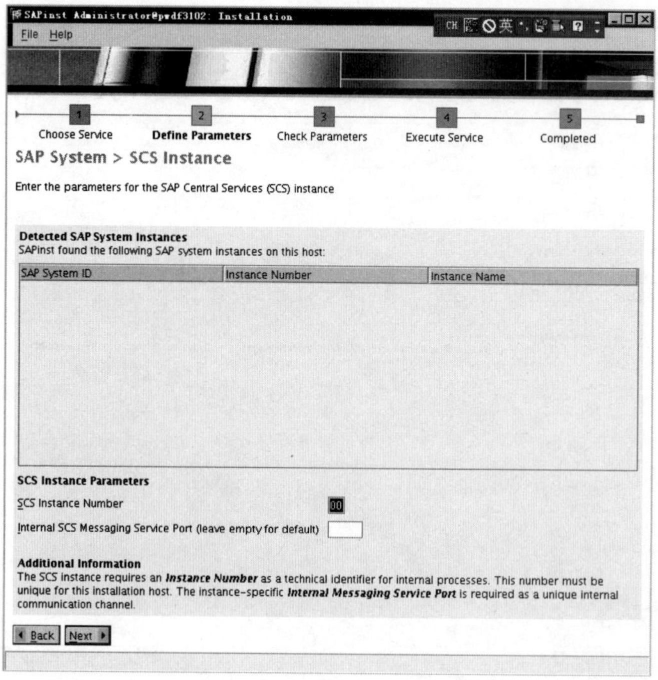

图　A-28

步骤二十一：填写中心实例系统参数，单击 Next 按钮，如图 A-29 所示。

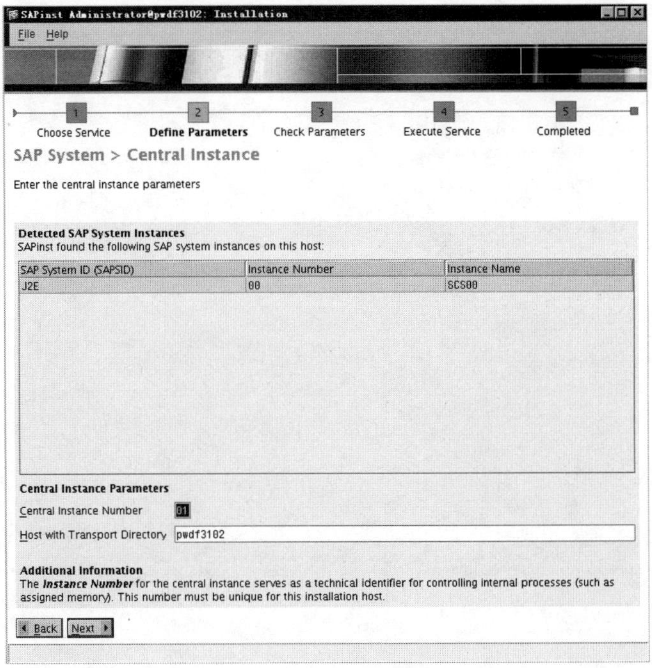

图　A-29

步骤二十二：填写 SDM 密码（用于发布），单击 Next 按钮，如图 A-30 所示。

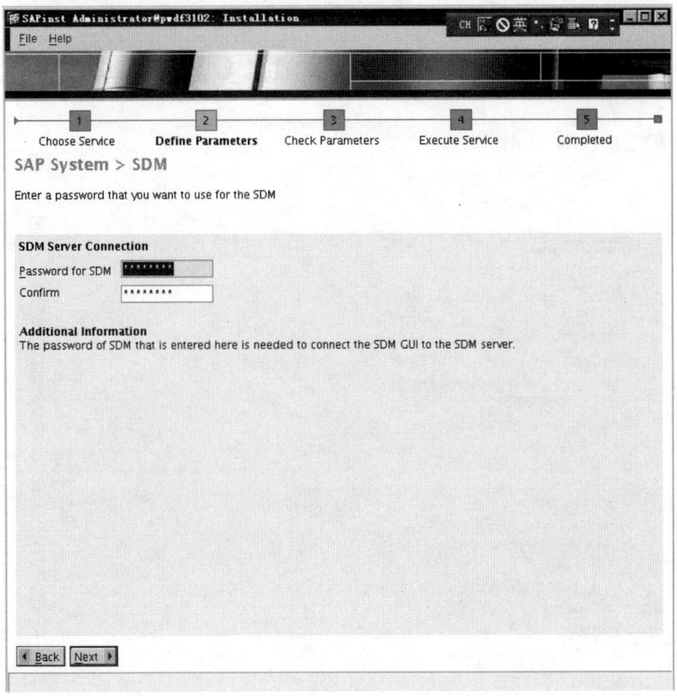

图　A-30

步骤二十三：确认安装文件及路径，单击 Next 按钮，如图 A-31 所示。

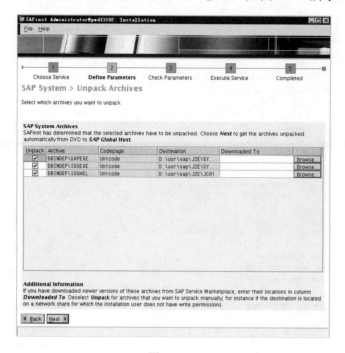

图 A-31

步骤二十四：确认相关参数，单击 Start 按钮，如图 A-32 所示。

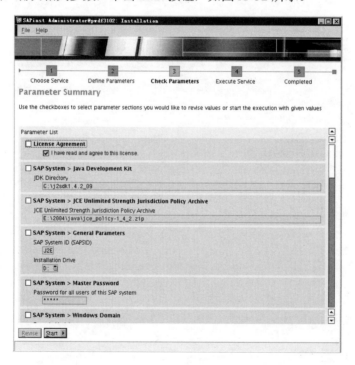

图 A-32

安装过程如图 A-33 所示。

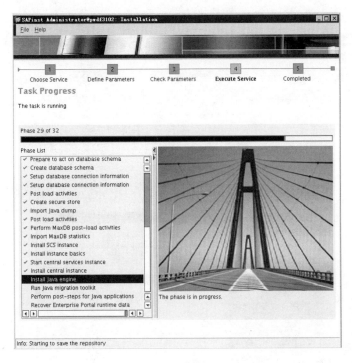

图　A-33

步骤二十五：单击 OK 按钮，如图 A-34 所示，完成安装。

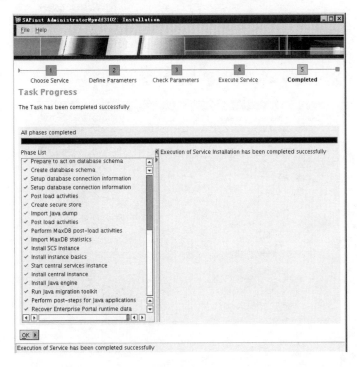

图　A-34

（3）安装数据库 MaxDB 工具（用于程序测试）

步骤一：文件如图 A-35 所示，选中 DBM76.exe。

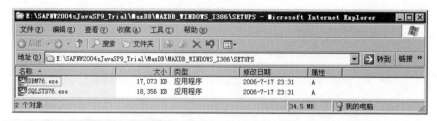

图　A-35

步骤二：双击文件 DBM76.exe，弹出窗体如图 A-36 所示，单击 Next 按钮。

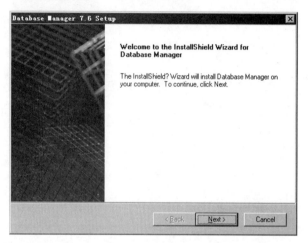

图　A-36

步骤三：指定 MaxDB 的安装路径，单击 Next 按钮，如图 A-37 所示。

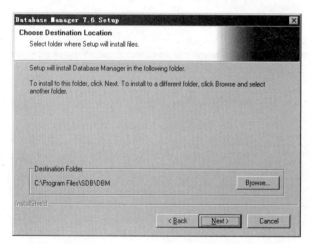

图　A-37

步骤四：指定 MaxDB 的菜单路径，单击 Next 按钮，如图 A-38 所示。

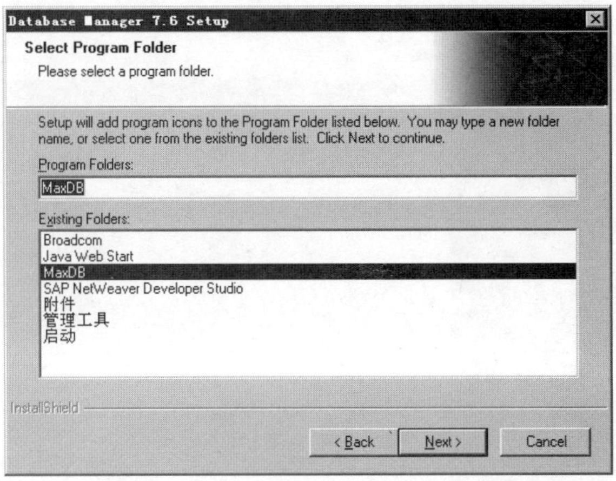


图 A-38

确认单击 Next 按钮，如图 A-39 所示。

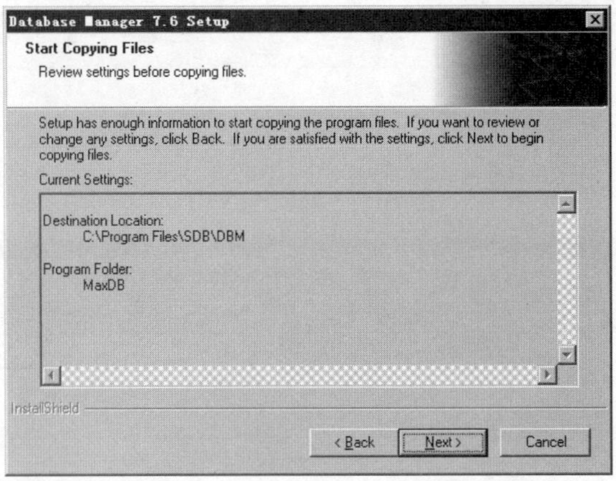


图 A-39

安装过程如图 A-40 所示。

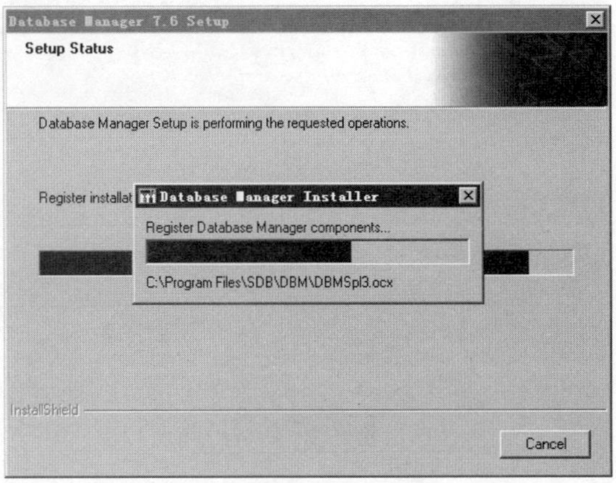


图 A-40

步骤五：安装完毕，单击 Finish 按钮，如图 A-41 所示。

图　A-41

MaxDB 数据库管理平台如图 A-42 所示。

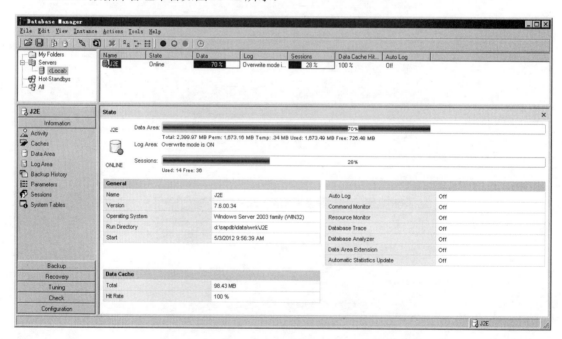

图　A-42

步骤六：双击如图 A-35 所示的文件 SQLSTD76.exe ，弹出窗体如图 A-43 所示，单击 Next 按钮。

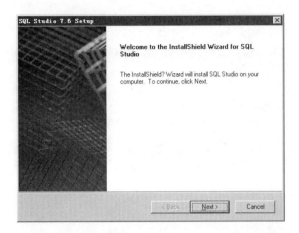

图 A-43

步骤七：指定 MaxDB 的安装路径，单击 Next 按钮，如图 A-44 所示。

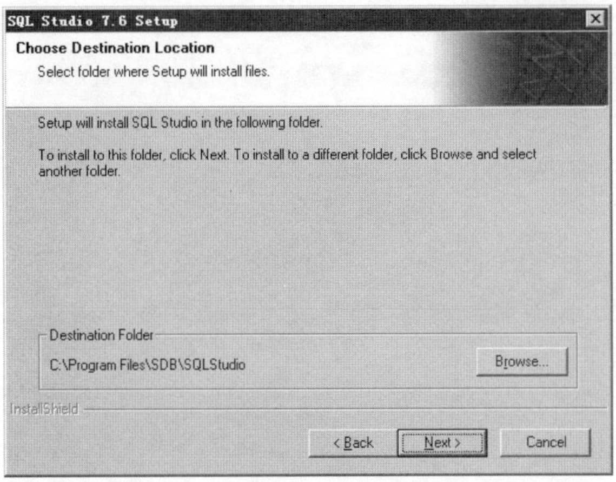

图 A-44

步骤八：指定 MaxDB 的菜单路径，单击 Next 按钮，如图 A-45 所示。

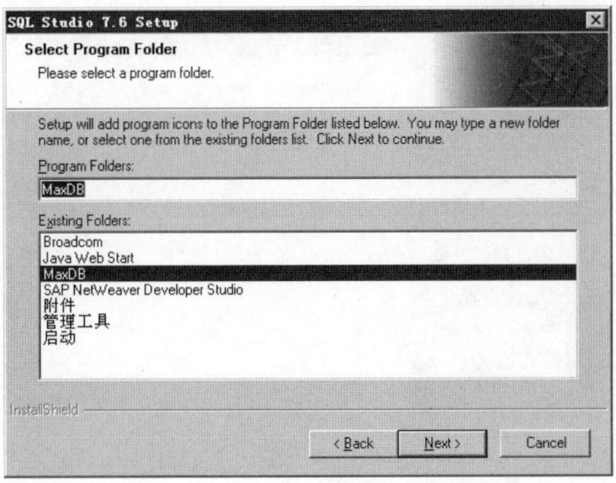

图 A-45

确认单击 Next 按钮，如图 A-46 所示。

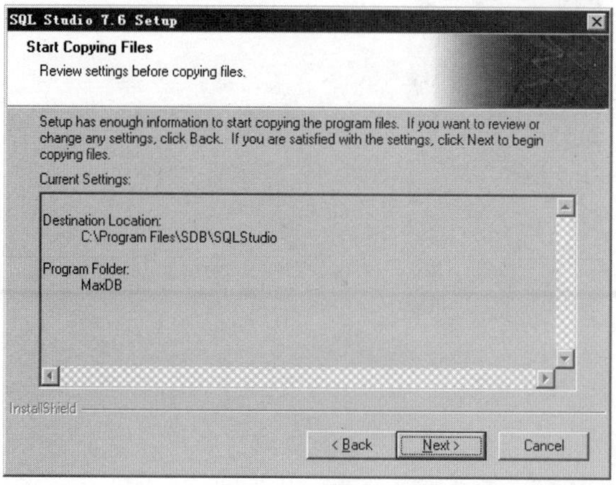

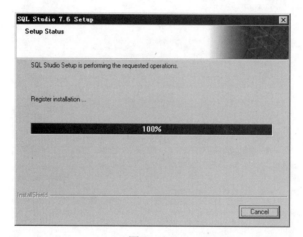

图　A-46

安装过程如图 A-47 所示。

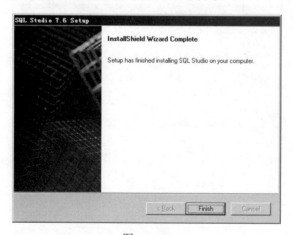

图　A-47

步骤九：安装完毕，单击 Finish 按钮，如图 A-48 所示。

图　A-48

MaxDB 数据库 SQL 执行平台如图 A-49 所示。

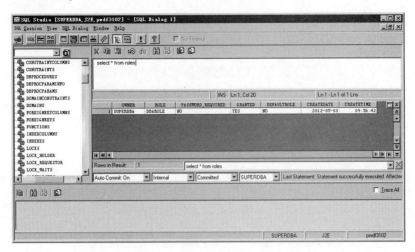

图　A-49

注：使用此工具，利用 SQL 可以验证测试 Web Dynpro 程序对数据字典的操作。

### 3. 启动服务

步骤一：通过双击桌面上的图标 SAP Management Console 或菜单启动 SAP 管理工具，弹出窗体如图 A-50 所示。

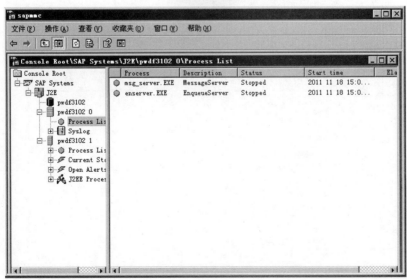

图　A-50

步骤二：单击鼠标右键，选中 Start 命令，如图 A-51 所示。

图　A-51

如图 A-52 所示，填写操作用户及密码，并单击 OK 按钮。

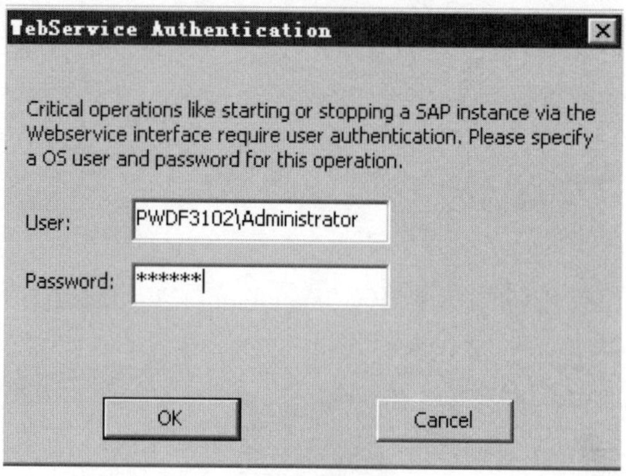

图　A-52

步骤三：服务完全启动后如图 A-53 所示。

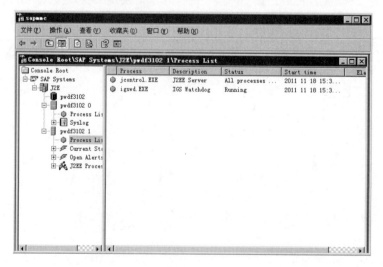

图　A-53

**4. 定位并运行 SAP Web 应用服务器的重要管理工具**

（1）使用 Telnet 服务

步骤一：打开一个 Telnet 管理服务，连接到 SAP 服务器作为测试,输入命令：telnet <hostname> 50008，如图 A-54 所示。

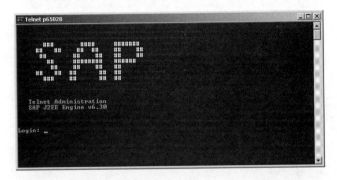

图  A-54

步骤二：以管理员用户登录，如图 A-55 所示。

图  A-55

步骤三：登录到 SAP 远程管理，输入命令 man，列出可用的命令，如图 A-56 所示。

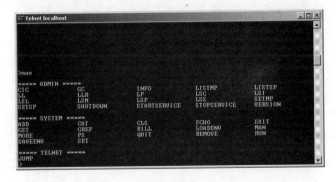

图  A-56

步骤四：键入命令 lsc，列出所有活动集群（英文 Cluster，这里指的是 SAP 服务器中的服务）进行确认，如图 A-57 所示。

图　A-57

注：使用命令 lsc 激活所需的集群。

步骤五：使用命令 jump ，跳转到一个 J2EE 服务器集群节点，如图 A-58 所示。

图　A-58

注：使用命令 jump，可以列出所有可以跳转的集群。

步骤六：使用命令 get_ds 和 get_free_conn 可以确认数据源的连接及连接的个数，如图 A-59 所示。

图　A-59

（2）使用可视化管理

步骤一：执行目录\usr\sap\<J2EE Engine System Name>\j2ee\admin 中的 go.bat 命令，打开可视化管理员工具，输入管理员密码，登录到 J2EE 引擎，如图 A-60 所示。

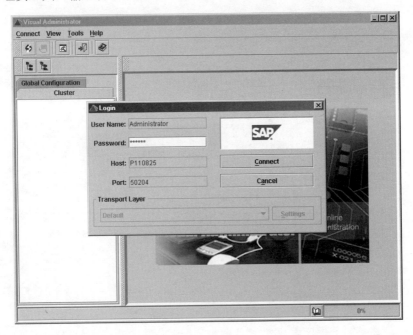

图 A-60

步骤二：根据路径 Server ->Services-> JDBC Connector -> DataSources，确认数据源在 JDBC 连接服务的配置，如图 A-61 所示。

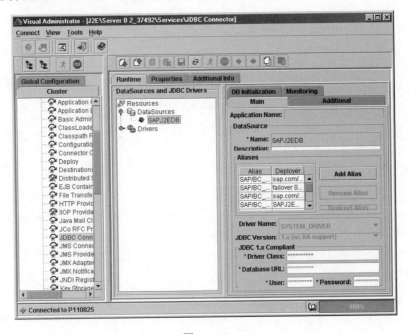

图 A-61

（3）使用配置工具

执行目录\usr\sap\<J2EE Engine System Name>\j2ee\configtool 中的 configtool.bat 命令，打开 Config Tool，如图 A-62 所示。

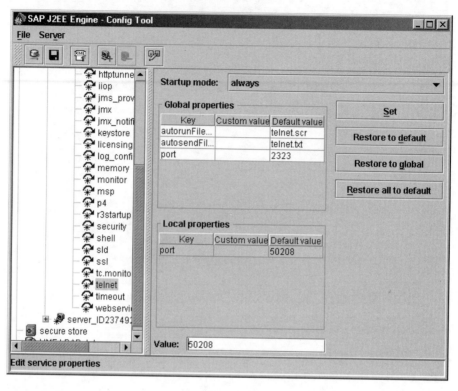

图　A-62

（4）配置 SAP NW2004s

1）配置 CMS

开发配置定义了特定软件项目上的开发基础设施的内容，并配置开发工具（NWDS）与中央基础设施的连接。在开发之前，必须导入适当的开发配置。

开发配置是在 CMS 中创建的，并存储在系统蓝图目录（System Landscape Directory，简称 SLD）中，并从那里导入 SAP NetWeaver 开发工作室。

① 配置条件

● 有 SAP NetWeaver 开发工作室的开发环境。

● 有 SAP NetWeaver 开发基础设施（NetWeaver Development Infrastructure，简称 NWDI）的用户账户。

● 在变更管理服务（Change Management Service，简称 CMS）中至少有一个跟踪与开发配置相关。

② 具体步骤

步骤一：在浏览器中输入地址http://pwdf3102:50100/devinf，显示如图 A-63 所示。

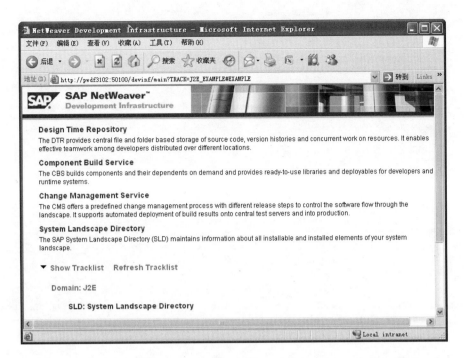

图 A-63

步骤二：单击链接 Change Management Service，页面显示如图 A-64 所示。

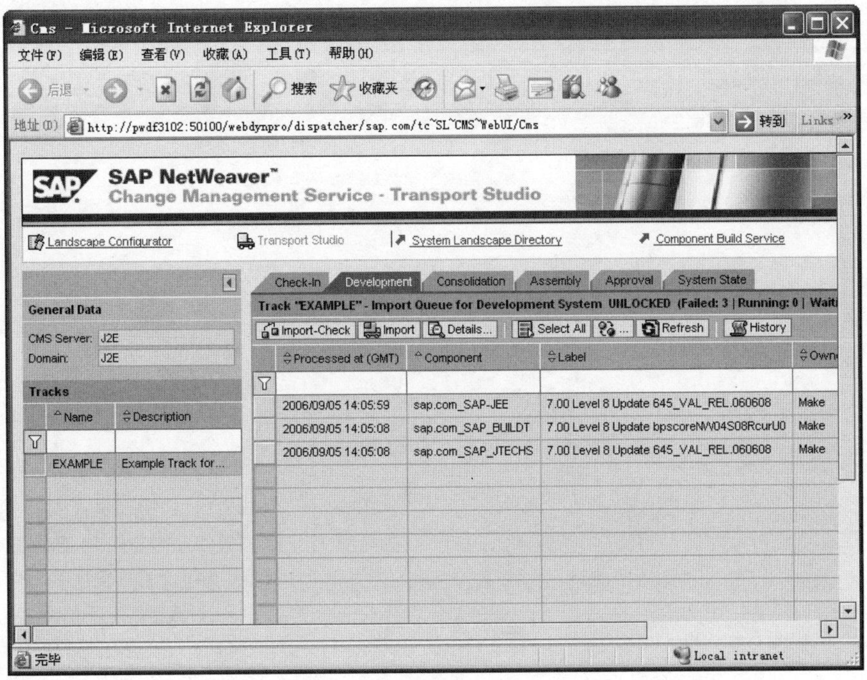

图 A-64

步骤三：单击链接 Landscape Configurator，显示信息如图 A-65 所示。

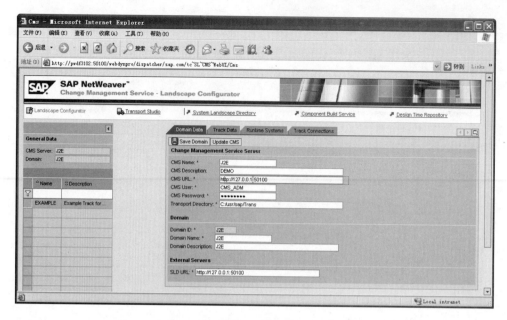

图 A-65

步骤四：更改 CMS 相关信息（相关 SLD URL 信息），如图 A-66 所示。

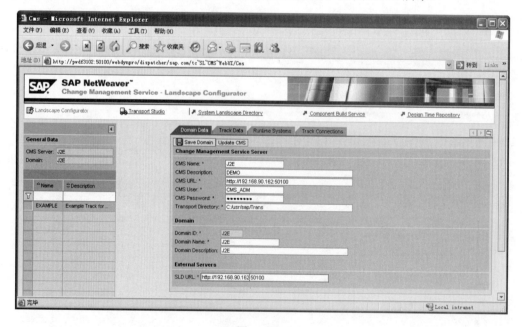

图 A-66

步骤五：单击 Save Domain 按钮，提示信息如图 A-67 所示。

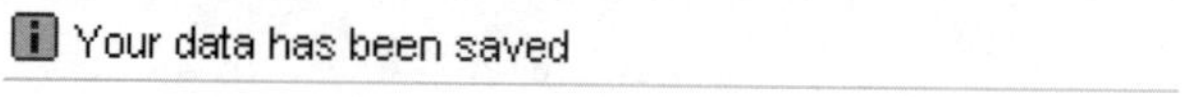

ℹ Your data has been saved

图 A-67

步骤六：单击 Update CMS 按钮，提示信息如图 A-68 所示。

ⅰ CMS update finished

图 A-68

步骤七：选中 Track Data 选项卡，显示 DTR 相关信息，如图 A-69 所示。

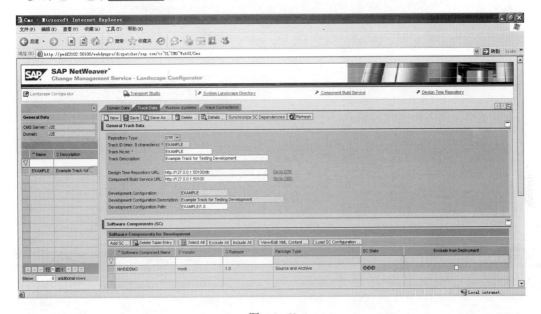

图 A-69

步骤八：更改 DTR 相关（DTR URL）信息，如图 A-70 所示。

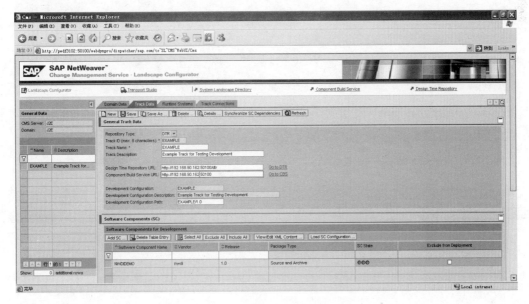

图 A-70

步骤九：单击 Save 按钮，弹出对话框如图 A-71 所示。

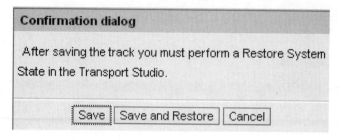

图　A-71

步骤十：单击 Save and Restore 按钮，提示信息如图 A-72 所示。

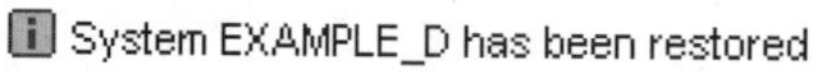

ℹ System EXAMPLE_D has been restored

图　A-72

2）配置 SLD

步骤一：在浏览器中输入 http://pwdf3102:50100/sld，页面显示如图 A-73 所示。

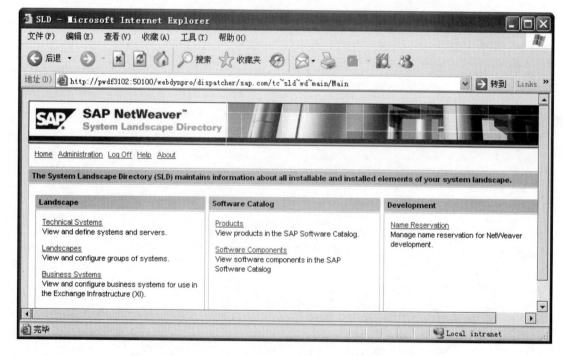

图　A-73

步骤二：单击链接 Administration，显示画面如图 A-74 所示。

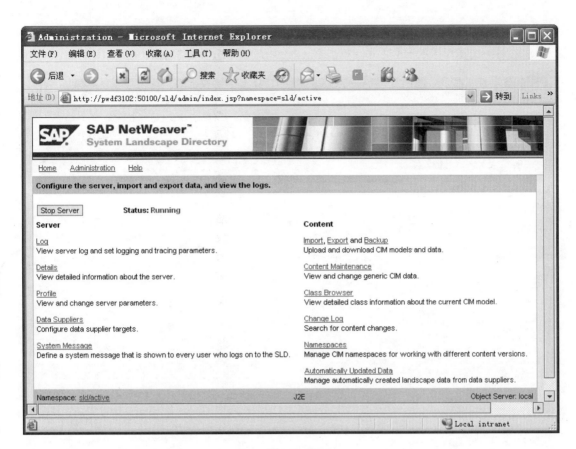

图 A-74

步骤三：单击文本 Content 下的 Import 链接，导入 SLD 基础数据，如图 A-75 所示。

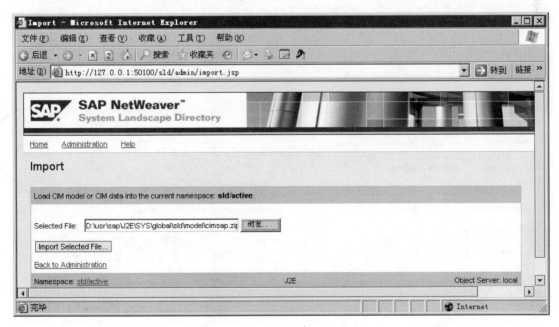

图 A-75

步骤四：选择对应的 zip 文件，单击 Import Selected File 按钮，如图 A-76 所示。

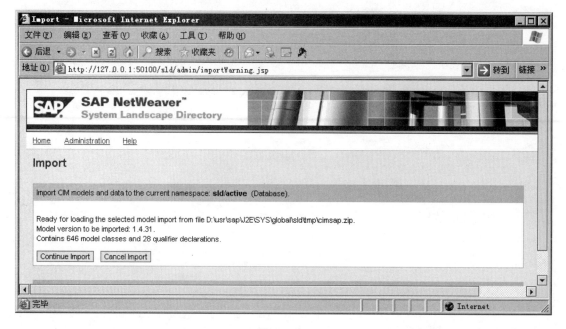

图　A-76

步骤五：单击 Continue Import 按钮，确认导入，过程如图 A-77 所示。

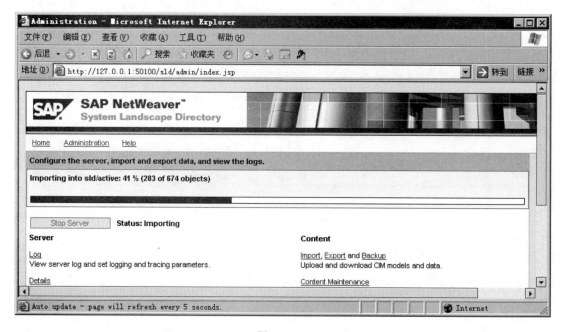

图　A-77

导入成功后如图 A-78 所示。

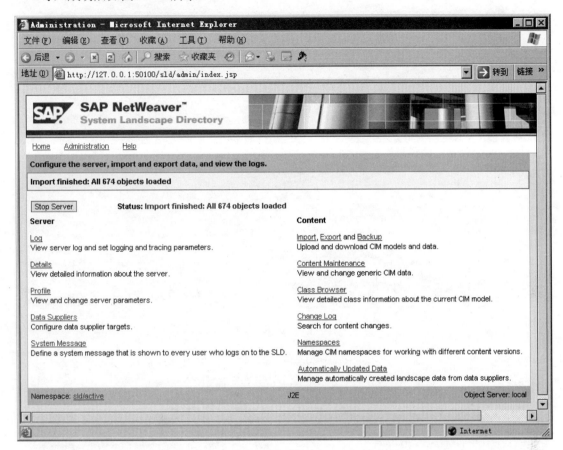

图　A-78

3）设定 SLD

步骤一：启动可视化管理器。

● 连接默认连接。

● 选择路径 Cluster -> Server -> Services -> SLD Data Supplier -> Runtime -> HTTP Settings。

步骤二：输入所需数据。

● 主机：输入相应的 SLD 的主机名称。

● 端口：指定 HTTP 标准接入端口的 SLD，通常是 5 <实例> 00 号。

● 用户：指定 J2EE 用户 SLDDSUSER，该用户是在 SLD 的配置步骤自动创建的。该用户必须被分配到 DataSupplierLD 安全角色。

● 密码：输入用户密码。为了确保知道密码，不应该让它在安装过程中生成，而是在设置期间提供密码。

步骤三：选中选项卡 **HTTP Settings**，输入如图 A-79 所示。

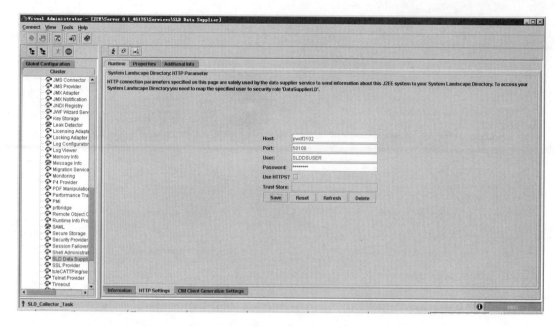

图 A-79

步骤四：单击 按钮，弹出如图 A-80 所示提示信息，单击 Yes 按钮。

步骤五：弹出成功信息，如图 A-81 所示，单击 OK 按钮。

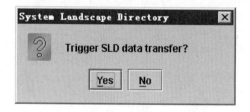

图 A-80

图 A-81

步骤六：单击 按钮分配角色，弹出如图 A-82 所示提示信息，单击 Yes 按钮。

步骤七：弹出如图 A-83 所示成功信息，单击 OK 按钮。

图 A-82

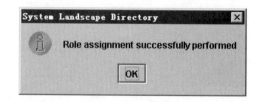

图 A-83

步骤八：选中选项卡 CIM Client Generation Settings，输入 SLD 相关信息，如图 A-84 所示。

图 A-84

步骤九：单击 Save 按钮，保存设置。

步骤十：单击 CIM Client Test 按钮，测试 CIM 设置，弹出信息如图 A-85 所示，单击 OK 按钮。

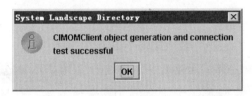

图 A-85

步骤十一：选中选项卡 Information 查看设定信息，如图 A-86 所示。

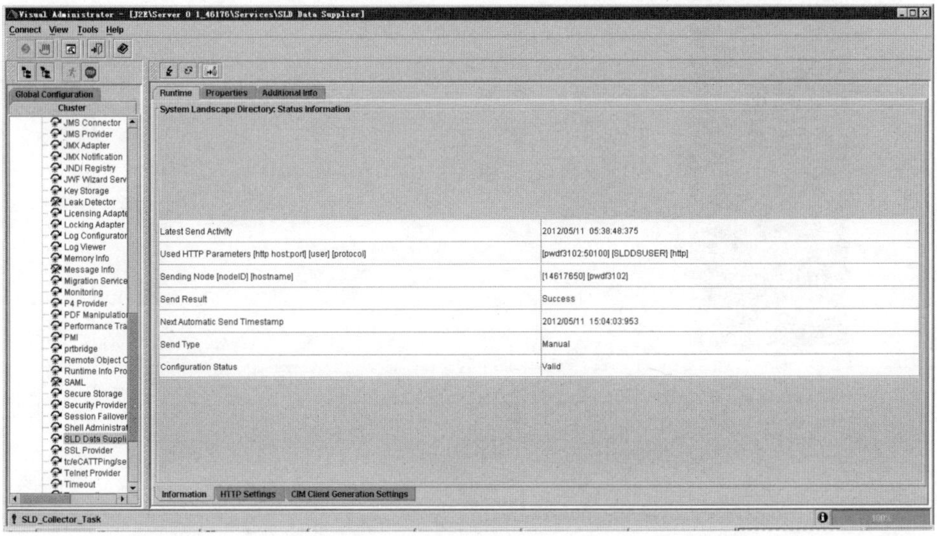

图 A-86

# 附录 B  IDE（SAP NetWeaver Developer Studio）安装配置指南

**1．安装 JDK**

安装步骤参见附录 A。

**2．IDE7.0 安装**

步骤一：按照如图 B-1 所示的路径，双击 IDE70setup.exe 文件。

图　B-1

步骤二：弹出安装向导，如图 B-2 所示，单击下一步按钮。

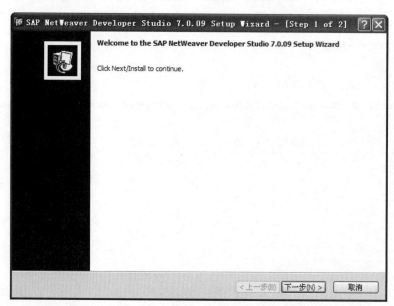

图　B-2

步骤三：选中安装路径，单击 Install 按钮，如图 B-3 所示。

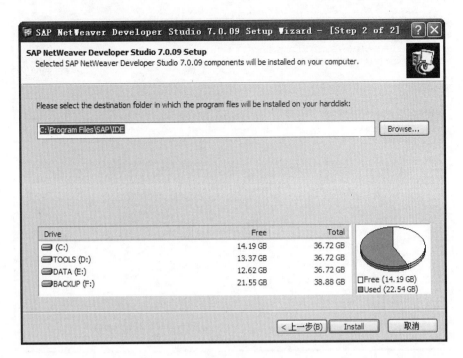

图 B-3

步骤四：确定 JDK 安装路径，单击下一步按钮，如图 B-4 所示。

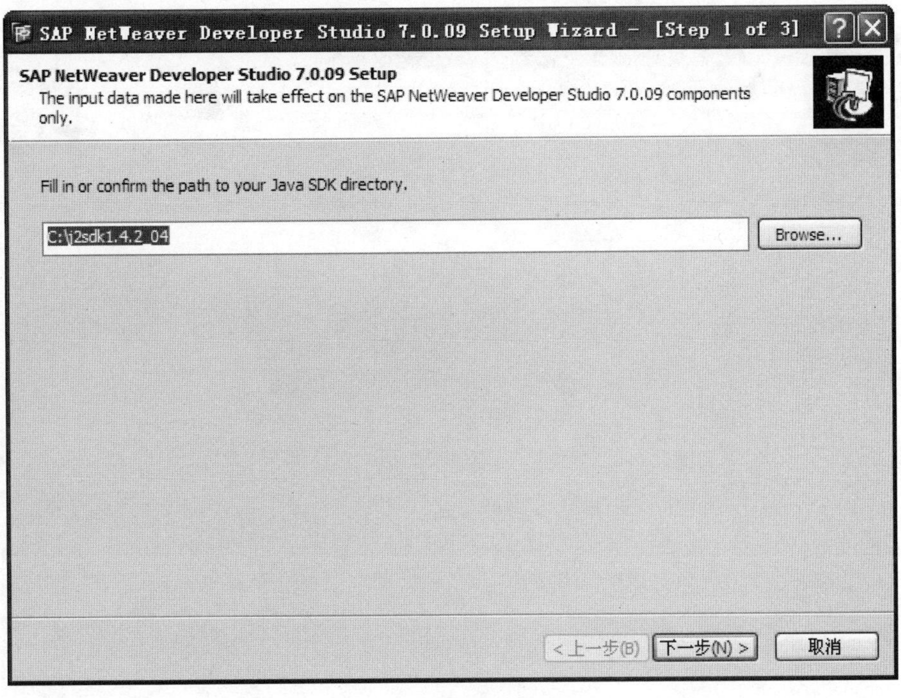

图 B-4

步骤五：填入代理（用于与网络连接），单击下一步按钮，如图 B-5 所示。

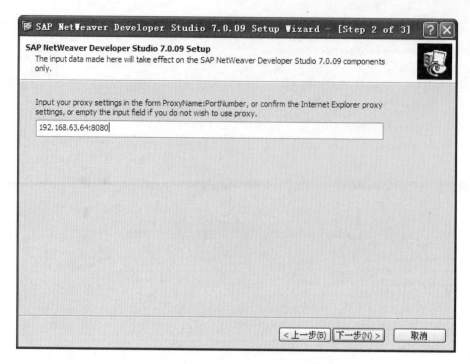

图　B-5

步骤六：默认填写内容*.local，单击完成按钮，如图 B-6 所示。

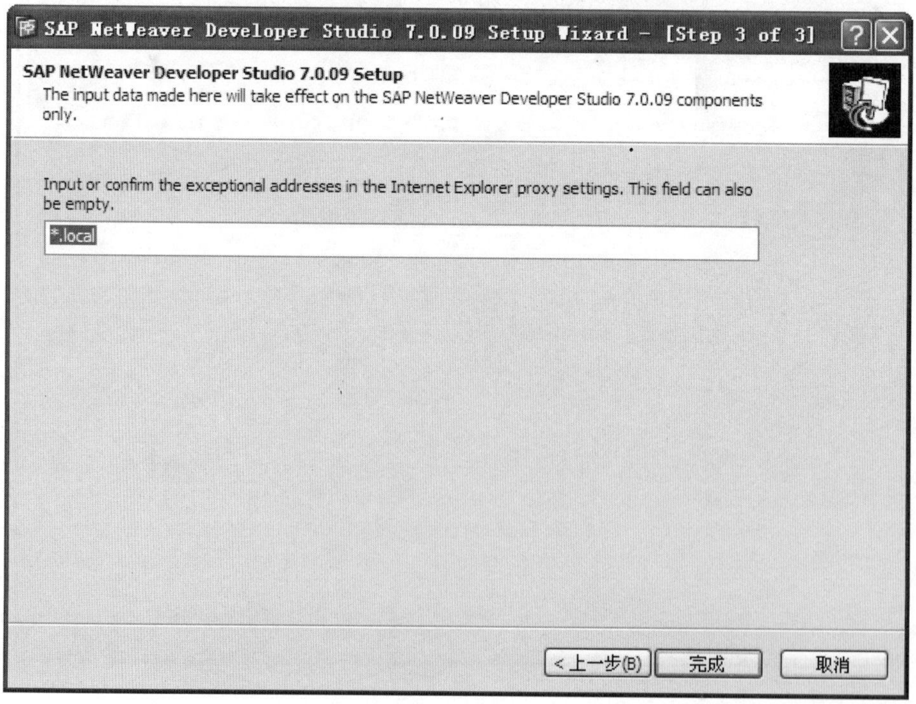

图　B-6

安装过程如图 B-7 所示。

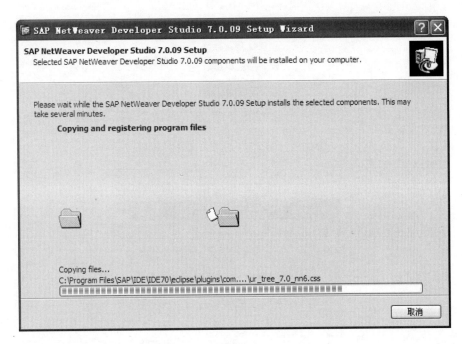

图　B-7

步骤七：安装完毕，单击完成按钮，如图 B-8 所示。

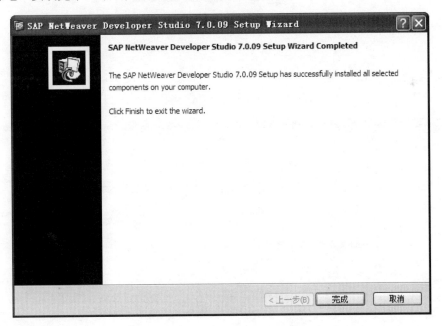

图　B-8

## 3．配置 NWDS（NetWeaver Developer Studio）

步骤一：在桌面上双击如图 B-9 所示图标，或通过菜单访问 NWDS。

NWDS 登录图标

图 B-9

步骤二：设定工作区，如图 B-10 所示。

图 B-10

步骤三：设定 J2EE 引擎

如图 B-11 所示菜单项用来配置 SAP GUI 的界面语言及跟踪日志相关信息的设置。

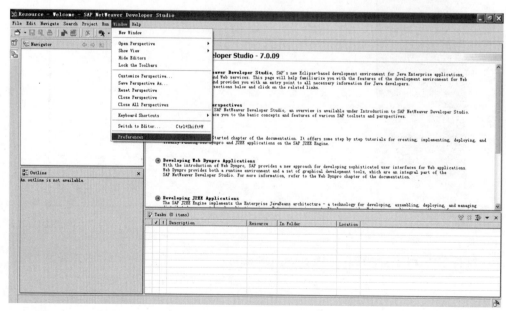

图 B-11

输入服务器及端口，如图 B-12 所示。

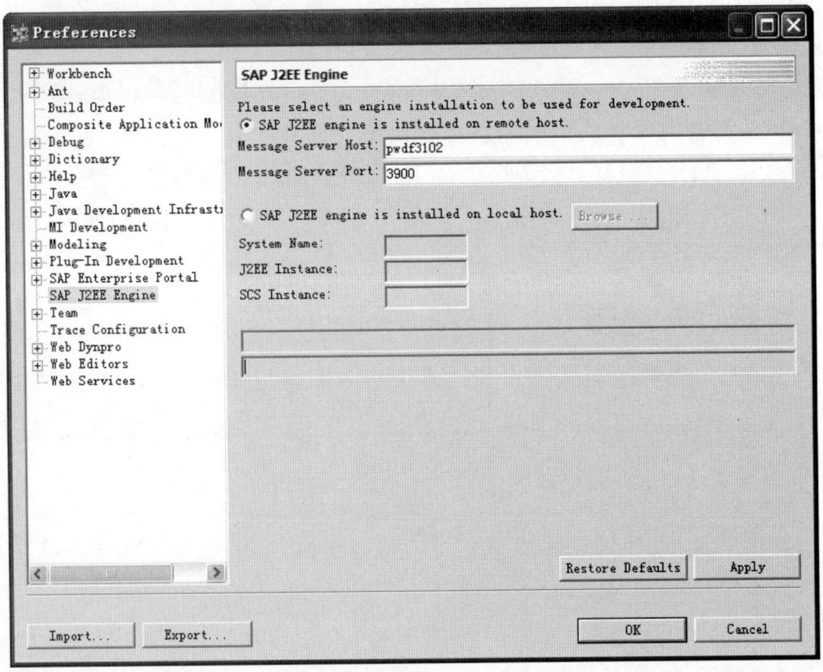

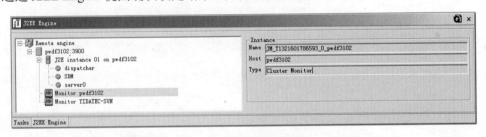

图　B-12

通过 J2EE Engine 视图确认设定结果，如图 B-13 所示。

图　B-13

图 B-11 所示菜单项弹出的对话框是用来设置用户首选项的对话框。在这个对话框中将找到插件提供的首选页。大多数的功能是由它们各自的页面定义的。

基本上，有两种类型的 Web Dynpro 项目：

1）本地开发项目。

2）基于组件的 Web Dynpro 项目。

一般来说，真正的开发任务，需要将工作分解为几个具有明确定义的依赖关系的项目。在这种情况下，开发任务在几个开发人员之间，甚至几个开发团队之间展开。在这里，开发过程必须以最佳的方式支持团队内部的开发。

开发任务通常由定义了相互依赖性并被分配给软件组件的多个开发组件（DC）组成。这里，开发任务分布在多个开发人员或开发团队（多用户开发）中，所有的项目都基于组件模型并使用现有的 SAP 开发基础设施。

代码管理和版本控制是由 DTR（中文为设计时间库，Design Time Repository，简称 DTR）执行的。根据开发场景可支持对中心构建任务的支持。

**4．导入开发配置**

开发配置是 SAP NetWeaver 开发工作室内 SAP 组件模型的入口点。通过导入开发配置，程序员可以获得开发任务所需的所有环境设置。

步骤一：打开 DTR 透视图，按照图 B-14 所示，或单击图标按钮🔧，登录到开发基础结构中，输入 SLD 配置的用户名及密码，如图 B-15 所示，单击 OK 按钮。

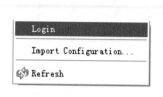

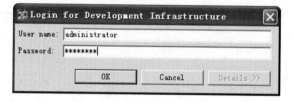

图 B-14　　　　　　　　　　　　　　　　图 B-15

步骤二：若要配置对 SLD 中的开发配置的访问，需在 SAP NetWeaver 开发者工作室中设置开发配置池。通过如图 B-11 所示的菜单，打开 Java 开发的基础设施相关的开发配置，如图 B-16 所示。

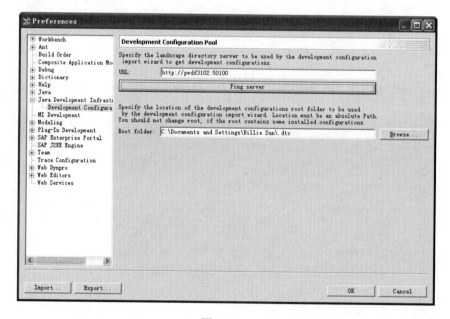

图 B-16

步骤三：若需设置代理连接，需按照如图 B-11 所示的菜单，在首选项对话框中选择代理设置。指定代理设置如图 B-17 所示。

步骤四：通过菜单下图 B-18 所示菜单或单击标签按钮🗔打开开发配置透视图，在透视表列表中选择条目开发配置（Development Configurations），如图 B-19 所示，单击 OK 按钮。

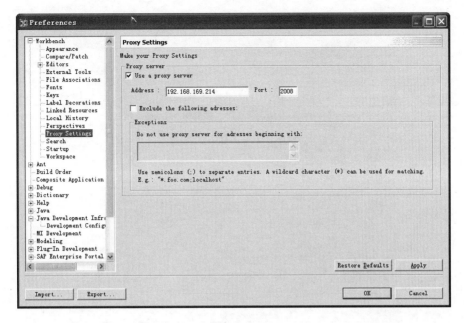

图　B-17

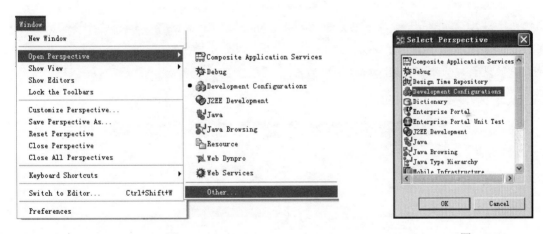

图　B-18　　　　　　　　　　　　　　　　　　　图　B-19

步骤五：若要导入开发配置，请在本地 DCs 视图中打开图 B-20 所示菜单并选择导入配置。

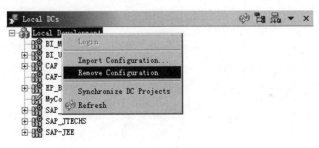

图　B-20

在出现的对话框中，输入 SLD 所配置的用户名及密码，登录到 NWDI。如图 B-21 所示。

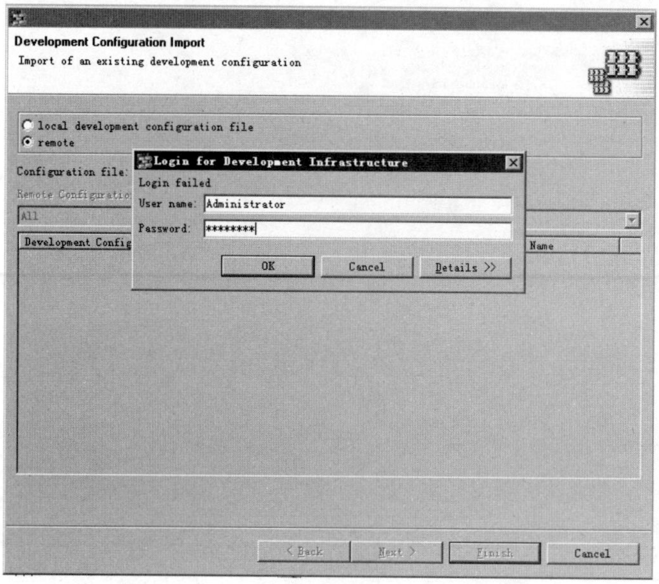

图　B-21

> 注：选择远程选项。如果开发配置在程序员的 PC 上是可用的，可选择条目本地开发配置文件。在这个窗口中，可以为这个开发配置中创建的文件设置存储位置（根文件夹）。若要更改此设置，必须首先删除所有开发配置。

从开发配置列表中选择开发配置。如图 B-22 所示，选择 Next 按钮。

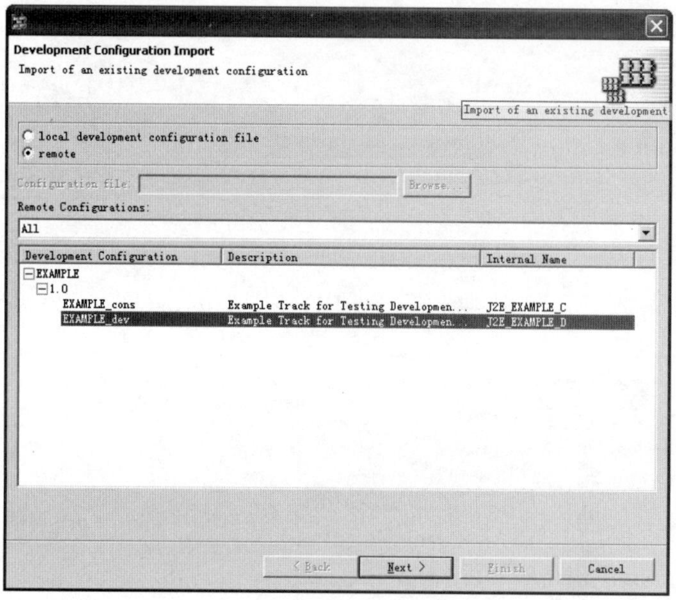

图　B-22

导入成功，会出现如图 B-23 所示画面，单击 Finish 按钮完成导入。

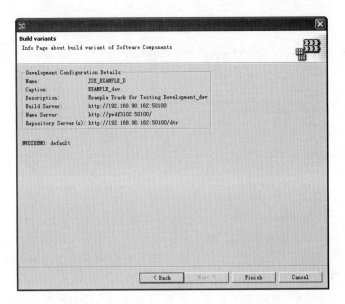

B-23

步骤六：确认导入结果，如图 B-24 所示。

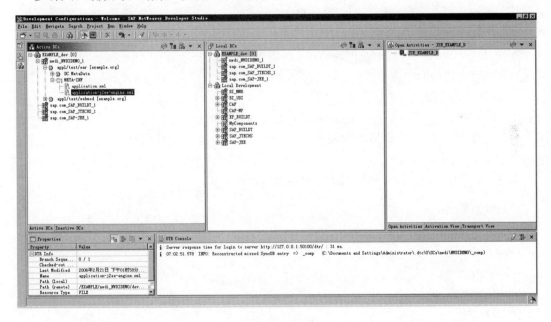

图　B-24

系统读取开发配置设置并设置开发环境，激活 DC、非活动 DCs 和本地 DCs 的视图现在包含一个带有导入开发配置的名称的新条目。如果需要的话，可以导入另一个开发配置。

注：
如果对已导入的开发配置进行了更改，则必须重新加载此开发配置，要在开发配置的上下文菜单中选择"更新配置"。

# 附录 C   Web Dynpro for Java 命名规范

## 1．目的

使用命名规范，使得在 SAP NetWeaver 开发工作室中的代码更容易理解，并且通过命名规范可以提供每个代码实体的功能信息，这样有利于加强对一个大的工程项目结构的认识。

## 2．一般的命名规则

因为这里描述的 Web Dynpro 代码都是由 Java 实现的，标准的命名规范适用于 Java，在一定的条件下，也适用于 Web Dynpro。

由于 Java 是一个 Unicode 标准的语言，它可以创建如 ä，é 字符，或 ñ 等变量。这样的字符，在 Web Dynpro 中不应该使用，特别是 Context 节点和属性的名称。

SAP 强加了这一限制，因为 Context 名称需要尽可能地保持简单命名。要做到这一点最简单的方法是将上下文名称的字符限制为罗马字母中的字符：Web Dynpro Context 名称只能使用字符 A...Z，a...z，0...9 或者下画线，并且只能以字母或下画线开头，其中数字只允许从第二位起。

Web Dynpro 的代码类通常包含一个或多个混合大小写的英文名称，并且每个单词的首字母是大写的。每个编码实体名称都应该以大写字母开头，并且简洁明了。一个非常重要的命名规则需要牢记：切勿使用前缀 wd, WD 或者 IWD。

各种形式的 wd 前缀，在 SAP NetWeaver 开发工作室中生成内部代码实体时被使用。如果开发人员定义这样的名称，可能造成命名冲突。

## 3．缩写命名规则

使用特定的缩写。SAP 推荐在 Web Dynpro 中用缩写形成复合名称。

名称是缩写和命名约定后缀的组合。在所有生成的编码实体名称中，此名称用作占位符。

本文中的 Web Dynpro 实体使用了如下的缩写规则。

（1）开发实体

{a} Application

{act} Action

{c} Component

{cc} Custom controller

{m} Model

{pi} Inbound plug

{po} Outbound plug

{pr} Project

{si} Standalone component interface

{siv} Standalone component interface view

{v} View

{vs} Viewset

{w} Window

（2）context 实体缩写

{ca} Context attribute

{chn} Context child node

{cn} Context node

{ctx} Context name

{mn} Model node

{mo} Model object

{rn} Recursive node

{va} Value attribute

{cva} Calculated value attribute

{vn} Value node

（3）通用和复合实体缩写

{dt}在标准 Java 或 Web Dynpro 数据字典中定义的数据类型

{dtp} UI 元素属性的数据类型

{uip} UI 元素的属性

{uievt} UI 元素引发的客户端事件

{nx} UI 元素引发的客户端事件

{p} 由所列缩写之一和命名约定后缀组合而成的名称

{pkgusr} 用户定义的 Java 包

{pkgsap} 包含所有内部 Web Dypro 框架的标准 SAP Java 包

（4）对于使用推荐的 SAP 的后缀复合实体下标的缩写

{na} Application = {a}App

{nc} Component controller = {c}Comp

{ncc} Custom controller = {cc}Cust

{nciv} Component interface view = {w}InterfaceView

{nctl} Controller of any type

{nm} Model = {m}Model

{npi} Inbound plug = {pi}In

{npo} Outbound plug = {po}Out

{npr} Project = {pr}

{nsi} Standalone component interface = {si}CompI

{nsiv} Standalone component interface view = {si}{siv}

{nu} Component usage = {nc}{p}Inst

{nv} View = {v}View

{nvs} Viewset = {vs}Viewset

{nw} Window = {w}

### 4．代码实体命名规范

Applications: {n*a*} = {a}App

Application 的名称定义{n*a*} = 描述{a}+后缀 App 组成。

{a} 一般用来描述被实现的业务信息。

Components: {n*c*} = {c}Comp

Component 的名称定义{nc} = 描述{c} + 后缀 Comp 组成。

{c} 描述 Application 中可重用的函数单元。

Component Interface Views: {n*civ*} = {w}InterfaceView

当创建一个 window {w} 时，会自动创建一个 Component Iinterface View {n*civ*}，其命名规则为{n*civ*} = {w}InterfaceView。程序员不能修改该名称。

Interface View 将在客户端展现定义在 window {w}中的 view 集合。

Component Usage: {n*u*} = {n*c*}{p}Inst

为了在 Component *A* 中使用 Component B 中的数据和函数，Component *A* 必须首先声明使用 Component *B*。

Instance 名称 {n*u*} 定义=前面的定义的 Component 名称{n*c*}+使用目的描述{p}+后缀 Inst。

Custom Controllers:{n*cc*} = {cc}Cust

Custom Controller 名称{n*cc*}定义=描述名称 {cc}+后缀 Cust 组成。

Inbound Plugs: {n*pi*} = {pi}In

Inbound Plug 名称 {n*pi*}=描述名称 {pi}+后缀 In 组成. {pi}必须以大写字母开头。

为了区分 inbound 和 outbound plugs，inbound plugs 使用后缀 In，outbound plugs 使用后缀 Out。

Inbound Plugs 用于连接 Outbound Plugs。与 Outbound Plugs 形成对照，每个 Inbound Plugs 在 View Controller 中配备了相应的 Inbound Plug Event Handler — onPlug<Inbound plug name>。

所有的 Inbound Plugs 在 View Controller 具有相应的 Event Handler，这个方法的名称为 onPlug{n*pi*}。

Models: {n*m*} = {m}Model

Model 名称定义 {n*m*} = 描述名称 {m} +后缀 Model 组成。

SAP 强烈建议每个 Web Dynpro model 都有它自己的 Java 包。如果不遵守该建议可能会导致一些异常的发生，尤其是当它们被众多的 Web Dynpro Components 使用时。

Outbound Plugs: {n*po*} = {po}Out

Outbound Plug 名称定义 {n*po*} = 描述名称{po}+后缀 Out. {po}以大写字母开头。

Projects: {n*p*}

工程名称定义{n*p*} 由实际业务类别决定。

Standalone Component Interfaces: {n*si*} = {si}CompI

标准 Component Interface 名称定义 {n*si*} = 描述名称{si} + 后缀 CompI 组成。

Standalone Component Interface Views: {n*siv*} = {n*si*}{siv}

如果在一个 component interface 中只需要一个 interface view，SAP NetWeaver Developer Studio 就会自动添加后缀 InterfaceView 到 Window 名称 {w}。

如果需要多个 Interface Views ，随后的 standalone component interface view 名称定义 = standalone interface name {nsi}+区分名称{siv}。

Views: {n*v*} = {v}View

View 名称定义{n*v*} = 描述名称{v}+后缀 View。

Viewsets: {n*vs*} = {vs}Viewset

Viewset 名称定义 {n*vs*} = 描述名称{vs}+后缀 Viewset。

Windows: {n*w*} = {w}

因为 window {w} 不涉及具体的 Java 编码，所以不需要指定一个特定的后缀名称。

# 附录 D  创建第一个 Web Dynpro 程序

### 1．创建 Web Dynpro 应用

下面将一步一步介绍实施一个基本的 Web Dynpro 应用程序所涉及的基本概念。这个 Web Dynpro 应用程序的用户界面只包括两个视图，允许用户在它们之间切换。在第一个视图中用户能够在输入栏输入自己的名字，并使用按钮导航显示下一个视图。这个名字被动态添加到一个文本字段，并在第二个视图中的欢迎文本中显示。

### 2．前提条件

（1）系统安装及权限。

1）安装 SAP NetWeaver Developer Studio。

2）可以访问 SAP J2EE Engine。

（2）知识掌握。

熟悉 Java 的基本知识，这将是 Web Dynpro for Java 开发人员的一个优势。

### 3．开发步骤

步骤一：加载开发工具 SAP NetWeaver Developer Studio。

单击图 D-1 所示图标或通过 Windows 程序菜单安装路径，加载 SAP NetWeaver Developer Studio。

图  D-1

结果如图 D-2 所示。

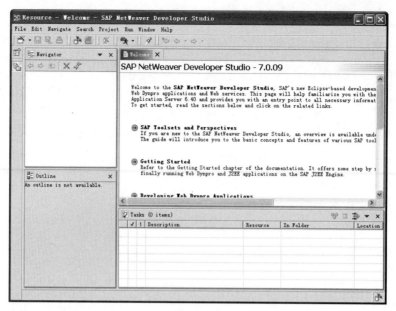

图 D-2

步骤二：打开 Web Dynpro 透视图 Perspective。

按照路径 Window→Open perspective→Others，选择透视图 Web Dynpro Explorer，如图 D-3 所示。

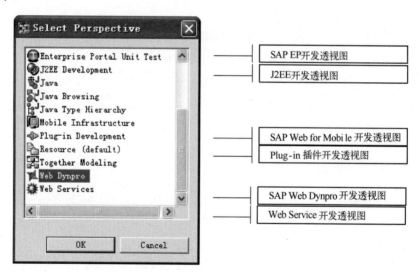

图 D-3

单击 OK 按钮，结果如图 D-4 所示。

在开发过程中，程序员需要在 Developer Studio 中创建一个项目来管理本地的开发对象。出于这个原因，程序员会使用适当的向导生成一个新的 Web Dynpro 项目以适应项目结构。一旦已经设定了这种结构，程序员可以创建项目的具体组成部分，定义并实现源代码。

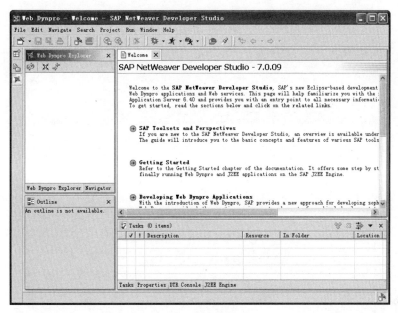

图　D-4

步骤三：创建一个 Web Dynpro 项目。

按照路径 File→New→Project 打开项目创建向导，选择 Web Dynpro 类别（在左窗格中），再选择 Web Dynpro Project（在右窗格中），单击按钮 Next，如图 D-5 所示。

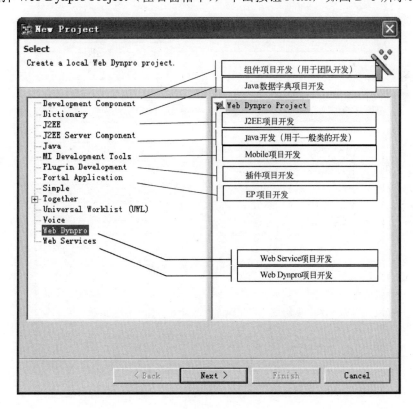

图　D-5

填写项目名，选择储存路径及项目的语言，单击 Finish 按钮，如图 D-6 所示。

**注**：项目默认保存路径可在首选项 preference 中的 Workbench→Workspace 中设置，如图 D-7 所示。

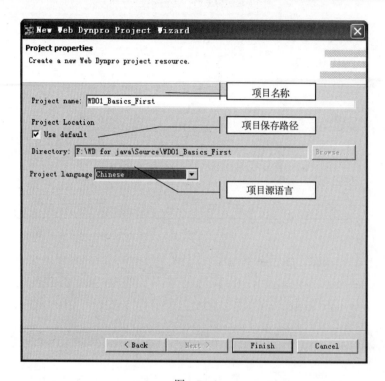

图　D-6

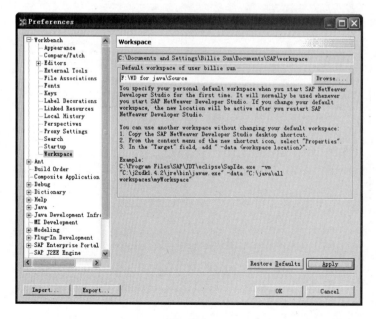

图　D-7

根据向导生成结果，如图 D-8 所示。

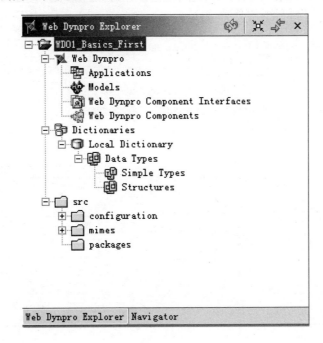

图　D-8

已创建的项目结构还不包括所有能够定义一个应用程序的具体功能的要素，这些元素（定义布局、导航、事件处理程序）被封装在一个 Web Dynpro 组件中，必须首先明确创建 Web Dynpro 组件。

步骤四：创建 Web Dynpro 组件。

展开 Web Dynpro 节点并打开 Web Dynpro Components 的右键菜单，按照图 D-9 所示创建 Web Dynpro 组件。

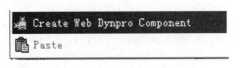

图　D-9

输入 Web Dynpro 组件的名称 WelcomeComponent 和指定包名，将生成 Java 类（如 com.sap.examples.welcome），输入窗体及视图名称，单击 Finish 按钮，如图 D-10 所示。

单击工具栏的 图标，保存项目数据，结果如图 D-11 所示。

用户需要在用户接口与应用程序之间交互的元素。Web Dynpro 中可以把用户接口分成一组视图，可以认为这些视图作为一个实体属于一个整体的 UI 元素。

步骤五：创建视图集，嵌入并创建视图。

展开节点 Web Dynpro→Web Dynpro Components→WelcomeComponent→Windows，双击窗体 Win_BasicsFirst，打开窗体编辑器，如图 D-12 所示。

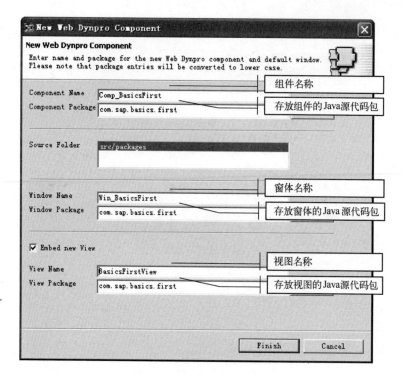

图 D-10

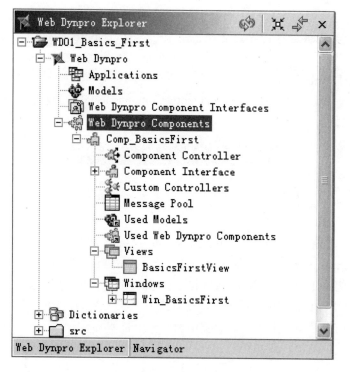

图 D-11

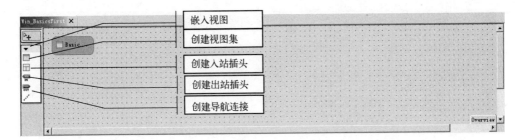

图　D-12

单击标签 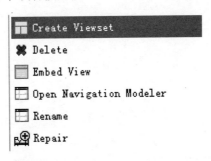 并拖至窗体中或者按照图 D-13 所示打开右键菜单，在窗体中创建视图集。

图　D-13

弹出向导画面如图 D-14 所示，填写视图集名称并选择视图集类型，单击 Finish 按钮。

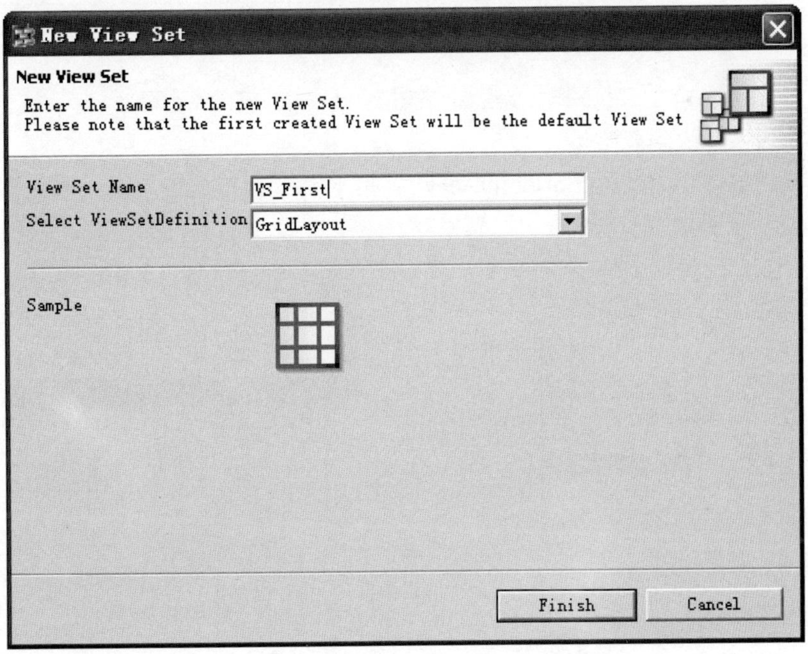

图　D-14

生成结果如图 D-15 所示，并设定相关 ViewSet 的属性。

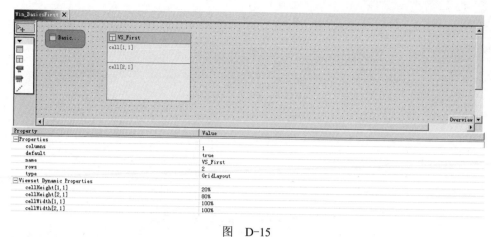

图　D-15

当 Web Dynpro 应用程序启动时在属性 Default 设为 True 的情况下，在图 D-15 窗格中显示的视图集 VS_First 才会显示。

注：视图集类，如表 D-1。

表　D-1

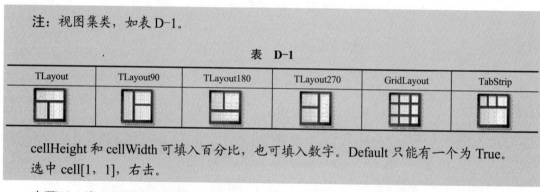

| TLayout | TLayout90 | TLayout180 | TLayout270 | GridLayout | TabStrip |
|---|---|---|---|---|---|

cellHeight 和 cellWidth 可填入百分比，也可填入数字。Default 只能有一个为 True。
选中 cell[1，1]，右击。

步骤五：嵌入视图到视图集。

选中已嵌入窗体中的视图 BasicFirstView 并按下 Del 键或右键单击已嵌入窗体中的视图 BasicFirstView，按照如图 D-16 所示将其删除。

按下图标■并拖至视图集 cell[1，1]，或者在视图集 cell[1，1] 上单击鼠标右键，按照图 D-17 所示嵌入窗体已存在的视图。

图　D-16

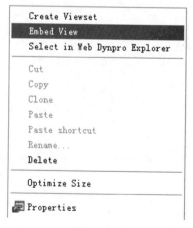

图　D-17

选中选项 Embed existing View 并单击 Next 按钮，如图 D-18 所示。

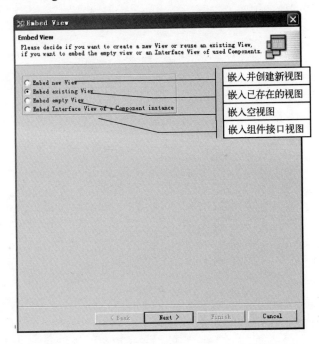

图　D-18

选中要嵌入的视图并单击 Finish 按钮，如图 D-19 所示。

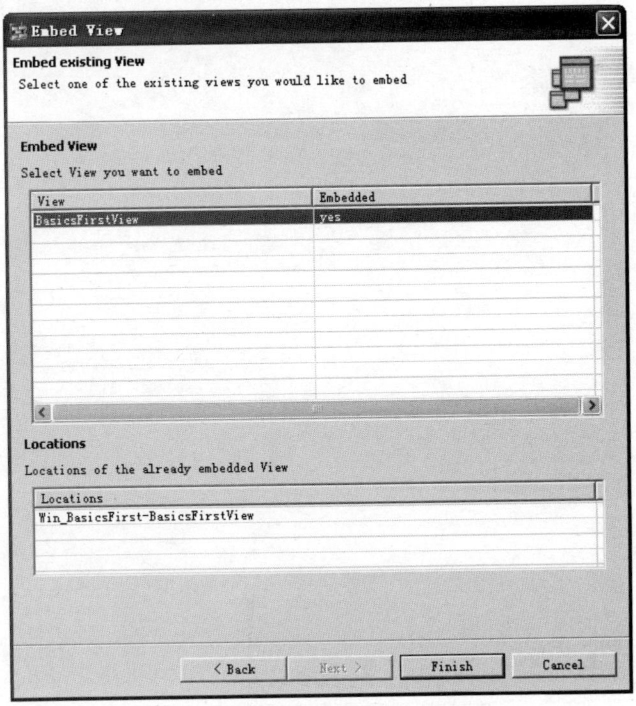

图　D-19

选中▨图标并拖至视图集 cell[2，1]，或者在视图集 cell[2，1] 上单击鼠标右键，按照图 D-20 所示嵌入窗体新创建的视图。

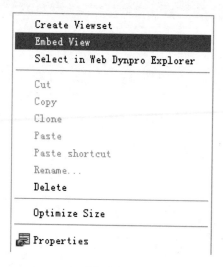

图　D-20

选中选项 Embed new View 并单击 Next 按钮，如图 D-21 所示。

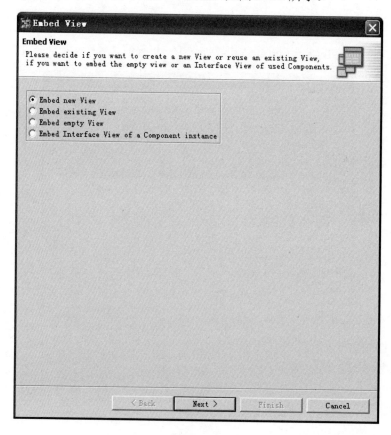

图　D-21

填写视图名称及存放视图源码的包并单击 Finish 按钮，如图 D-22 所示。

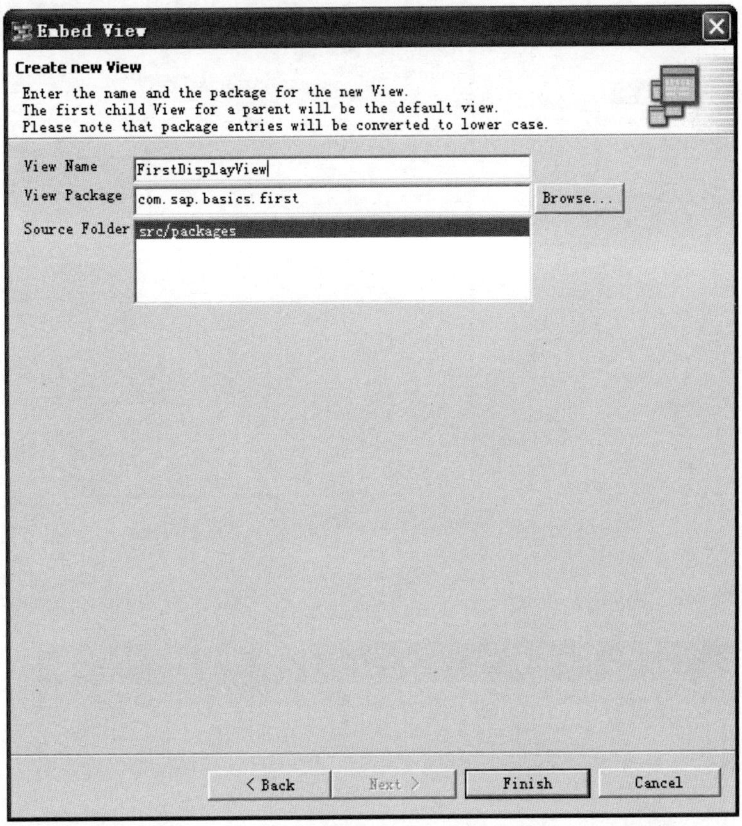

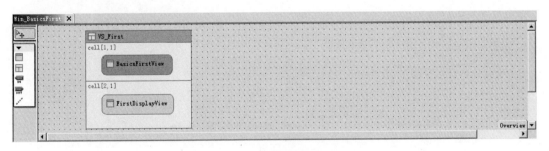

图 D-22

嵌入结果如图 D-23 所示。

图 D-23

定义视图之间的导航，需要为每个视图创建入站和出站插头。只有这样，才可以使用导航链接指定导航流。

步骤六：创建导航单击 图标并拖至视图 BasicsFirstView，或者在视图 BasicsFirstView 上右击，按照如图 D-24 所示为视图创建出站插头。

填写出站插头名称并单击 Next 按钮，如图 D-25 所示。

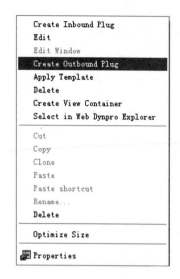

图 D-24

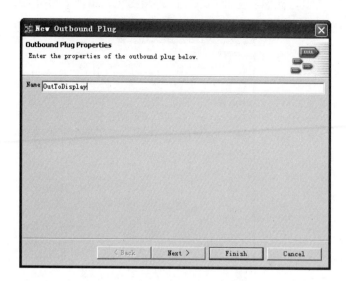

图 D-25

单击 Finish 按钮，如图 D-26 所示。

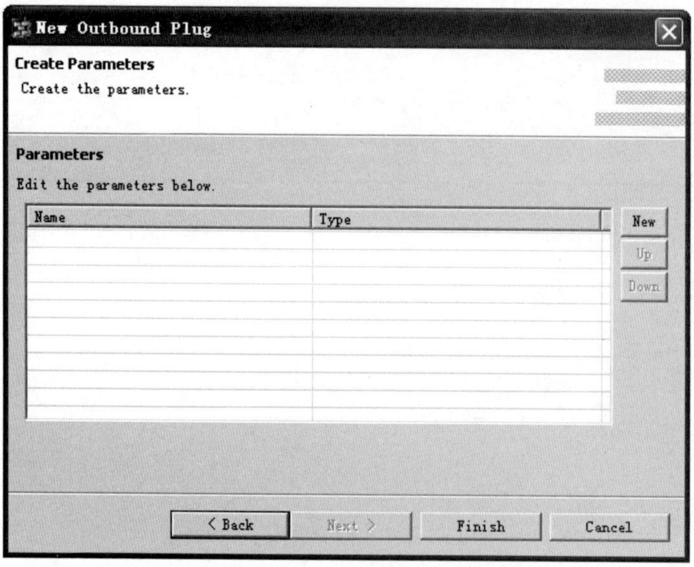

图 D-26

注：定义参数。

在此处可以通过单击按钮 New 为出站插头定义参数，如果定义了参数，其对应的入站插头也必须定义类型相同的参数。

单击 IN 图标并拖至视图 FirstDisplayView，或者在视图 FirstDisplayView 上单击鼠标右键按照图 D-27 所示为视图创建入站插头。

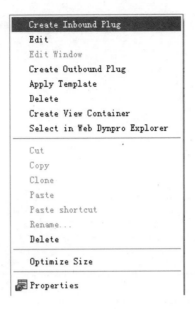

图　D-27

填写入站插头名称并单击 Next 按钮，如图 D-28 所示。

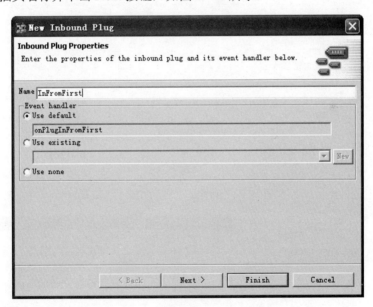

图　D-28

**注**：入站插头的事件处理程序（Event Handler）。

■ 选中 Use default 时，程序会自动生成事件处理程序 onPlugFromFirst。

■ 选中 Use existing 时，选中并使用已有的事件处理程序。

■ 选中 Use none 时，程序不会生成任何事件处理程序。

单击 Finish 按钮，如图 D-29 所示。

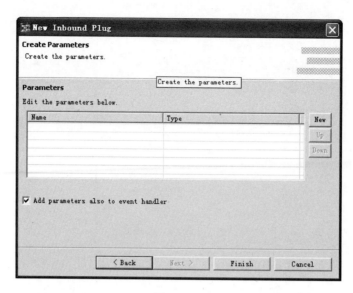

图 D-29

出入站插头创建结果如图 D-30 所示。

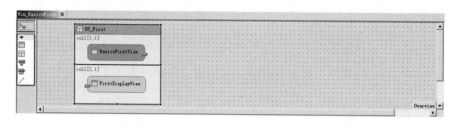

图 D-30

单击 图标，选中 BasicsFirstView 的出站图标并拖至视图 FirstDisplayView 的入站图标，或者在视图 BasicsFirstView 的出站图标上单击鼠标右键按照图 D-31 所示为两个视图创建导航。

选中对应的视图和入站插头并单击 Finish 按钮，如图 D-32 所示。

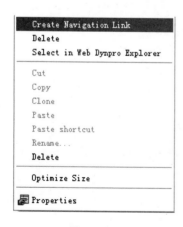

图 D-31

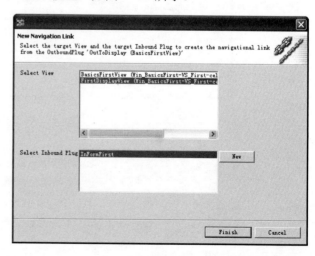

图 D-32

导航生成结果如图 D-33 所示。

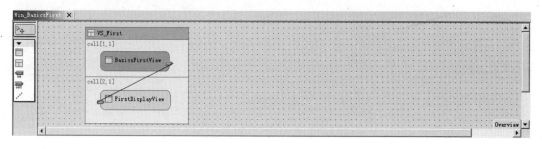

图　D-33

在 Web Dynpro Explorer 树形结构中结果显示如图 D-34 所示。

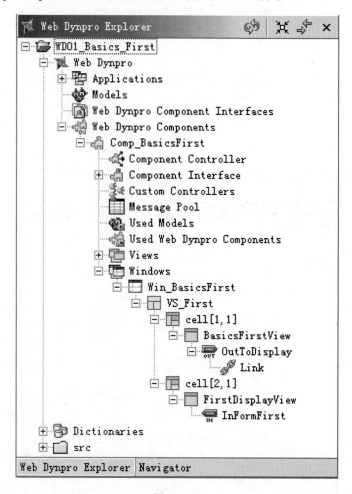

图　D-34

步骤七：定义组件控制器 Context 节点。

在 Web Dynpro Explorer 中的树形结构中双击组件控制器节点并选中 Context 选项卡，显示如图 D-35 所示。

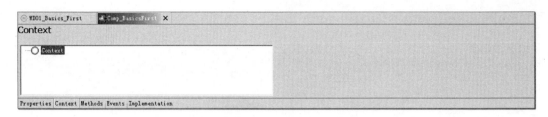

图 D-35

在 Context 根节点上右击，按照如图 D-36 所示为其创建 Context 节点。

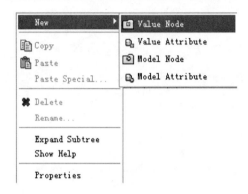

图 D-36

填写节点名称并单击 Finish 按钮，如图 D-37 所示。

图 D-37

节点属性设定如图 D-38 所示。

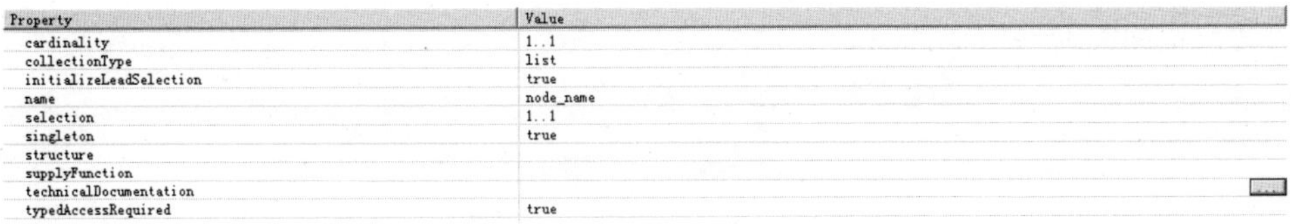

| Property | Value |
|---|---|
| cardinality | 1..1 |
| collectionType | list |
| initializeLeadSelection | true |
| name | node_name |
| selection | 1..1 |
| singleton | true |
| structure | |
| supplyFunction | |
| technicalDocumentation | ... |
| typedAccessRequired | true |

图　D-38

在新生成的节点 node_name 上单击鼠标右键，按照图 D-39 所示为其创建节点属性。

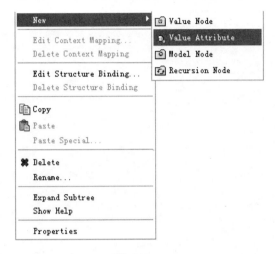

图　D-39

创建属性如下。

值属性 FirstName 如图 D-40 所示。

图　D-40

属性设定如图 D-41 所示。

| Property | Value |
|---|---|
| calculated | false |
| name | FirstName |
| readOnly | false |
| structureElement | |
| type | string |

图　D-41

值属性 LastName 如图 D-42 所示。

图　D-42

属性设定如图 D-43 所示。

| Property | Value |
|---|---|
| calculated | false |
| name | LastName |
| readOnly | false |
| structureElement | |
| type | string |

图　D-43

创建结果如图 D-44 所示。

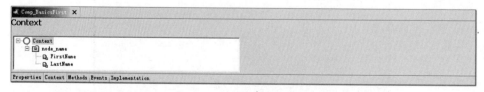

图　D-44

步骤八：定义视图控制器 Context 节点及与组件控制器节点间的映射。

在 Web Dynpro Explorer 中的树形结构中双击组件（Com_BasicsFirst）节点，显示如图 D-45 所示。

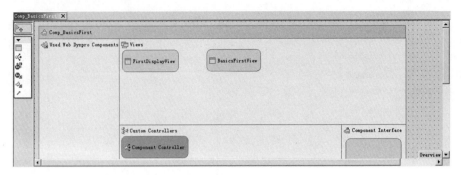

图　D-45

在数据建模视图中，相应图标及其功能说明如表 D-2 所示。

表　D-2

| 图标 | 说明 |
| --- | --- |
|  | 创建视图 |
|  | 创建自定义控制器 |
|  | 创建 Model |
|  | 嵌入已有 Model |
|  | 嵌入已有组件 |
|  | 创建数据链 |

单击左侧图标 ↗ 选中视图 FirstDisplayView 并拖向组件控制器 Component Controller，弹出窗体如图 D-46 所示，选中右侧 Context 节点，拖向左边的 Context 节点。

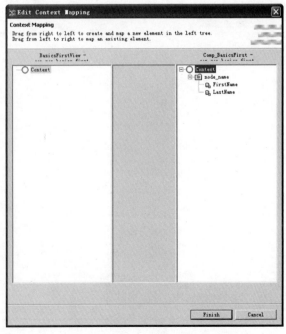

图　D-46

选中要创建和映射的节点及属性并单击 OK 按钮，如图 D-47 所示。

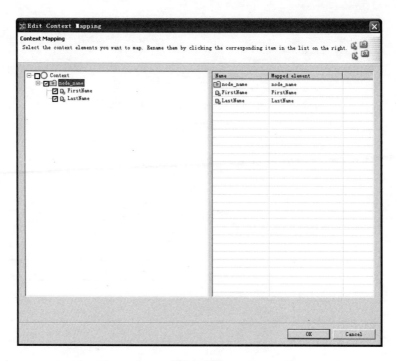

图 D-47

生成结果如图 D-48 所示，单击 Finish 按钮完成数据链映射。

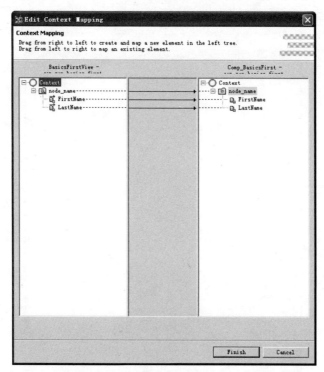

图 D-48

重复以上动作，为组件控制器与视图 FirstDisplayView 创建数据链如图 D-49 所示。

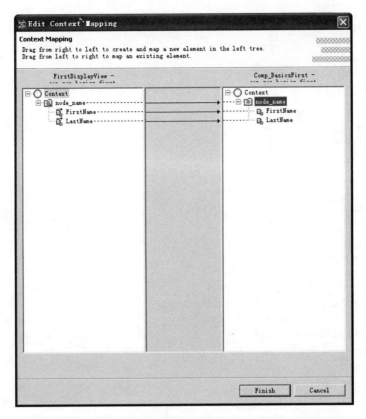

图　D-49

数据链编辑结果如图 D-50 所示。

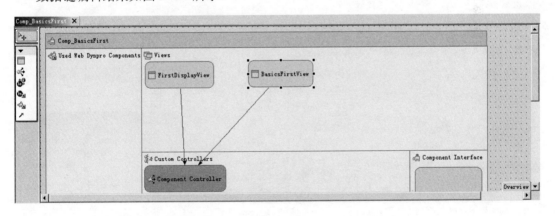

图　D-50

在 Web Dynpro Explorer 树形结构中结果显示如图 D-51 所示。

步骤九：编辑视图布局。

选中视图 BasicsFirstView 单击鼠标右键，按照图 D-52 所示设计视图。

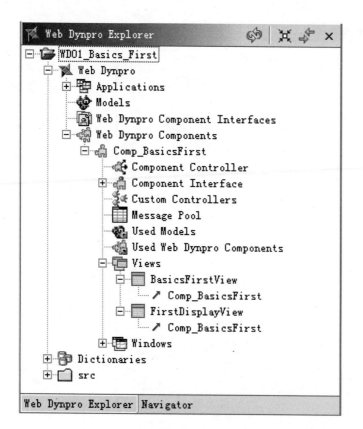

图 D-51

图 D-52

注：编辑视图。

也可以在视图大纲的根节点上（如图 D-53 所示）右击，按照图 D-54 所示进行视图的编辑。

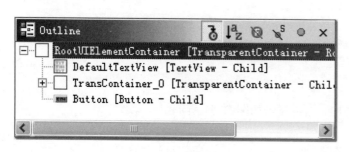

图 D-53

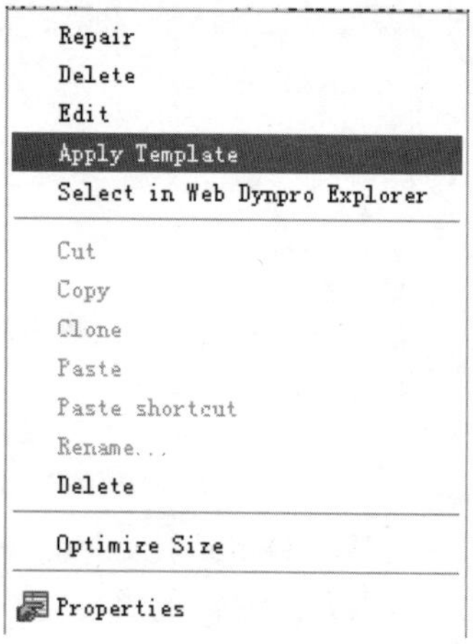

图 D-54

选中 Form 并单击 Next 按钮，如图 D-55 所示。

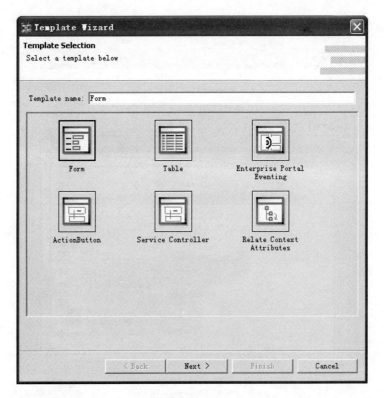

图　D-55

选中要绑定的 Context 节点及其属性并单击 Next 按钮，如图 D-56 所示。

图　D-56

选中 Context 节点要绑定的 UI 元素及元素属性，如图 D-57 所示。

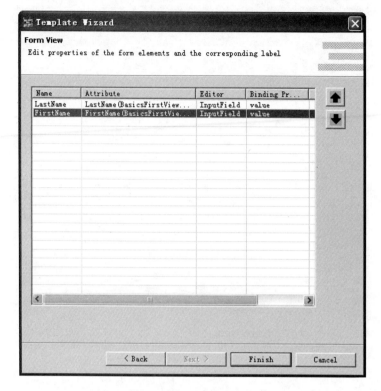

图　D-57

生成视图 UI 元素节点大纲，如图 D-58 所示。

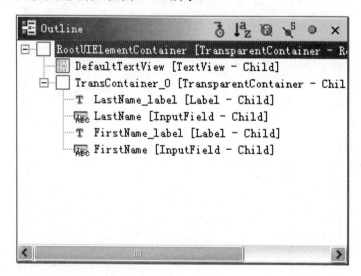

图　D-58

编辑 UI 元素 DefaultTextView 的 Text 属性，如图 D-59 所示。

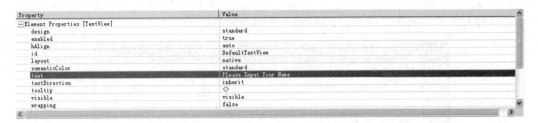

Property
Value
Element Properties [TextView]
design
standard
enabled
true
hAlign
auto
id
DefaultTextView
layout
native
semanticColor
standard
text
Please Input Your Name:
textDirection
inherit
tooltip
visible
visible
wrapping
false

图 D-59

选中视图 UI 元素根节点，单击鼠标右键，按照图 D-60 所示创建导航按钮。

Delete
Move Up
Move Down
Cut
Copy
Paste
Apply Template
Translatable Texts
Insert Child
Show Help
Properties

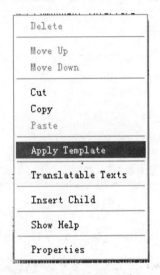

图 D-60

选中图标 ActionButton 并单击 Next 按钮，如图 D-61 所示。

Template Wizard
Template Selection
Select a template below
Template name:
ActionButton
Form
Table
ActionButton
< Back
Next >
Finish
Cancel

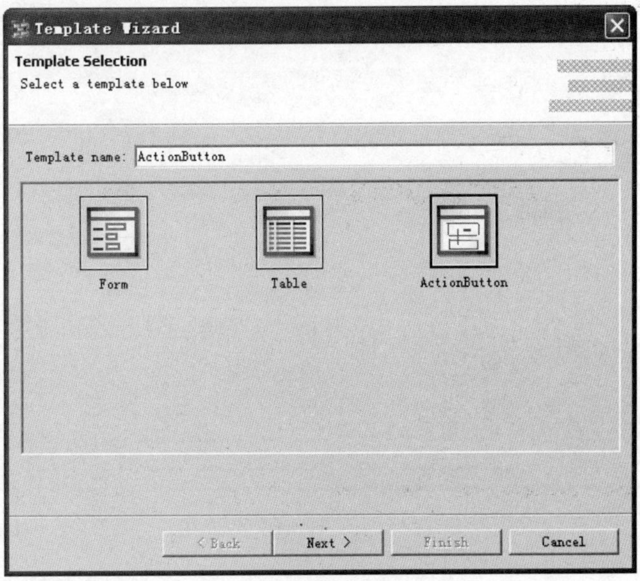

图 D-61

填写按钮标签及动作并单击 Next 按钮，如图 D-62 所示。

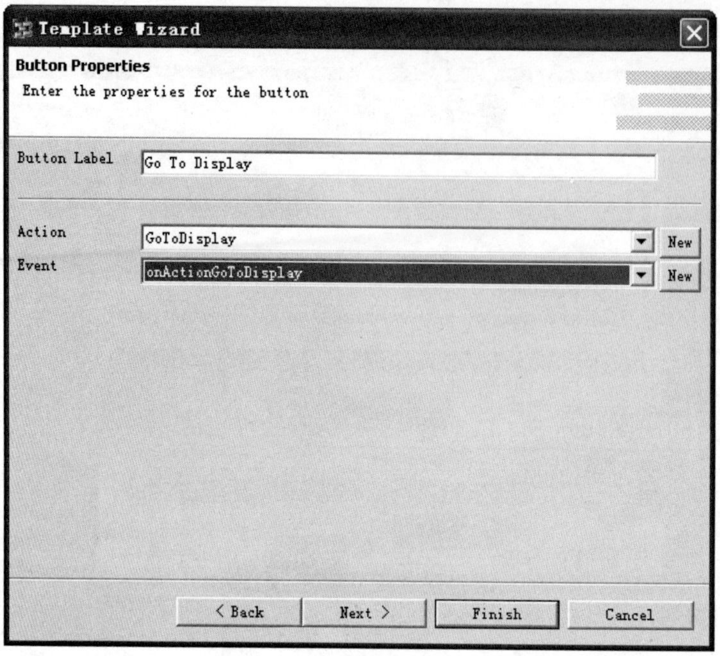

图　D-62

选中按钮要处理的出站插头 OutToDisplay，如图 D-63 所示。

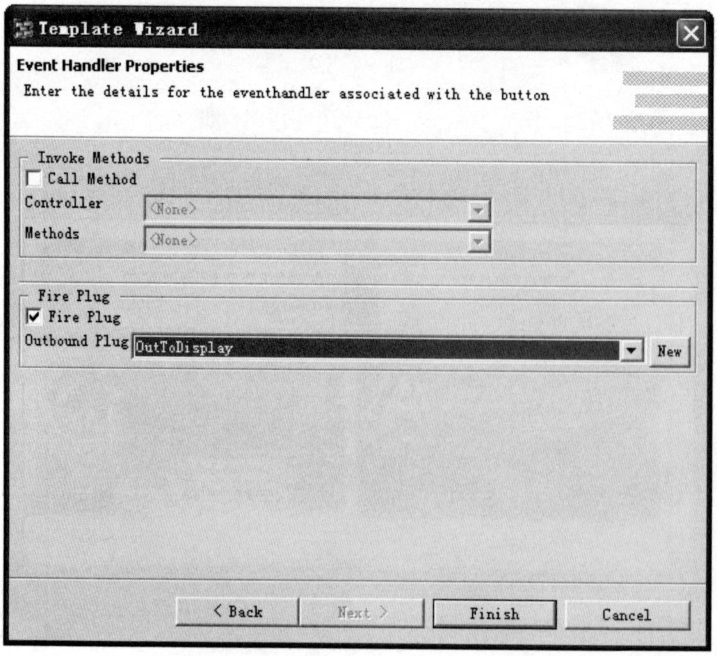

图　D-63

生成结果，如图 D-64 所示。

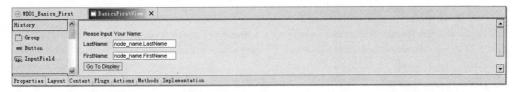

图 D-64

单击选项卡 Implementation，自动生成代码如下：

```
//@@begin Javadoc:onActionGoToDisplay(ServerEvent)
  /** Declared validating event handler. */
//@@end
  public void onActionGoToDisplay(com.sap.tc.webdynpro.progmodel.api.IWDCustomEvent wdEvent )
  {
    //@@begin onActionGoToDisplay(ServerEvent)
    //$$begin ActionButton(-1621333395)
    wdThis.wdFirePlugOutToDisplay();
    //$$end

    //@@end
  }
```

步骤十：编辑代码，实现业务与数据逻辑。

展开节点 Web Dynpro→Web Dynpro Components→WelcomeComponent→View，双击视图 FirstDisplayView，选择 Implemetantion 选项卡，编辑函数 wdDoModifyView 如下：

```
//@@begin wdDoModifview
/**
    * Hook method called to modify a view just before rendering.
    * This method conceptually belongs to the view itself, not to the
    * controller (cf. MVC pattern).
    * It is made static to discourage a way of programming that
    * routinely stores references to UI elements in instance fields
    * for access by the view controller's event handlers, and so on.
    * The Web Dynpro programming model recommends that UI elements can
    * only be accessed by code executed within the call to this hook method.
    *
    * @param wdThis Generated private interface of the view's controller, as
    *          provided by Web Dynpro. Provides access to the view controller's
    *          outgoing controller usages, etc.
    * @param wdContext Generated interface of the view's context, as provided
    *          by Web Dynpro. Provides access to the view's data.
    * @param view The view's generic API, as provided by Web Dynpro.
    *          Provides access to UI elements.
    * @param firstTime Indicates whether the hook is called for the first time
    *          during the lifetime of the view.
    */
//@@end
```

```
        public static void wdDoModifyView(IPrivateFirstDisplayView wdThis, IPrivateFirstDisplayView.
IContextNode wdContext, com.sap.tc.webdynpro.progmodel.api.IWDView view, boolean firstTime)
        {
    //@@begin wdDoModifyView
    //取得节点属性
        String lastName = wdContext.currentNode_nameElement().getLastName().toString();
        String firstName = wdContext.currentNode_nameElement().getFirstName().toString();
    //取得 UI 元素 DefaultTextView

    IWDTextView textView= (IWDTextView)view.getElement("DefaultTextView");
    //为 UI 元素 DefaultTextView 赋值
        textView.setText("Mrs " +
                        firstName +
                        " " +
                        lastName +
                        ";" +
                        "Congratulations!Your have Taken a Web Dynpro Course.");

    //@@end
        }
```

步骤十一：为项目创建 Web Dynpro Application。

展开节点 Web Dynpro→Application，选中节点 Application 单击右键，按照图 D-65 所示创建 Application。

填写 Application 名称及要保存的 Java 包，单击 Next 按钮，如图 D-66 所示。

图 D-65

图 D-66

选中 Use existing component 选项并单击 Next 按钮，如图 D-67 所示。

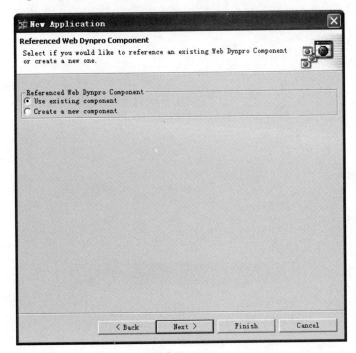

图　D-67

选中组件，选择组件接口及初始插头，单击 Finish 按钮，如图 D-68 所示。

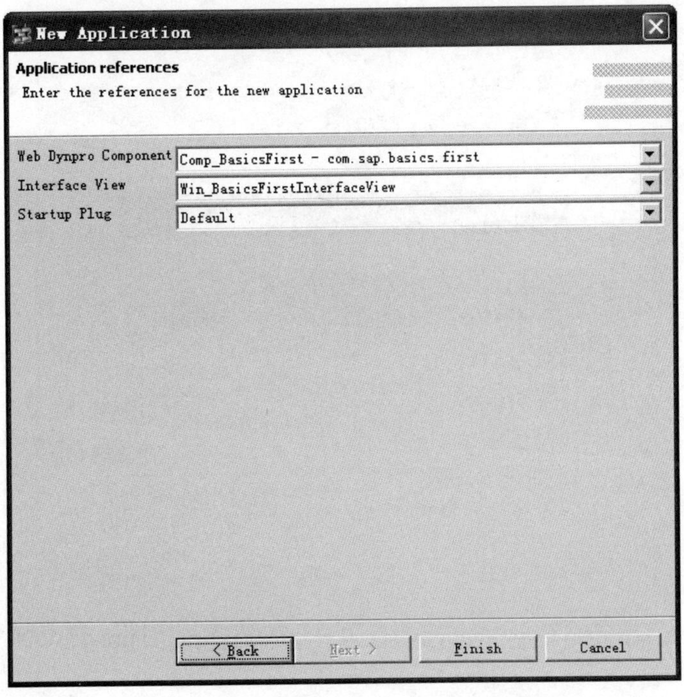

图　D-68

步骤十二：保存、编译、发布项目并运行 Application。

选中项目根节点，单击鼠标右键，按照图 D-69 所示保存项目。

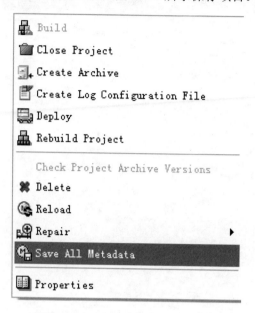

图　D-69

选中项目根节点，单击鼠标右键，按照图 D-70 所示编译项目。

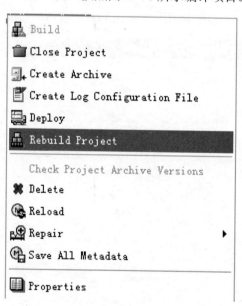

图　D-70

展开节点 Web Dynpro→Application，选中节点下的 Application（WD01_Basics_First），
按照图 D-71 所示测试项目。

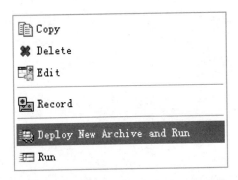

图　D-71

显示结果如图 D-72 所示，输入姓名并单击 Go To Display 按钮。

图　D-72

运行结果如图 D-73 所示。

图　D-73

# 附录 E 用户界面元素

用户界面（UI）元素在视图中是用来构筑信息和功能的。这意味着，它们是画面布局设计的关键。

有些元素如 Group 或 Tabstrip 用于 UI 元素的布局。程序员可以将其他元素嵌入到这些元素中。如显示数据的 UI 元素：Table 或 TextView；接受用户输入值的元素：InputField；互动元素：按钮或复选框。常用的 UI 元素有：Caption、InputField、Label。

（1）UI 元素属性

每个 UI 元素具有不同的属性，有 Context 颜色、元素的宽度等。属性显示在视图设计器的属性表中，此表显示每个被选中的 UI 元素的所有属性。

所有静态的属性，只能直接写入属性表，例如，一个 Table 的列名。大多数属性，既可以指定静态的，也可以绑定到 Context 元素。例如，一个按钮的 Enabled 属性通常结合到指定的 Context 元素，元素值指定按钮是否处于活动状态或无效。对于这种类型的属性，Web Dynpro 运行时提供了一个特殊的数据类型集。

对于一些属性，与 Context 元素结合是必要的。例如，一个 Table 中的数据源指定时只能绑定到 Context 元素。

（2）UI 元素的行为

在众属性中，UI 元素的事件 Event，行为 Action 也在属性表中设置。Action 是每个 UI 元素对 Application 预计的活动，例如按钮或 InputField。相应的 Event 处理程序在输入属性表 Action 的名称时被创建。当程序员双击 Action 名称时，即可以在 ABAP 的编辑器中创建该 Event 处理程序 Method 的代码。

新创建的 Event 处理 Method 就会自动插入到 Method 选项卡中。如果其他按钮的 Event 处理程序的 Method 已经在当前 View 中被创建，这些 Method 都已经进入了 Method 选项卡。程序员可以选择或写入新 Action 的名称。

> 注：有些 UI 元素是不可见的，如 TransparentContainer, ViewUIElementsContainer。这类元素用于组织其他的可见元素，如 Button, Label，InputField，Table，Tree 等。所有的 UI 元素被组织成一个树状结构，根节点名为 RootUIElement，类型为 TransparentContainer。

（3）UI 元素的布局

根节点下的每个容器元素都有一个属性布局（Layout），它规定了在容器内元素的布局。4 种布局管理器（Layout Manager）可供 Layout 属性选择：

1）FlowLayout

缺省的 Layout Manager 是 Flow Layout 的布局管理器。这个容器的所有子元素在一行中显示，只要这个容器够宽。如果这个容器在一行中不能容纳所有的子元素，它就会自动被显示在下一行。这种换行不能在设计时强制，不过可以通过属性 Wrapping 来关闭自动换行，这样位于不同行的元素就不再有关系。这种容器可以用于安排子容器（Sub Container）。

2）Rowlayout

如果容器 UI 元素使用了 RowLayout 布局管理器，所有的子元素就会继承属性 Layout

Data，这个属性有值 RowData 和 RowHeadData。如果设置了属性 RowHeadData 就会强制换行。如果设置了属性 RowData，子元素就会和前面的 UI 元素显示在同一行，即使已经到达了左边界。位于不同行的 UI 元素是不相干的，所以它们在列上也不对齐。

每个 Cell 的宽度都可以通过每个子元素的 Width 属性来设定。

3）MatrixLayout

在 MatrixLayout 中的 UI 元素可以占据多个 Cell（通过属性 colSpan 设置）。如果容器 UI 元素使用了 Martrix Layout 布局管理器，所有的子元素都会继承属性 Layout Data，它有值 MatrixData 和 MatrixHeadData。如果将属性设置成 MatrixHeadData，就会强制换行。如果设置了属性 MatrixData，子元素就会跟前面的元素位于同一行，即使已经达到右边界。这个容器中的子元素就会按列安排。使用这个布局管理器，列数不会被静态定义，而是由具有最多子元素数目的行决定的。每一行 UI 元素的数目不必匹配。

4）GridLayout

与 MatrixLayout 类似，如果想在垂直方向对齐 UI 元素，可以使用 GridLayout 布局管理器。不过，在这种情况下列数是通过容器元素的 colCount 属性设置的。因而，单个的子元素不能决定它是不是新行的第一个元素，只有一行的所有 Cell 都被占据时才会换行。如果一个 UI 元素在层次结构中被移出，次结构中后续的 UI 元素就会左移，占据被删除的 UI 元素所占据的 Cell。这个布局管理器只有在所有的行都有相同的列并且只能做整行删除和整行添加的情况下适用。当使用这个布局管理器时，UI 元素不应完全被移除，而是使用 InvisibleElement 以便保留原有元素的分配。

所有 UI 元素的运行时类基于 IWDUIElement，所在 API 路径为：com.sap.tc.webdynpro. clientserver.uielib.standard.api。

### 1. 文本类 UI 元素

文本类 UI 元素包含以文本内容为主的所有 UI 元素，如表 E-1 所示。

表 E-1

| 编号 | 描述（英文） | 运行时接口 | 用途 |
|---|---|---|---|
| 1 | 标题框（Caption） | IWDCaption | 为组 Group，页 Tab，表 Table，表列 TableColumn 和托盘 Tray 等 UI 元素提供标题 |
| 2 | 解释框（Explanation） | IWDExplanation | 用于显示单行或多行的 UI 元素或 Web Dynpro 应用程序的帮助文本 |
| 3 | 格式化的文本显示框（FormattedTextView） | IWDFormattedTextView | 用来显示一种简单的、XML 兼容的语法格式化文本。使用它可以快速格式化较大部分的文本。文本可能包含链接、图片或结构清单等 |
| 4 | 格式化的文本编辑框（FormattedTextEdit） | IWDFormattedTextEdit | 用途与格式化的文本显示框类似，只是多了一个编辑的功能 |
| 5 | 输入框（InputField） | IWDInputField | 用于用户编辑或显示单行文本。它可以是任何数据类型，显示格式根据数据类型自动转换。如果格式转换时发生错误，输入框底色会变成红色并有一个错误信息显示 |
| 6 | 标签（Label） | IWDLabel | 用于其他 UI 元素的标签。因此，它始终与另一个 UI 元素相关。如果被分配的 UI 元素的状态要求为必须输入项目，在标签的右侧会有一个红色的星（*）表示。如果被分配的 UI 元素的状态是无效的（enable 属性被设为 false），标签也作为无效表示 |
| 7 | 文本显示框（TextView） | IWDTextView | 用于显示多行文本 |
| 8 | 文本编辑框（TextEdit） | IWDTextEdit | 用于文字编辑并显示多行文本。在这种 UI 元素中，文本使用统一的字体、字体大小和字体风格。其边界和大小由列 col 和行 row 属性指定。如果行数超过了 row 属性所设的值，会有一个垂直滚动条显示。如果 wrapping 属性值是 off，滚动条在文本行 row 的行数超过了列 col 属性值时才显示 |

## 2. 按钮类 UI 元素

包含不同种类动作的所有 UI 元素都分组在按钮类别中。如表 E-2 所示。

表 E-2

| 编号 | 描述（英文） | 运行时接口 | 用途 |
|---|---|---|---|
| 1 | 按钮（Button） | IWDButton | 用于屏幕上的按钮。用户可以通过单击执行相应的逻辑和动作 |
| 2 | 按钮组（ButtonChoice） | IWDButtonChoice | 按钮组是一个按钮，提供一个三角形符号，提供各种选择方案。如果用户单击三角形符号，可以打开一个菜单并可以从中选择操作。一个具体的动作是在用户选择有关方案项时执行的 |
| 3 | 动作链接（LinkToAction） | IWDLinkToAction | 用于页面上的超文本链接。对这个链接导航触发一个 Web Dynpro 的动作 |
| 4 | 地址链接（LinkToURL） | IWDLinkToURL | 用于页面上的超文本链接。当用户选择了这个链接，将被定向到一个用户定义的 Web 资源（URL 网址） |
| 5 | 时间触发器（TimedTrigger） | IWDTimedTrigger | UI 元素时间触发器自动并定期按照指定的延迟触发一个事件。时间触发器不会显示在用户界面。然而在具体布局，如矩阵布局中，它是占用空间的。要触发一个动作，必须把 OnAction 属性绑定到一个动作。使用延迟属性可以指定延迟的时间（秒） |
| 6 | 链接选项（LinkChoice） | IWDLinkChoice | 一个链接选项是一个按钮，通过单击一个小三角的符号可以选择不同方案的选项。当用户单击小三角符号，一个菜单被打开，相应菜单的动作是可以选择的。一个特定的动作指定为用户选择执行有关菜单条目 |

## 3. 选择类 UI 元素

选择类 UI 元素包含所有供用户选择的元素，有多种选择的形式。如表 E-3 所示。

表 E-3

| 编号 | 描述（英文） | 运行时接口 | 用途 |
|---|---|---|---|
| 1 | 复选框（CheckBox） | IWDCheckBox | 用一个复选框就可以实现单一开关选择。复选框使用户可以选择一个布尔值（true/false）。该 UI 元素包括文字和图形。在框中选中标记表明该选项被选中，该值设置为 true |
| 2 | 复选框组（CheckBoxGroup） | IWDCheckBoxGroup | 复选框组允许用户选择一组预定义的选项，设置使用复选框元素。该 UI 元素复选框组可排列为单列或多列复选框 |
| 3 | 索引下拉列表框（DropDownByIndex） | IWDDropDownByIndex | 索引下拉列表框是为用户提供了一个下拉列表框的 UI 元素。该 UI 元素包括一个文本字段、一个按钮和一个选择列表。任何被选中的列表项在文本字段中显示。当单击按钮，所有可能的值被显示 |
| 4 | 关键字下拉列表框（DropDownByKey） | IWDDropDownByKey | 关键字下拉列表框也是为用户提供了一个下拉列表框的 UI 元素。功能与索引下拉列表框相同 |
| 5 | 多重选择列表框（ItemListBox） | IWDItemListBox | 这是类似于经典的多重选择列表框的 UI 元素。文本项列表显示在一个固定大小的框里，如果需要可以有滚动条。用户可以从中选择条目，拖到目标列表框来完成用户对数据的选择 |
| 6 | 单选按钮（RadioButton） | IWDRadioButton | UI 元素单选按钮使用户选择开/关选项。单选按钮被选中的情况下，如果属性 selectedKey 绑定到相应的 Context 上，单选按钮的值将被属性 keyToSelect 所绑定的 Context 获得 |
| 7 | 索引单选按钮组（RadioButtonGroupByIndex） | IWDRadioButtonGroupByIndex | 索引单选按钮组代表一组单选按钮组中的行和列。不同于 UI 元素复选框组，此 UI 元素允许用户选择一个元素。 |
| 8 | 关键字单选按钮组（RadioButtonGroupByKey） | IWDRadioButtonGroupByKey | 关键字单选按钮组由多个单选按钮组的 UI 元素组成表格。不同于复选框组，此 UI 元素允许用户选择一个元素 |
| 9 | 拴按钮（ToggleButton） | IWDToggleButton | 通过在屏幕上的按键，UI 元素切换相应代表某种意义的按钮。用户可以通过单击切换按钮执行声明和行动 |
| 10 | 拴链接（ToggleLink） | IWDToggleLink | 拴链接 ToggleLink 元素用于显示扩展搜索的超文本链接 |
| 11 | 三态复选框（TriStateCheckBox） | IWDTriStateCheckBox | 这个 UI 元素类似于复选框，不同之处在于单击的状态是可变的：<br>（1）可以激活（选择）选项；<br>（2）无法激活（未选中）选项；<br>（3）选项未指定。 |

## 4. 综合类 UI 元素

综合类 UI 元素包含所有在结构和内容方面特别复杂的 UI 元素。如表 E-4 所示。

表 E-4

| 编号 | 描述（英文） | 运行时接口 | 用途 |
|---|---|---|---|
| 1 | 面包屑导航控件（BreadCrumb） | IWDBreadCrumb | 一个面包屑显示当前页的一个导航路径。例如，显示一个网页的历史记录或提供相应信息结构。用户可以根据需要设置单个环节的面包屑控件。程序员可以插入到一个面包屑中两个不同的控件：<br>（1）单步面包屑导航 BreadCrumbStep；<br>（2）多步面包屑导航 MultipleBreadCrumbStep |
| 2 | 日期导航控件（DateNavigator） | IWDDateNavigator | 日期导航控件元素使用户能够显示和输入日期。它的功能包括能够在一个日历导航并选择日、月、年或日期范围。首先，这个 UI 元素一般被用来帮助用户以相应格式输入日期。用户可以使用 DateNavigatorLegend 和 DateNavigatorMarking 元素为日期导航控件元素增加图例用以为选定的数据加以说明 |
| 3 | 图例导航控件（Legend） | IWDLegend | 图例导航控件元素在一个被分配的 UI 元素里用以标注不同的颜色或图，并附以说明性文字为用户提供相应信息。图例元素可以在视图中的任何位置，可分配到一个表控件或一个日期导航控件中 |
| 4 | 阶段指示器控件（PhaseIndicator） | IWDPhaseIndicator | 类似路线图控件，阶段指示器控件也显示向导的步骤。每一步由一个单独的阶段目标组成。相对于使用路线图控件元素，使用阶段指示器控件元素可以显示更大的应用程序开发步骤 |
| 5 | 路线图控件（RoadMap） | IWDRoadMap | 路线图控件显示了某向导所遵循的步骤。每一步由一个单独的 RoadMapStep 对象或 MultipleRoadMapStep 组成。程序员可以使用各种符号来标记这个 UI 元素的启动点和结束点。如果为属性 startPointDesign 或 endPointDesign 分配值，这表明有明显的开始步骤和结束步骤 |
| 6 | 表格控件（Table） | IWDTable | 在一个 Web Dynpro 表中，数据以行和列被显示在二维表单元格中。Web Dynpro 表由更高级别的 UI 元素表和几个视图元素的表列组成。该表包含的属性适用于整个表，例如，只读属性可以决定表中的条目是否只读（readOnly=true）。比较而言，表列中包含控制列标题，整列的属性，还有其他属性也可以控制单元格，其值可以改变每一行绑定的属性 |
| 7 | 树形控件（Tree） | IWDTree | Context 中定义的层次结构可以使用可视化树 UI 元素显示出来。要显示的层次首先在 Context 中定义。程序员可以从两个方面描述这方面的结构：<br>（1）使用递归节点，如果还不知道在设计时的级别数；<br>（2）使用非递归的节点，如果可以在设计时指定一定数量的级别 |

## 5. 布局类 UI 元素

布局类别包含用于形成布局的所有 UI 元素。见表 E-5 所示。

表 E-5

| 编号 | 描述（英文） | 运行时接口 | 用途 |
|---|---|---|---|
| 1 | 语境面板导航控件（ContextualPanel） | IWDContextualPanel | 这个 UI 元素提供了视图切换的导航功能。导航列表可以包括三个以上的级别：<br>（1）级别一：在导航列表中元素被表示为一个组；<br>（2）级别二：在导航列表中元素被表示为一个组中的一项；<br>（3）级别三：元素被表示为一个菜单 |
| 2 | 水平语境面板控件（HorizontalContextualPanel） | IWDHorizontalContextualPanel | 这个 UI 元素提供一个类似语境面板导航控件的两级导航层级结构 |
| 3 | 消息域（MessageArea） | IWDMessageArea | 消息域 UI 元素代表一个预留位置，在视图中用于指定存放消息的地方，如警告或错误信息。在某些情况下如果其他目标的优先级较高，Web Dynpro 框架会改变指定消息域 UI 元素的位置，例如，门户网站显示错误消息的机制 |
| 4 | 导航列表（NavigationList） | IWDNavigationList | 导航列表提供一个导航区，可用于语境面板 |

| 编号 | 描述（英文） | 运行时接口 | 用途 |
|---|---|---|---|
| 5 | 页头（PageHeader） | IWDPageHeader | 使用页头可以创建一个页面的标题。在页面标题下的 PageHeaderArea 中可以显示任意数量的 UI 元素 |
| 6 | 按钮组（ButtonRow） | IWDButtonRow | 一个按钮组用来安排几个按钮的正常顺序。可以插入按钮和栓按钮。按钮组本身不包含任何额外的属性，但相关的方法用于创建和维护插入的按钮 |
| 7 | 水平分割线（HorizontalGutter） | IWDHorizontalGutter | 水平分割线用于构建 Web Dynpro 屏幕上文本部分的布局和结构，类似 HTML 标签<HR>。可以在 UI 元素和文本之间插入额外的垂直空间用来分组，根据定义的相关 UI 元素和文本组合到一起形成一个整体。水平分割线 UI 元素提供了不同的高度，可以使用或不使用分隔符显示 UI 元素 |
| 8 | 不可见元素（InvisibleElement） | IWDInvisibleElement | 不可见元素的是一种屏幕上无形元素。在 GridLayout 或 MatrixLayout 的布局中它可以用来填充空单元格。在动态创建 UI 元素时，它也可以用来作为一个占位符。虽然该 UI 元素继承了超类 UI 元素和 ViewElement 的属性，然而，enabled 属性，tooltip 属性，visible 属性被忽略，并且不会影响浏览 |
| 9 | 多面板（MultiPane） | IWDMultiPane | 多面板 UI 元素用于排序表格中的内容，类似 MatrixLayout 布局，不同的是数据源要绑定到 Context 节点上 |
| 10 | Tab 页签（TabStrip） | IWDTabStrip | Tab 页签 UI 元素可以显示选项卡。用户可以通过选择特定的选项卡来切换几个选项卡。所有选项卡共享同一个窗体，用于显示内容。用户可以通过选择一个选项卡的标题来显示选项卡中的内容。<br>如果表中没有指定的 selectedTab，或在 selectedTab 中指定的标签是不可见的，取而代之的显示内容是第一个可见的选项卡 |
| 11 | 视图容器（ViewContainerUIElement） | IWDViewContainerUIElement | 视图容器定义在视图的一定范围的区域内包含另一个视图。<br>该 UI 元素并没有定义自己的属性，而是从抽象基类 UIElement 里面继承了所有属性。<br>像所有的 UI 元素一样，视图容器具有可见的属性，它在视图布局中控制其可见性。Visible 属性有以下三个值：none，blank 和 visible |
| 12 | 组（Group） | IWDGroup | 组是容器 UI 元素，可用于在一个共同标题下的多个 UI 元素。这个 UI 元素的外观看起来像带有彩色背景的显示面板。<br>组容器的 enabled 属性对插入其中的 UI 元素没有任何影响。例如，如果程序员将组 UI 元素的 enabled 属性设置为 false，插入其中的 Inputfield 元素不会自动停用。如果在组内的 UI 元素要被停用，必须分别为每个 UI 元素设置相应的属性 |
| 13 | 滚动条容器（ScrollContainer） | IWDScrollContainer | 滚动条容器能使用户在可见的组元素和托盘元素中使用垂直和水平滚动条 |
| 14 | 透明容器（TransparentContainer） | IWDTransparentContainer | 透明容器是一个 UI 元素的容器，它可以不被显示。一个透明容器元素是透明的，可填充任何数量的 UI 元素。此外，透明容器 UI 元素内可以通过指定的布局排列插入的 UI 元素 |
| 15 | 托盘（Tray） | IWDTray | 托盘也是一个 UI 元素的容器，如组 UI 元素容器，可用于在一个共同的标题下建立一组 UI 元素。与组 UI 元素不同的是，它提供了额外的功能。例如，可以将托盘的 UI 元素显示或隐藏 |

## 6. 图表类 UI 元素

图表类 UI 元素，包括图形、地图等。如表 E-6 所示。

表 E-6

| 编号 | 描述（英文） | 运行时接口 | 用途 |
|---|---|---|---|
| 1 | 甘特（Gantt） | IWDGantt | 使用此 UI 元素来创建甘特图。利用此图显示项目和项目阶段的时间表。特别是用户利用它在一个项目中显示顺序和并行工作的进展步骤。还可以使用甘特图中的网络图标 |
| 2 | 网络（NetWork） | IWDNetWork | 网络元素是一个通用的网络图形编辑器。可以使用它来显示所有可以可视化为节点及节点之间的连接的对象。与甘特元素一样，不支持集成的活动控制 |
| 3 | 商业图形（BusinessGraphics） | IWDBusinessGraphics | 商业图形元素提供几个图表类型，如垂直条形图或饼图，可以用于数据和数据关系的图形说明。也可以提供其他更复杂的图表类型，如和甘特图组合。这些信息可以帮助使用 Web 应用程序的用户为企业计划或决策提供信息 |
| 4 | 地理图（GeoMap） | IWDGeoMap | 可以使用地理图元素来显示一个部分的地图，可以使用顶部（top）、左侧（left）、底部（bottom）和右侧（right）的属性值，以指定地理坐标和定义要显示的地图部分。指定地理坐标的经度和纬度值，地理位置必须是 WGS84（World Geodetic System–1984）格式 |
| 5 | 值比较（ValueComparison） | IWDValueComparison | 此元素一般用来显示以 100% 为标记的水平条内的各种值。此外，程序员也可以指定显示超过 100% 的值 |
| 6 | 图像（Image） | IWDImage | 图像元素，使程序员能够将 Web 服务器处理的各种图像格式，如 GIF、JPG、PNG 格式的图集成到 Web 应用程序。可以指定使用图形的高度和宽度的属性 |
| 7 | 进度指示器（ProgressIndicator） | IWDProgressIndicator | 进度指示器用于以一个水平条的形式显示一个活动的进度，程序中以分配的 percentValue 属性的值标注进度。可以使用进度指示器元素的左侧的 displayValue 属性显示一个文本，提供具有特定的百分比值的描述。可以隐藏的 DisplayValue 值使用 showValue 属性。使用 barColor 属性可以用不同的颜色显示进度指示器元素。可以指定一个弹出菜单到进度指示器元素 |

## 7. 集成类 UI 元素

集成的 UI 元素类包含集成于 Web Dynpro 技术的所有的 UI 元素。如表 E-7 所示。

表 E-7

| 编号 | 描述（英文） | 运行时接口 | 用途 |
|---|---|---|---|
| 1 | 交互式表单（InteractiveForm） | IWDInteractiveForm | 可以使用交互式表单插入一个交互式或非交互式 PDF 表单视图。这使程序员可以从无到有创建和设计相关表单。PDF 格式表单与布局可由 Adobe Form 编辑器进行设计。所需的特定的 Adobe 标准对象由一个资源库提供。这些标准对象被细分为领域对象和文本模块对象 |
| 2 | 商业信息应用框架（BIApplicationFrame） | IWDBIApplicationFrame | 一个商业信息应用框架中，在 BEx Web 应用程序的基础上 Web 模板可以使用 URL 访问 BI 应用。程序员可以为 Web 模板设置各种属性，使用 URL 作为参数传递。当使用商业信息应用框架时，这些参数可以设置为 UI 元素的属性从而显示 BI 应用 |
| 3 | Office 控件（OfficeControl） | IWDOfficeControl | 可以使用 Office 控件向视图中添加 Office 文档。这意味着用户可以在 Web Dynpro 应用程序中显示下面的 Office 文档：<br>（1）Microsoft Word 文档；<br>（2）Microsoft Excel 文档。<br>Office 控件可以作为一个 ActiveX 控件，从而使 UI 元素可以显示在支持 ActiveX 控件的浏览器中 |
| 4 | 文件下载（FileDownload） | IWDFileDownload | 文件下载元素用来从服务器到客户端加载文件。data 属性决定了在视图中的 Context 的数据源。target 属性决定目标在浏览器窗体的 ID |
| 5 | 文件上传（FileUpload） | IWDFileUpload | 可以使用文件上传元素，从客户端上传文件到服务器。UI 元素会显示一个输入框，用于存放文件路径和文件名，并提供一个按钮对文件进行搜索 |
| 6 | 内嵌框架（IFrame） | IWDIFrame | 内嵌框架元素在一个视图的区域中表示一个框架，它包含一个单独的浏览器页面，该框架可以在用户界面的特定区域内用来显示外部资源，如 HTML 网页。在一般情况下，垂直和水平滚动条被激活，以查看这个 UI 元素的内容 |